JN440793

HYSYS®를 활용한
천연가스 액화공정 설계
Natural Gas Liquefaction Process Design using HYSYS®

저자 이상규

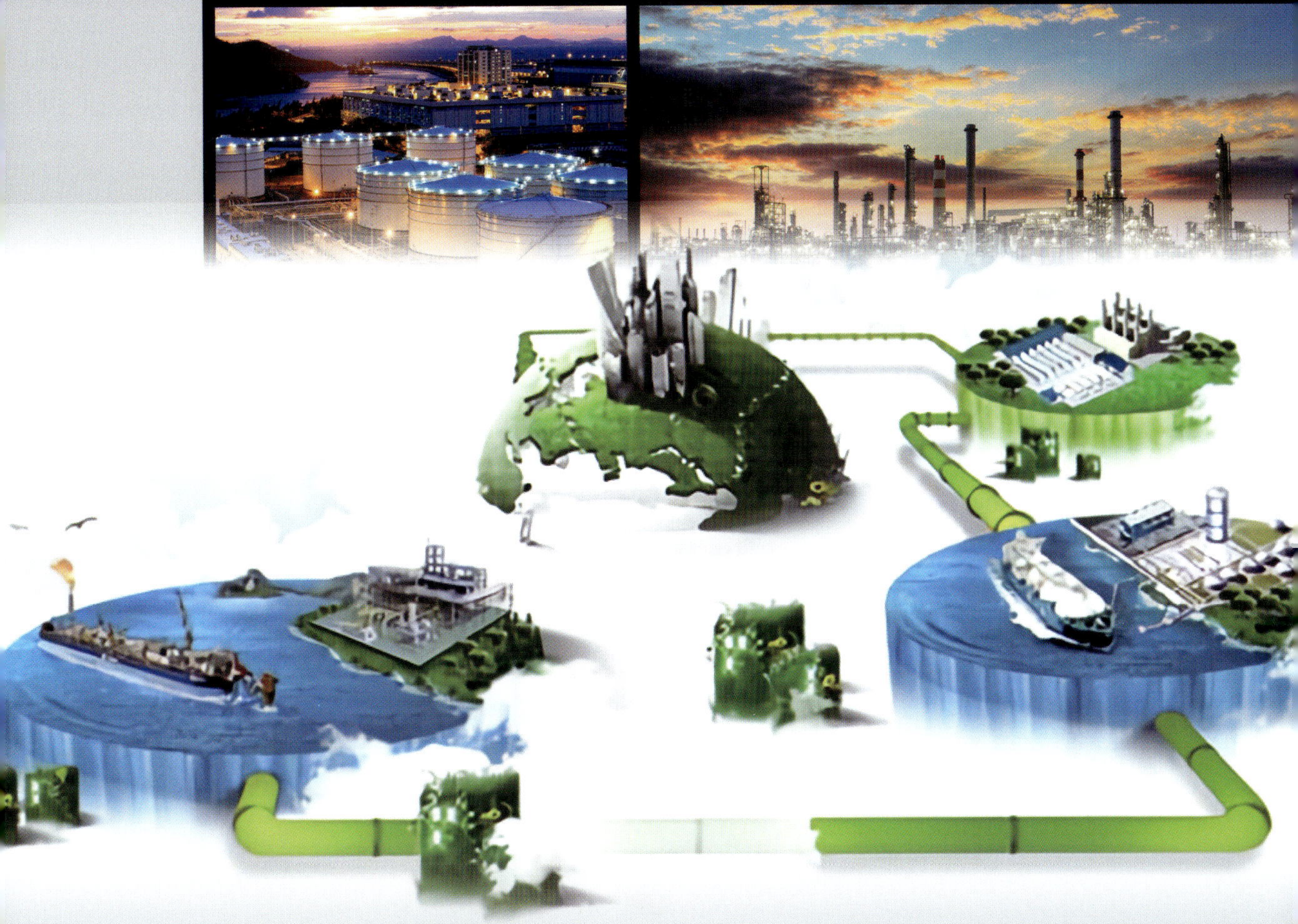

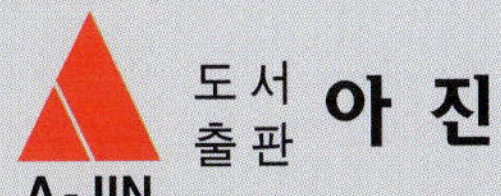

"내가 가는 길을 그가 아시나니 그가 나를 단련하신 후에는
내가 순금 같이 되어 나오리라 (욥23 : 10)"

대표적인 청정에너지인 천연가스는 우리나라에 액체 상태인 LNG (Liquefied Natural Gas)로 수입되고 있다. 에너지로 사용하는 가스는 두 가지가 있는데 LNG와 LPG (Liquefied Petroleum Gas)이다. LNG는 주성분이 메탄인 천연가스이고 LPG는 주성분이 프로판이나 부탄이다. LNG는 LPG에 비하여 가격도 저렴하지만 공기보다 가볍기에 대기 중에 누출되었을 때 대기 중으로 쉽게 확산되어 폭발 위험성이 급격히 떨어지기에 더 안전하다고 할 수 있으며, 이러한 이유로 배관을 통한 공급방법인 도시가스로 사용되고 있다.

기체인 천연가스가 액화되면 그 부피가 약 600배로 줄어들기에 저장 및 이송을 위하여 천연가스 산지에서 액화하여 소비처로 이송하고, 소비처에서는 이를 재기화하여 가정이나 산업용으로 사용하게 된다. 하지만, 천연가스가 액화되는 온도는 약 -160℃로 이는 매우 낮은 온도이기에 액화하는데 많은 에너지가 소모된다. 이러한 이유로, LNG플랜트에는 높은 효율의 천연가스 액화사이클이 필요하다.

상업적으로 널리 사용되고 있는 액화사이클로는 메탄 · 에탄 · 프로판 순수 냉매 각각에 대한 3개 냉동사이클로 구성된 Cascade®, 여러 냉매가 혼합된 하나의 냉매로 냉동사이클이 구성된 SMR®, 이러한 Cascade®와 SMR®의 장점만으로 구성된 가장 널리 사용되고 있는 C3MR®, 두 개의 혼합 냉매로 두 개의 냉동사이클이 구성된 DMR®, SM®의 성능을 개선한 LIMUM®, 3개의 혼합 냉매로 3개의 냉동사이클이 구성된 MFC®, 그리고 C3M®에 질소 팽창사이클이 추가된 단위 생산설비로는 생산용량이 가장 큰 AP-X® 공정이 있다. 이 책에서는 기본적인 냉동사이클에 대한 자세한 공정 구성방법을 설명한 이후에 가장 널리 사용되고 있는 Cascade®, SMR®, C3MR®, LIMUM®, 그리고 DMR®의 기본설계 및 공정 최적화 방법에 대하여 설명하겠다.

최근 우리나라에서도 국토교통부의 지원으로 추진 중인 LNG플랜트사업단 연구사업을 통하여 LNG플랜트 설계기술 및 천연가스액화공정의 기술개발이 활발히 이루어지고 있다.

이 책의 내용은 화학공학, 플랜트 공학, 에너지 공학, 기계 공학 관련 학부생 및 대학원생을 대상으로 설명하고 있지만, HYSYS®을 이용한 화학공정에 대한 기본지식이 있다면 더욱 이해하기 쉬울 것으로 판단된다. 특히, 우리나라의 화학공정 엔지니어들에게 필요한 개념설계 및 기본설계의 바탕이 되는 공정설계를 위한 Simulation 작업을 상세히 설명하였기에, 초저온 공정이나 LNG 공정 등의 산업 현장 기술자나 연구개발자 그리고 공정 설계 엔지니어들에게 도움이 될 수 있을 것으로 기대한다.

천연가스는 기존의 화석연료와 미래의 신재생 에너지와의 간극을 이어주는 빠르게 성장하고 있는 에너지원으로서 그 산업적 적용 분야가 광범위하게 확장되고 있다. 이 책은 천연가스산업의 가치사슬에서 가장 중요한 비중을 차지하고 있는 천연가스 액화공정의 개념 및 기본설계에 관한 중요한 정보를 제공해 주고 있으며 냉동 사이클에 대한 기본 원리에서 시작하여 이를 기반으로 대표적 상업적 천연가스 액화공정인 Cascade, SMR, C3MR, DMR 공정 등에 대한 기본설계와 최적화 내용을 포함하고 있다. 저자인 이상규 박사는 한국가스공사에서 20년간 초저온 공정만을 연구한 이 분야 최고의 전문가로서 오랜 기간 동안의 해당 분야에서의 경험과 통찰력을 기반으로 어떻게 하면 실무 엔지니어들이 천연가스 액화공정의 원리와 개념을 보다 쉽고 명확하게 이해하고 이를 기반으로 공정설계에 필요한 실무능력을 습득할 수 있는지를 이 책을 통하여 잘 보여주고 있다. 이 책은 기존의 전문 기술도서가 흔히 취하는 원리나 공정에 대한 이론적 설명이나 복잡한 수식의 나열을 최대한 배제하면서 실제 공정사례들에 대한 공정시뮬레이션과 최적화 절차를 따라하는 과정에서 냉동 사이클이나 액화공정에 대한 복잡한 기본 원리와 개념을 자연스럽고 효과적으로 이해할 수 있도록 구성된 독특하면서도 거의 유일한 책이다. 책이 포함하고 있는 내용과 완성도를 고려할 때, 천연가스 액화공정의 설계와 운영에 관심있는 엔지니어와 연구자들에게 강력히 추천하고 싶은 책이다. 또한 이 책에서 소개된 시뮬레이션과 공정설계 접근방법들은 화학공정의 설계 및 최적화에 대한 핵심 개념과 방법들을 다루고 있기 때문에 공정공학을 공부하는 학부생이나 대학원생을 위한 대학교재로서도 그 가치가 높다고 생각된다.

- 영남대학교 화학공학부 교수 이문용 -

CHAPTER 1

천연냉매

기체를 액화시키거나 온도를 낮추기 위해서는 일반적으로 저온과의 접촉이 필요하다. 그 밖의 다른 방법으로는 온도를 낮추려는 유체의 압력을 낮추어서 온도를 떨어뜨리는 방법이다. 압력을 낮추어서 온도를 떨어뜨린다는 것은 보통 고압의 기체 상태에서 저압의 기체 상태로 되거나 혹은 액체 상태에서 기체 상태로 압력이나 그 부피가 바뀌는 경우를 의미한다. 액체에서 기체로 그 상태가 바뀌면 그 유체의 증발열로 보다 큰 온도 변화가 발생될 수 있기에 해당 유체의 일부 혹은 전부가 액상에서 기상으로 바뀌면서 온도가 많이 떨어지게 된다.

기체를 액화시키려고 온도를 떨어뜨리려 할 때, 이러한 해당 유체의 압력 강하를 통한 방법으로 온도를 떨어뜨릴 수 있으나 액상이 기상으로 바뀌게 된다는 반대의 의미가 될 수도 있다. 즉, 일반적으로 어떤 기체를 액화하려면, 그 해당 기체의 압력 강하를 통한 저온화 방법 보단 냉매와 같이 저온을 만들 수 있는 유체와의 열교환 방법이 더 효과적이라 할 수 있다. 표 1-1에 상온에서부터 사용이 가능한 대표적 천연 냉매에 대한 특성을 HYSYS®를 이용하여 정리하였다.

냉매의 냉동 혹은 액화사이클은 기본적으로 압축과 응축, 그리고 팽창과 열교환으로 구성되며, 이러한 사이클을 통하여 생성된 냉열을 천연가스와 같이 온도를 낮추려는 대상과 열교환하는 것이다. 압축과 팽창과정은 이상적인 상태에서 등엔트로피 과정이나, 효율에 따라 그 열역학적 비가역성이 결정된다. 이에 따른 냉동사이클의 온도 및 압력 특징은 응축과 열교환에서의 냉매 상태 그리고 열을 방출할 주변의 온도 상황에 따라 결정된다.

표 1-1. 상온에서 사용가능한 천연 냉매 특성

냉매이름	화학식	분자량	끓는점 (BP) [℃]			증발 잠열 (HV) [kJ/kg mole]	
			1 bar	1.3 bar	30 bar	1 bar	30 bar
질소	N_2	28.01	-195.9	-193.6	-149.6	5,599	1,868
공기	Air	28.95	-194.4	-192.0	-145.9	5,620	2,432
산소	O_2	32.00	-183.3	-180.7	-131.6	6,831	3,897
메탄	CH_4	16.04	-161.8	-158.5	-96.25	8,300	4,465
에틸렌	C_2H_4	28.05	-104.3	-99.68	-13.33	13,494	7,459
에탄	C_2H_6	30.07	-88.97	-83.95	9.46	14,797	7,984
이산화탄소	CO_2	44.01	-52.26 (6 bar)		-5.05	15,143 (6 bar)	11,009
프로펜	C_3H_6	42.08	-47.72	-41.75	68.41	18,577	9,492
프로판	C_3H_8	44.10	-42.49	-36.34	77.36	18,819	8,924
암모니아	NH_3	17.03	-33.25	-27.91	65.89	23,956	16,906
이소부탄	iC_4H_{10}	58.12	-11.99	-5.06	123.0	21,223	8,067
노말부탄	nC_4H_{10}	58.12	-0.74	6.39	137.4	22,510	9,154
이소펜탄	iC_5H_{12}	72.15	27.46	35.33	180.1	24,634	7,287
노말펜탄	nC_5H_{12}	72.15	35.85	43.76	188.5	25,855	7,999

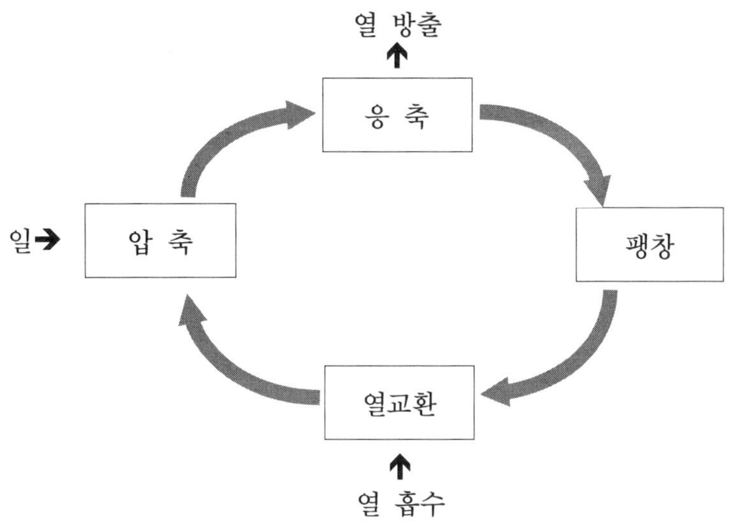

그림 1-1. 냉동사이클 기본 구조

그림 1-1에 냉동사이클 기본구조를 나타내었다. 냉동사이클에서 사이클을 이루는 것은 냉매의 순환이며, 냉각하려는 유체는 열교환을 통하여 열을 냉각 대상에서 냉매로 흡수된다. 또한, 이렇게 흡수된 열은 냉매의 응축과정을 통하여 시스템의 바깥으로 방출되는데, 이러한 시스템의 바깥은 기본적 구조에 있어서 수냉식 혹은 공랭식의 냉각기(Cooler)를 생각할 수 있다. 그 외에도 시스템 바깥을 추가적인 다른 냉매 사이클로 생각할 수도 있으나, 이러한 추가적인 냉매사이클 역시 궁극적으로는 흡수된 열이 시스템의 바깥인 대기 온도 혹은 상온으로 배출되어야 한다. 냉동사이클의 열 방출을 수냉식 혹은 공랭식의 냉각기로 하는 경우가 일반적인데, 이러한 경우 그 온도를 대기 온도로 제한하게 된다. 즉, 냉매 응축을 통한 열 방출의 온도를 보수적으로 설정한다면 무더운 상태의 대기 온도인 35℃로 설정할 수 있으나, 특별히 낮은 환경의 경우에는 25℃나 그 밖의 값으로도 설정할 수도 있다.

이러한 이유로 냉매를 이용한 냉동사이클의 열 방출 최종 위치는 응축기가 되며, 응축기가 있는 환경의 온도가 냉동사이클의 성능에 많은 영향을 주게 된다. 냉매를 압축한 이후 냉매에 다른 압력적인 변화 없이 고압의 냉매에서 열을 뽑아내는 가장 좋은 방법은 냉매의 증발 잠열을 이용하는 것이다. 물론 질소와 같이 상온에서 액화가 되지 않는 냉매의 경우에는 단지 냉매의 응축기 전·후단 온도 차이에 의한 현열만을 사용할 수밖에 없는데, 이러한 경우 대기 환경과 열교환하는 응축기는 응축기라기 보단 대기와의 열교환기로 봐야 한다. 하지만, 통상의 경우 냉매는 응축기에서 기체가 액체로 응축되며, 이때의 설계 온도는 대기 온도이며 압력은 이러한 응축 상태가 발생되는 기·액 평형 온도로 계산되어질 수 있다. 이러한 이유로 응축기 내의 냉매가 기체 상태에서 액체 상태로 응축되는 압력과 온도를 계산할 수 있으며, 이를 설계인자로 사용한다.

팽창기를 통과한 이후에 냉매의 압력이 떨어지면서, 냉매는 해당된 압력에 대한 평형 상태의 온도까지 온도가 떨어질 수 있다. 열교환기에서는 저온의 냉매와 온도를 낮추려는 유체간의 열교환을 통하여 해당 유체의 온도를 낮추는데, 냉매가 낮출 수 있는 온도는 팽창기에 의하여 떨어진 압력에 의하여 결정된다. 여기서, 안전을 고려한 일반적인 냉동 플랜트의 경우 낮출 수 있는 압력은 약 1.2bar 혹은 1.3bar로 제한된다. 이보다 낮은 압력의 경우에는 운전상의 약간의 실수로 인하여 대기압보다 낮은 음압이 걸릴 수가 있으며, 이로 인하여 공기가 냉동사이클로 유입되어 냉매가 오염되거나 더 나아가서는 가연성 혼합물로 될 수도 있기 때문이다. 이러한 이유로 해당 냉매로 만들 수 있는 온도는 그 냉매가 1.2bar 혹은 1.3bar에서의 끓는점 온도라 할 수 있다. 물론 그보다 높은 온도에서 해당 냉매를 사용할 수도 있으나 그것은 냉동사이클에 대한 좋은 설계라 할 수 없다.

냉매 냉동사이클에 있어서 열의 유입 및 유출은 응축기와 열교환기에서 이루어진다. 이에 따라 -200℃에서 상온 사이에 자연에 존재하는 다양한 냉매의 압력 변화에 따른 끓는점에 대한 온도 폭을 그림 1-2에 나타내었다.

그림 1-2에서 나타나는 각 냉매의 온도 영역은 1.2bar에서의 끓는점과 30bar에서의 끓는점을 나타낸 것으로, 1.2bar는 해당 냉매를 사용하여 낮출 수 있는 최저 온도를 표현한 것이다. 각 냉매는 압축한 이후에 응축기를 통하여 응축이 되는데 이때의 압력 상태에 따라 응축 온도가 결정된다. 그림 1-2에서는 응축 온도를 30bar의 예로 표시한 것이다.

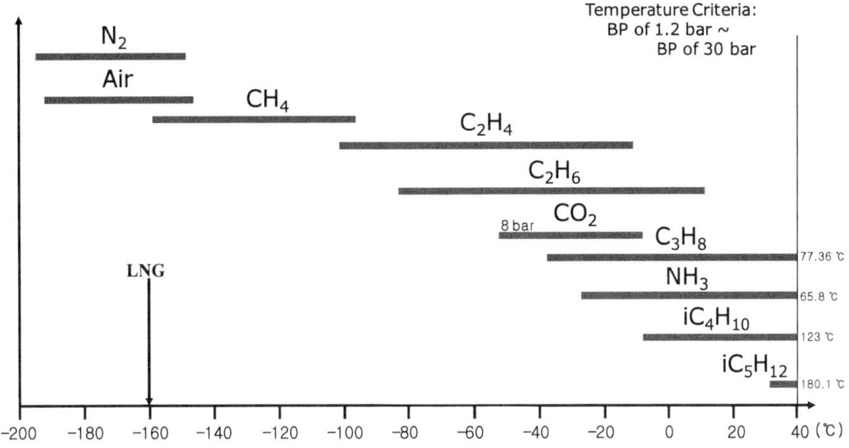

그림 1-2. -200℃에서 상온 사이의 자연에 존재하는 대표적 냉매의 끓는점

사용되는 냉매가 1.2bar에서 30bar 사이에서 사이클을 이루고, 주변 환경의 온도에 의하여 냉매가 40℃까지 낮출 수가 있고, 이에 대한 높은 효율을 위하여 냉매가 40℃에서 응축을 해야 한다면, 프로판, 암모니아, 부탄이 냉매로 사용될 수 있으며, 해당 냉매들은 각각 -38.3℃, -30.0℃, 4.2℃(nC4의 경우)까지 온도를 낮출 수 있다. 하지만, 고압 상태에서 냉매가 반드시 응축되어야만 냉매로 사용될 수 있는 것은 아니다. 그렇기에 질소, 공기, 메탄 등의 냉매 역시 해당 범위 내에서 냉매로서 사용될 수는 있으나 증발잠열을 사용할 수 없기에 효율이 많이 떨어진다.

CHAPTER 2

냉매 사이클 기본구조

2-1. 설계 기본

냉매를 이용하는 냉동사이클의 기본 구조를 앞의 1장 그림 1-1에 소개하였다. 기본 구조에서 냉매는 압축, 응축, 팽창, 그리고 열교환을 반복적으로 수행함으로써, 대상 유체의 온도를 낮추기 위한 저온의 냉열을 제공할 수 있다. 이렇게 흡수된 냉열 및 압축기에서 발생된 에너지(열)는 응축을 통하여 다른 매체 혹은 주변 환경(대기)으로 방출된다.

본 내용에서 냉동사이클을 설계할 때 냉매의 사이클이 열을 발출한 이후의 온도를 40℃로 설계하는데, 이는 그 냉동사이클이 운전될 대기 환경의 평균적 고온 상태를 고려한 것이다. 즉, 여름철 고온의 평균적 대기온도를 35℃라 할 때, 이에 대한 응축 열교환기의 온도차 5℃를 고려하면, 응축기를 통과한 냉매의 온도를 40℃라 결정할 수 있다. 하지만, 이러한 40℃ 역시 환경에 따라 바뀌게 되는데, 예를 들어서 적도 부근에서는 더 높은 온도를, 그리고 해양에서는 더 낮은 온도를, 극지방에 가까울수록 그보다 더욱 낮은 온도를 적용할 수 있다.

몇 가지 냉매를 이용하여 냉동사이클을 설계하는 예를 구성해 보는데, 설계에 사용될 설계기준을 표 2-1의 값들로 고려하려 한다.

그림 2-1에 냉매 기본 사이클을 만들어 보았다. 본 장에서는 이러한 그림 2-1의 기본 사이클을 중심으로 설명하겠다. 그림 왼쪽 아래에서부터 냉각될 유체가 들어와서 열교환기에서 냉각되어 오른쪽으로 흐른다고 할 때, 열교환기 내에서 냉매는 오른쪽에서 왼쪽으로 흐른다. 또한 그림 2-1에 표 2-1의 각 번호에 대하여 표시하였다.

표 2-1. 액화사이클 공정의 설계 기준

번호	설계 기준	값
①	대기로 열을 방출한 이후의 냉매 온도	40℃
②	공기 냉각 응축기에서 대기와 냉매 온도차	5℃
③	공기 냉각 응축기에서 압력차	25kPascal
④	공정 열교환기에서의 고온과 저온의 최소 온도차	3℃
⑤	압축기 및 Expander 효율	Adiabatic 75%
⑥	주 열교환기의 압력차 (온도차 100℃ 이내)	50kPascal
⑦	냉매의 최저 압력	1.3bar

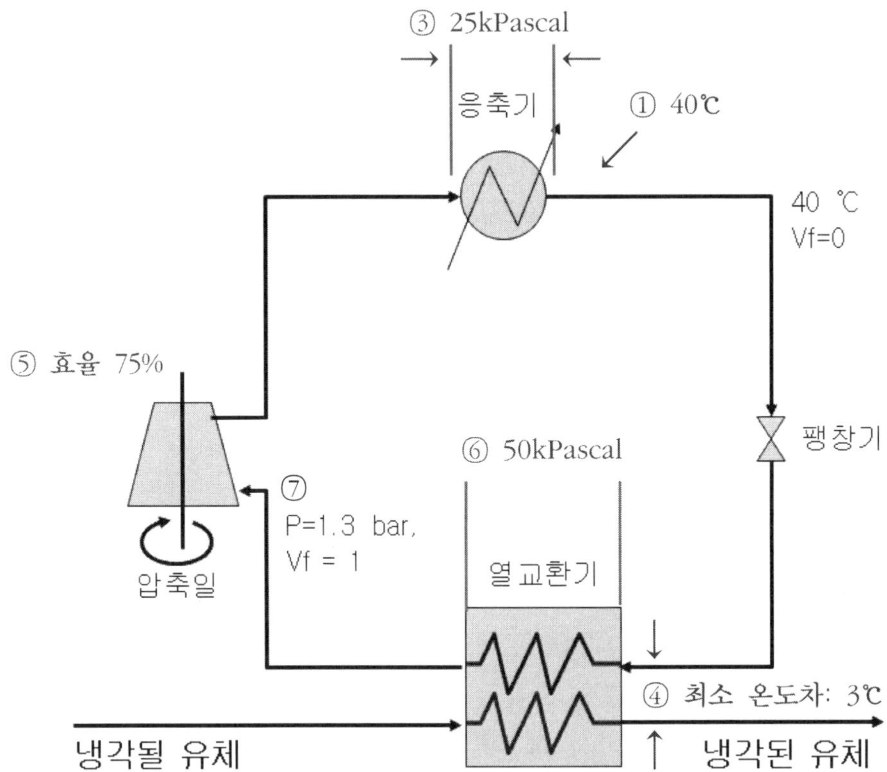

압축기에서 압축된 냉매는 응축기를 흐르면서 냉각되는데, 이때 냉매가 응축되어 액체가 될 수 있다면 냉매로써의 효과가 가장 극대화 될 수 있다. 즉, 냉매는 응축기에서 외부로 열을 방출해야 하는데, 이러한 방법에서는 기체가 액체로 되는 기화잠열을 이용할 수 있게 되기 때문이다. 이러한 이유로 일반적으로 높은 효율의 냉동사이클에서 냉매는 냉동 사이클 안에서 액상과 기상 사이의 상변화를 하는 형태이다.

냉동사이클을 운전시 압축기에 의하여 형성된 압력에서 냉매가 응축되어 액체가 되는 온도로 응축기의 냉매 출구 온도를 결정할 수 있으나, 실제 설계 시에는 보통 이미 주변 환경에 따라 주어지는 응축기 이후의 온도 (즉 대기 온도에 의하여 결정되는 응축기의 온도)가 먼저 결정되고, 주어진 그 온도에서의 냉매가 액화되는 평형압력으로 냉매 압력을 설정하게 된다. 압력을 그보다 더 높이면 냉매가 응축기에서 응축되어 액체가 된 이후에도 응축기에 의하여 평형 온도보다 더 떨어질 수 있으나, 이를 냉동사이클에 적용될 때 단지 현열의 효과만으로 표현되기에 증발잠열의 효과 보단 매우 작다고 할 수 있으며, 압축일에 비교한다면 그 효과가 매우 작기 때문에 보통 주어진 온도에 대한 평형상태의 압력을 설계값으로 사용하게 된다.

응축된 냉매는 팽창기를 통과한 이후에 전부 혹은 일부가 기화되는데, 이때 냉매의 온도도 떨어진다. 이러한 냉매는 이후 열교환기를 통과하면서 공정유체 (여기서는 냉각될 유체)에 냉열을 제공하고 냉매는 기화되거나 온도가 상승하게 된다. 냉매가 열교환기 안에서 기화될 때 일부가 액체로 남으면 압축기로 액체가 유입될 수 있기에 열교환기 안으로 유입된 냉매 전체가 기체가 되도록 열교환기를 설계해야 한다. 또한, 열교환기 안에서 기체가 된 이후에도 냉매가 공정유체에 냉열을 제공하는가에 따라서 두 가지 방법을 생각할 수 있다.

① 냉매가 기•액 평형 상태로 열교환기에서 나오는 경우,
냉매의 증발잠열로 형성된 냉열만을 사용하고 이후의 현열은 사용하지 않는 방법

② 냉매가 기•액 평형 상태보다 고온의 상태로 나오는 경우,
냉매가 증발잠열의 냉열을 사용하고 이후의 기체 현열도 사용하여 냉매의 이슬점 보다 고온의 상태로 열교환기에 나오는 방법

①번의 방법을 설계에 적용한다면, 그림 2-2와 같이 Shell&Tube 열교환기 안에서 액위를 일정하게 하여 냉열을 제공하는 형태가 되며, 액위가 없는 이중관형이나 판형 열교환기를 사용하는 경우에는 ②번 방법이 적용될 수 있다.

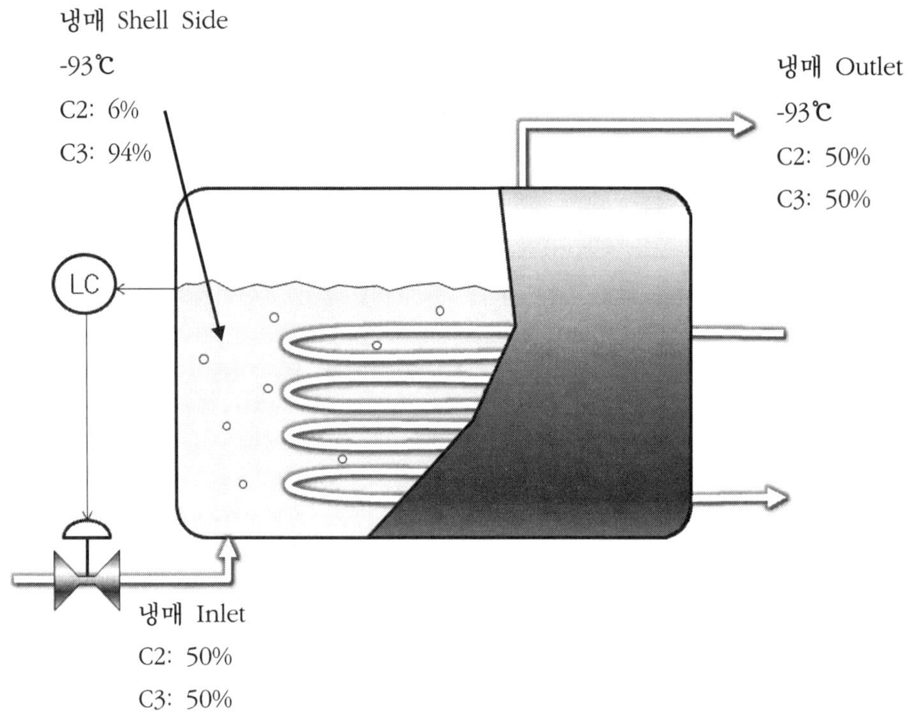

그림 2-2. Shell&Tube 열교환기

②번의 방법이 공정유체에 냉열을 더 제공할 수 있어서 냉동 사이클의 효율을 높일 수 있다고 볼 수도 있으나, 기·액 평형상태 이후의 온도 상승은 냉매 기체의 비체적을 증가시키고, 이는 이후의 압축기 일을 증가시키기에 평형상태의 방법에 비하여 냉동기 압축기에는 추가적인 동력이 필요하게 된다.

프로판 냉매를 이용하여 40℃의 천연가스를 냉동시키는 냉동기를 표 2-1의 열교환기 출구 냉매 온도 조건에 따라 설계하면 천연가스를 -33.34℃까지 냉각할 수 있다. 이는 프로판 냉매가 1.3bar에서 -36.34℃가 되기 때문이다. 가장 간단한 방법인 ①번 방법으로 설계하였을 경우 필요한 동력은 36.7kWh/ton이다.

프로판 순수 냉매로 ②번 방법을 결정할 경우 냉매의 열교환기 출구온도에 따라 필요 동력이 줄어드는데, 이는 냉매의 출구 온도가 상승한 만큼 냉열을 공정에 제공하였기 때문이다. 하지만, 표 2-2에 나타나듯이 설계의 난이도 및 공정의 복잡성에 비하여 효율 개선이 높지 않기에 일반적으로 사용되고 있지 않다.

표 2-2. 프로판 냉매를 사용하여 천연가스를 냉각시키는 방법에서 냉매 출구 온도의 영향

열교환기 출구 냉매 온도 [℃]		필요 동력 [kWh/ton]	동력비 [%]	효율 개선 [%]
-36.34	0	36.7	100	0
-26.34	+10℃	36.1	98	1.7
-16.34	+20℃	35.5	97	3.3
-6.34	+30℃	34.9	95	5.0

순수 냉매를 사용하여 냉열을 제공할 경우 보통 기·액 평형 온도까지만으로 하며, 그 이상의 온도로는 냉열을 제공하지 않는다. 이는 냉매로 기·액평형 이상의 온도까지 냉열을 제공하기 위해서는 더욱 복잡한 장치 및 제어시스템이 필요함에도, 표 2-2의 프로판 예에서도 나타나듯이 효율 개선이 그다지 높지 않기 때문이다.

냉매를 포함한 대부분 기체의 단열팽창에 있어서 온도는 압력이 낮을수록 더 낮은 온도를 형성할 수 있다. 열교환기에서 나오는 냉매의 조건을 기·액 평형 상태로 하고, 냉매를 사용하여 가장 낮은 온도까지 공정 흐름의 온도를 낮춘다면, 표 2-1의 ⑦조건에 의하여 열교환기에서 나오는 냉매는 1.3bar의 기·액 평형 온도로 된다. 이로 인하여 모든 설계인자가 다 결정된다.

이와 같은 순서를 다시 정리하면 다음과 같다.

(1) 우선, 냉각될 공정 유체의 유입 온도와 압력, 그리고 양이 결정됨

(2) 응축기에서 냉매는 전부 액체가 되며, 이는 대기온도 인자인 35℃에서 응축기의 열교환 허용 온도차 (예를 들어 5℃)만큼 상승된 온도에서 냉매가 액체로 되는 기·액 평형 압력이 압축기 출구 압력이 됨 (정확히는 이로부터 응축기 압력손실 만큼 더한 압력)

(3) 이후 냉매는 팽창밸브에서 팽창하고 온도가 낮아진 이후에 열교환기에서 전부 기체가 되며, 냉매가 액체에서 기체가 되는 온도는 공정 유체의 냉각될 온도에서 열교환 허용 온도차 (예를 들어 3℃)만큼 더 낮은 온도에서 냉매가 액체에서 기체가 되는 기·액 평형 압력이 압축기 입구 압력이 됨

위의 설계 계산 방법을 HYSYS® 예제를 통하여 알아보겠다.

2-2. 기본 물성 설정

HYSYS®를 이용하여 천연가스 냉각사이클을 구성하기 위해서는, 우선 HYSYS®를 구동하여 기본물성을 구성해야 한다. 그림 2-3과 같이 기본물성 Databanks를 구성하고, "Fluid Pkgs"를 선택하여, 그림 2-4와 같이 Property Package Selection으로 "Peng-Robinson" 을 선택한다. 다음으로 "Parameters" 에서 아래의 사항을 결정한다. (그림 2-5)

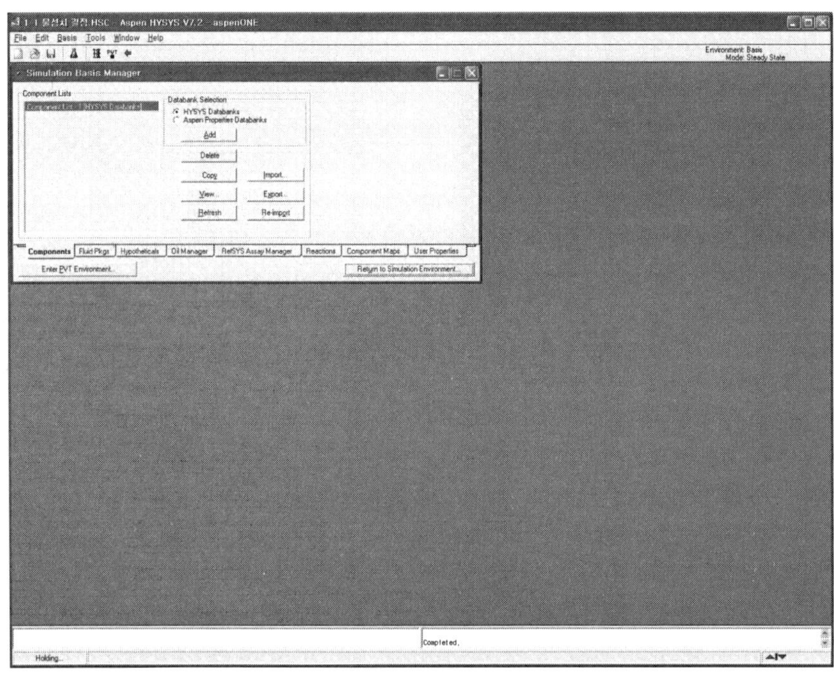

그림 2-3. HYSYS®에서 기본물성 Databanks 구성

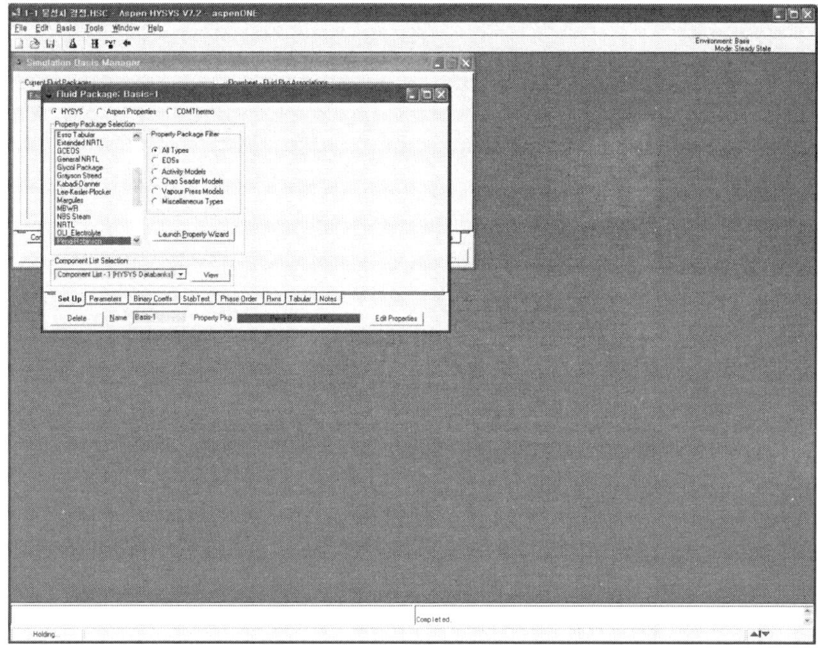

그림 2-4. Fluid Package로 Peng-Robinson 선택 화면

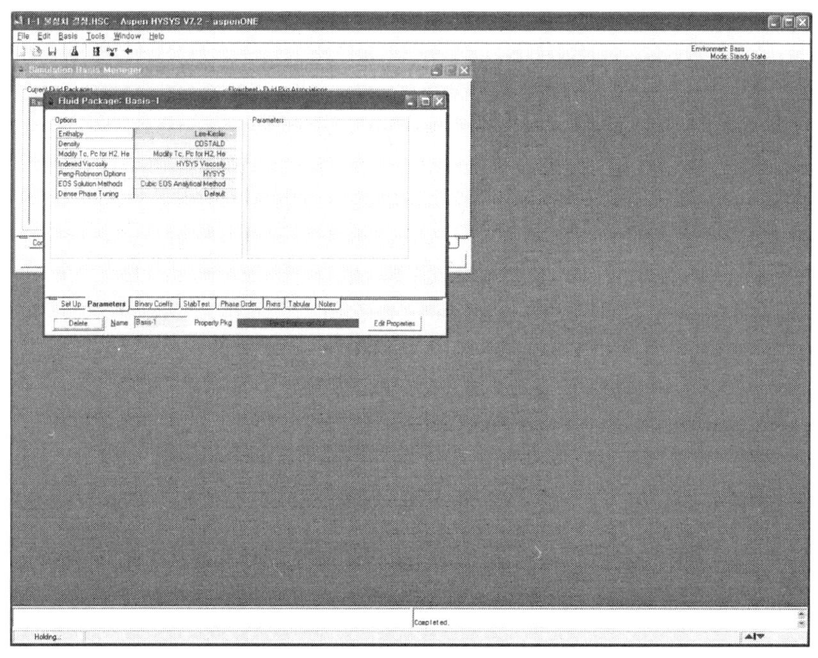

그림 2-5. Fluid Package 계산을 위한 기본 선택사항들

표 2-3. Fluid Package 계산을 위한 기본 사항의 선택

Enthalpy	Lee-Kesler
Density	COSTALD
Modify Tc, Pc, for H_2, He	Modify Tc, Pc, for H_2, He
Indexed Viscosity	HYSYS® Viscosity
Peng-Robinson Options	HYSYS®
EOS Solution Methods	Cubic EOS Analytical Method
Dense Phase Tuning	Default

다음은 Simulation에 사용할 성분을 결정한다. "Components" 텝에서 해당 Component Lists를 더블클릭으로 결정하거나, "View..." 버튼을 이용하여 "Component List View: ..." 윈도우를 열고 성분들을 첨가한다. 기본적인 물성의 설정이 끝나면 "Return to Simulation Environment..." 로 들어가서 PFD (Process Flow Diagram)을 구성하게 된다.

2-3. C3 냉매

Simulation에서 사용될 성분들은 Methane(CH_4), Ethane(C_2H_6), Propane (C_3H_8), i-Butane(C_4H_{10}), n-Butane(C_4H_{10}), i-Pentane(C_5H_{12}), n-Pentane(C_5H_{12}), 그리고 Nitrogen(N_2)이다. Component Lists에 모든 성분을 첨가하고 나면 그림 2-6과 같이 나타난다.

2-3-1. Feed Gas의 결정

HYSYS®의 PFD 화면에서 NG Feed Gas 흐름을 결정한다. PFD의 Palette (Palette가 보이지 않을 경우 F4 혹은 "Flowsheet-Palette" 를 이용하여 Palette를 활성화한다)에서 새로운 Material Stream을 만든다. 이 Material Stream을 더블클릭하여 내용을 보이게 하고, 이름 (Stream Name)을 "1" 에서 "Feed Gas" 로 수정한다.

"Feed Gas" 에서 왼쪽 "Composition" 을 선택하고, 그림 2-7과 같이 조성을 결정한다.

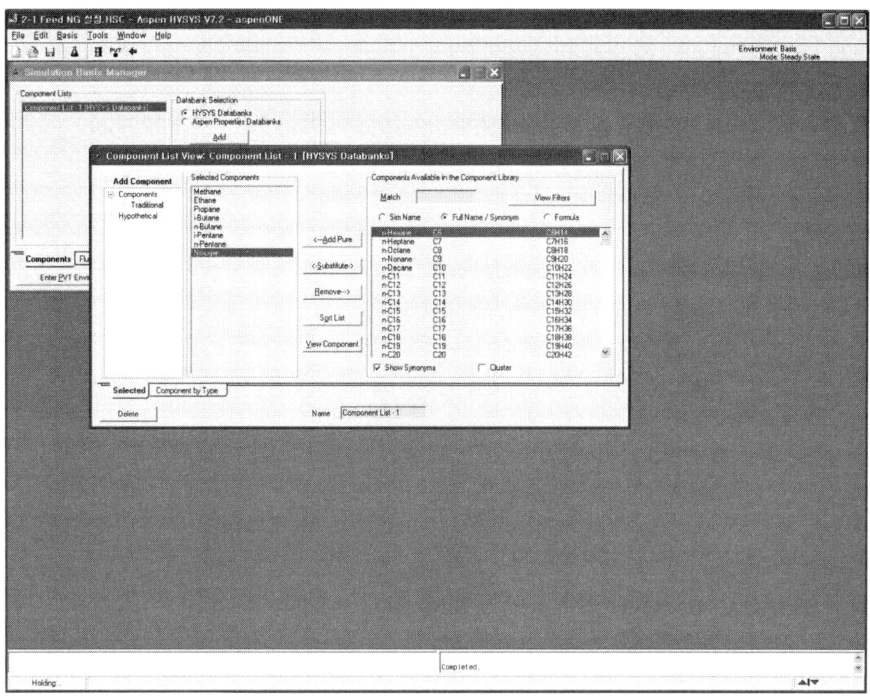

그림 2-6. Propane 냉매의 냉동사이클 구성을 위한 성분들

표 2-4. NG Feed Gas 조성

성분	Mole Fractions
Methane	0.9133
Ethane	0.0536
Propane	0.0214
i-Butane	0.0046
n-Butane	0.0047
i-Pentane	0.0001
n-Pentane	0.0001
Nitrogen	0.0022
합계	1

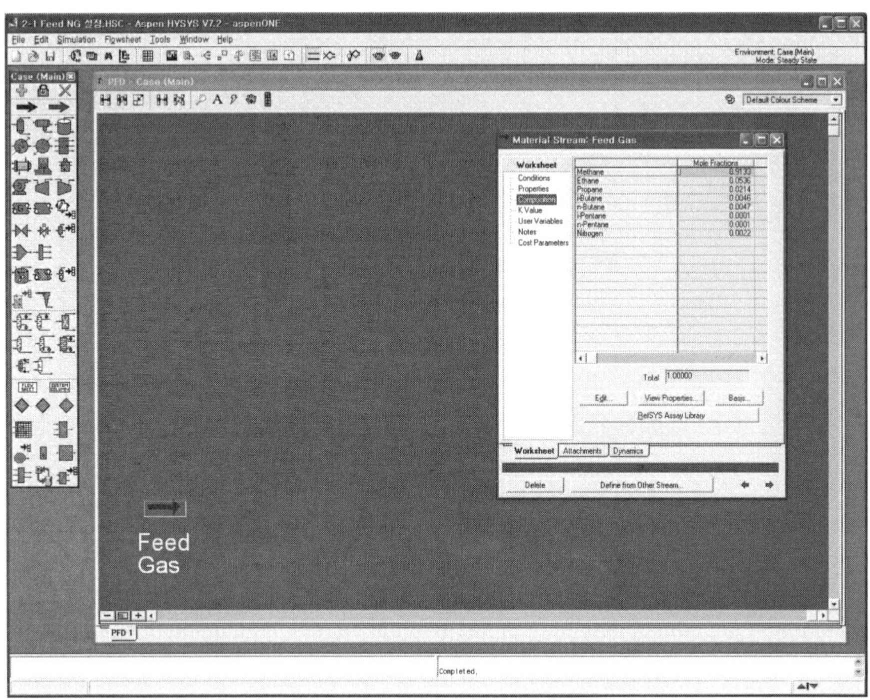

그림 2-7. Feed Gas의 조성 결정

"Feed Gas" 에서 왼쪽 "Conditions" 를 선택하고, 그림 2-8과 같이 NG Feed Gas의 온도는 40℃, 압력은 50bar (5,000kPascal)로 결정하고, 유량은 1ton/hr로 결정한다. 그러면 그림 2-8과 같이 NG Feed Gas가 결정된다.

"Feed Gas" 를 냉각하려면 냉매와의 열교환이 필요하며, Palette의 Heat Exchanger를 이용하여 그림 2-9와 같이 NG Feed Gas의 전체 공정을 구성한다.

Heat Exchanger의 연결에 있어서, NG Feed 흐름은 Heat Exchanger의 Tube Side에 연결한다. Heat Exchanger의 이름은 "열교환기" 로 하고, 열교환기를 통과한 유체의 이름은 "냉각된 유체" 로 결정한다. 또한, "열교환기의 Tube Side 압력차는 앞의 표 2-1에서와 같이 50kPascal로 한다. 본 값은 "열교환기-Parameter" 의 그림에서 "Tube Side" 의 "Delta P" 값으로 결정한다 (그림 2-9 참고). 하지만 아직 냉매사이클을 구성하지 않았기 때문에, 냉각될 유체의 온도를 결정할 수 없다.

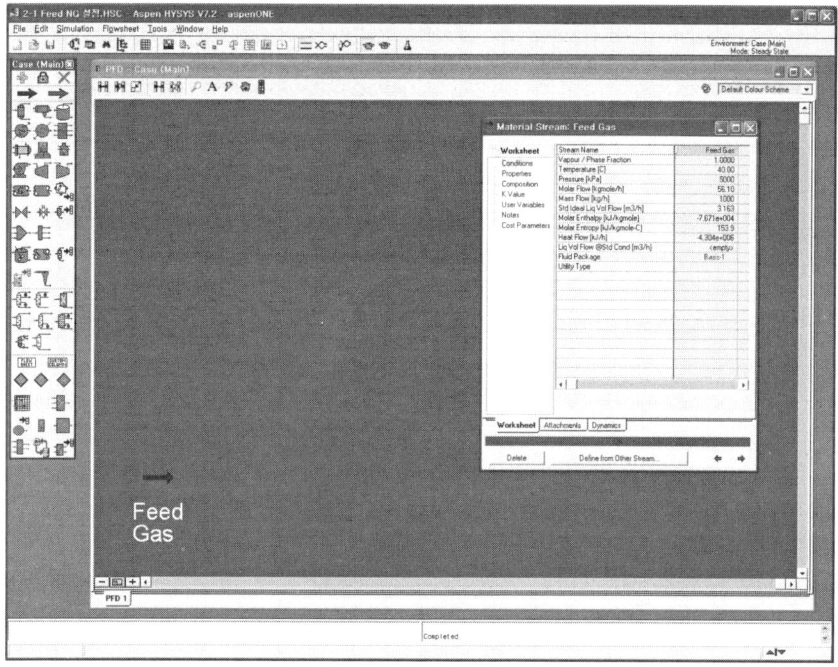

그림 2-8. Feed Gas의 공정 조건

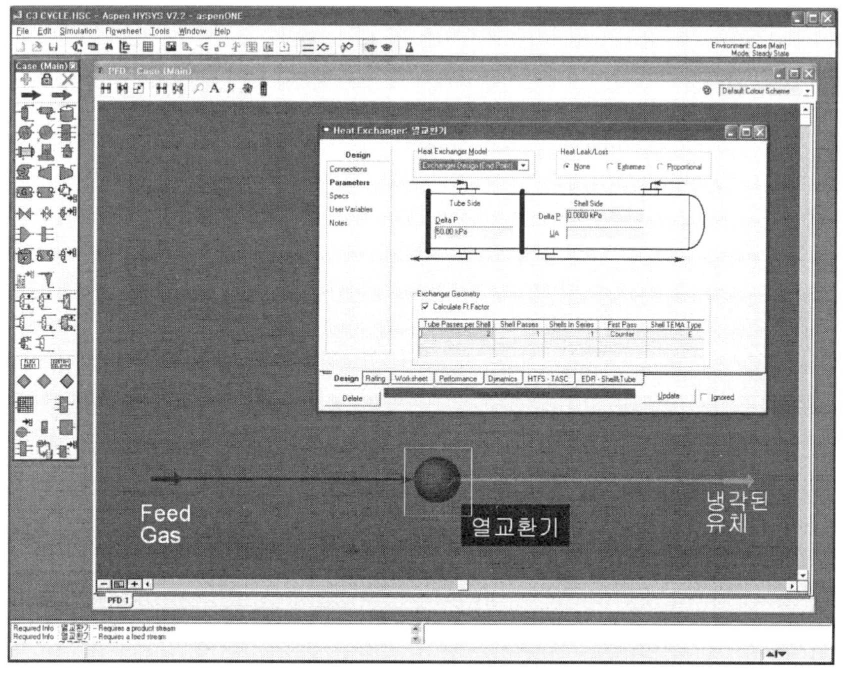

그림 2-9. Heat Exchanger를 이용한 NG Feed Gas의 전체 공정 구성

2-3-2. Propane 냉동사이클의 결정

Feed Gas로부터 열에너지를 빼기 위해서는 냉동사이클이 필요하며, 냉매로는 Propane을 사용하기로 했다. 냉동사이클은 "압축-응축-팽창-열교환" 의 순서가 필요하다. 그림 2-9에서와 같이 열교환기까지의 공정을 구성하였기에, 열교환기에서부터 공정 구성을 시작하겠다.
냉동사이클의 열교환기 다음의 공정은 압축기 공정으로 그림 2-10에서와 같이 냉매 압축기 공정을 연결하였다. "1" 번 Stream에서 우선 "Composition" 은 Propane 순수 물질로 하였다. 또한 "Conditions"에서는 그림 2-10에서와 같이 압력은 130kPascal로 하고 Vapour/Phase Fraction은 1로 하여 모두 기체평형인 상태로 하였다. 압력은 앞의 표 2-1에 표현한 부분으로 가능한 공정의 설계 상태에서 가장 낮은 온도를 선택하였다. 또한, Vapour/Phase Fraction의 1은 열교환기에서 나오는 냉매의 조건으로, 열교환기에서 액체상태의 냉매가 기체상태로 변화하여 열에너지를 흡수하고 기·액 평형 상태로 열교환기에서 나온다는 조건을 표현한 것이다.

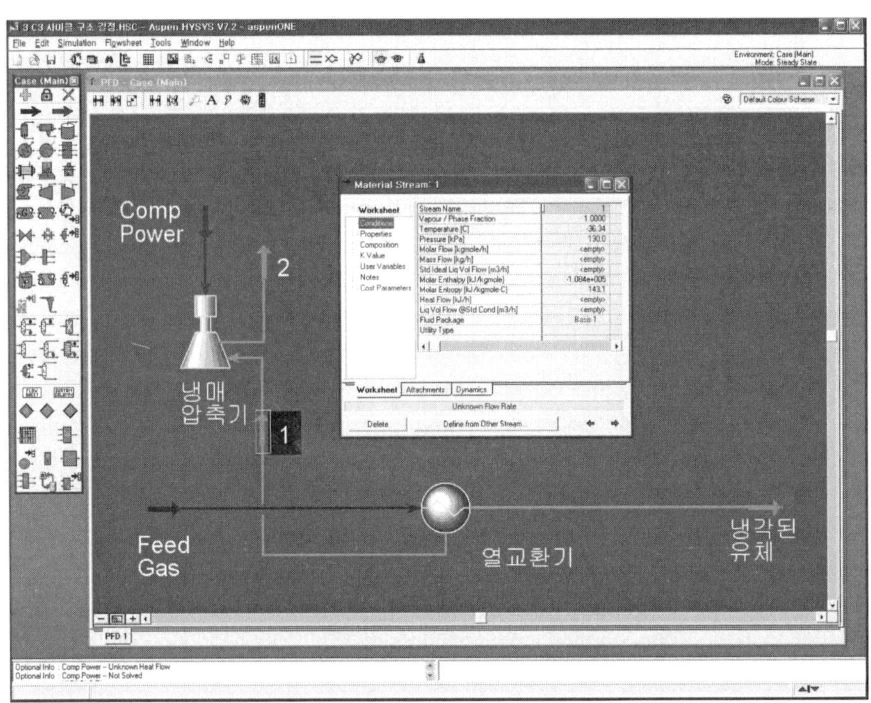

그림 2-10. 냉동사이클의 냉매 기본조건 설정

냉매 냉동사이클의 유량은 아직 결정되지 않았다. 냉매 유량이 결정되면 냉동사이클의 냉동량, 그리고 이에 따른 냉동에너지의 양도 결정될 수 있다. 이러한 이유로, 거꾸로, Feed Gas가 요구하는 냉동에너지의 양이 결정되면 자동적으로 냉매의 유량이 계산될 수 있으며, 이러한 이유로, 냉동사이클의 조건이 모두 결정되면 자동적으로 냉매의 유량이 결정될 수 있다.

계속해서 Palette의 Cooler를 이용한 응축기를 연결하고, Palette의 Valve를 이용하여 팽창밸브를 연결하여 전체 냉동사이클의 공정 구성을 그림 2-11과 같이 완성시킨다.

냉동사이클의 각 기기 설정값을 표 2-5에 표시하였고, 각 Stream의 설정값을 표 2-6에 표시하였다.

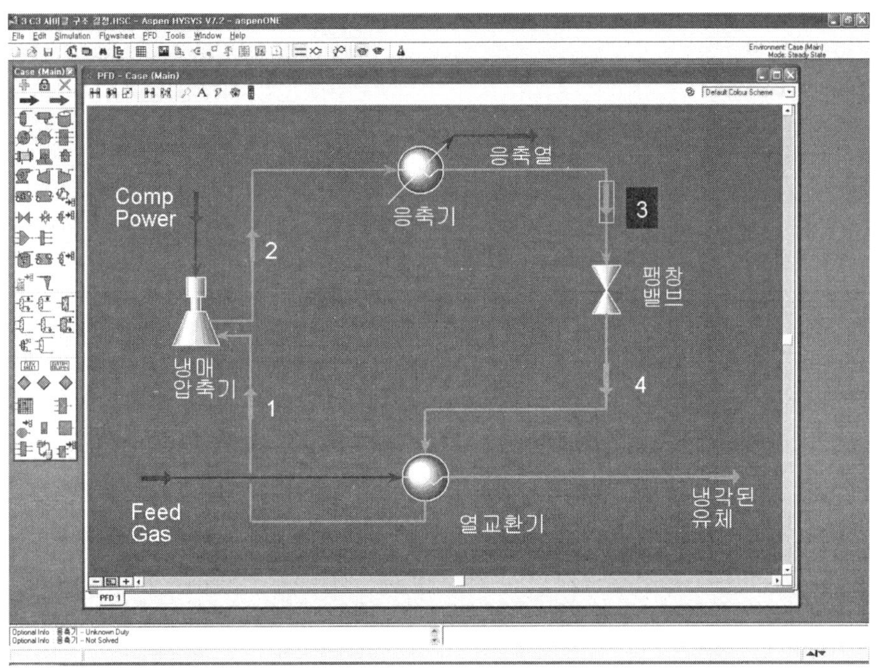

그림 2-11. 냉동사이클 공정구성

표 2-5. 프로판 냉동사이클의 주요 기기 설정값

기기명	설정	설정값	설명
냉매 압축기	Adiabatic Efficiency	75%	HYSYS® 기본 설정값 (표 2-1 참조)
응축기	Delta P	25kPascal	응축기 공정 부분 압력강하량 (표 2-1 참조)

표 2-6. 프로판 냉동사이클의 주요 Stream의 설정값

Stream 명	설정	설정값	설명
1	Composition -Propane	1	냉매는 순수 Propane이며, 다른 성분의 설정값은 모두 0으로 설정
	Vapour /Phase Fraction	1	열교환기를 나가는 냉매는 전부 기상이라는 설계 조건 (표 2-1 참조)
	Pressure	130 kPascal	냉동사이클의 최저압 값이며, 압축기 입구단 압력이 최저압임
3	Temperature	40℃	응축기의 출구 온도로 대기와의 열교환을 통하여 만들어 지는 설계 온도 최고값 (표 2-1 참조)
	Vapour /Phase Fraction	0	응축기에서 나오는 냉매의 상태로 냉매가 전부 액상으로 바뀌는 것을 뜻함 (표 2-1 참조)

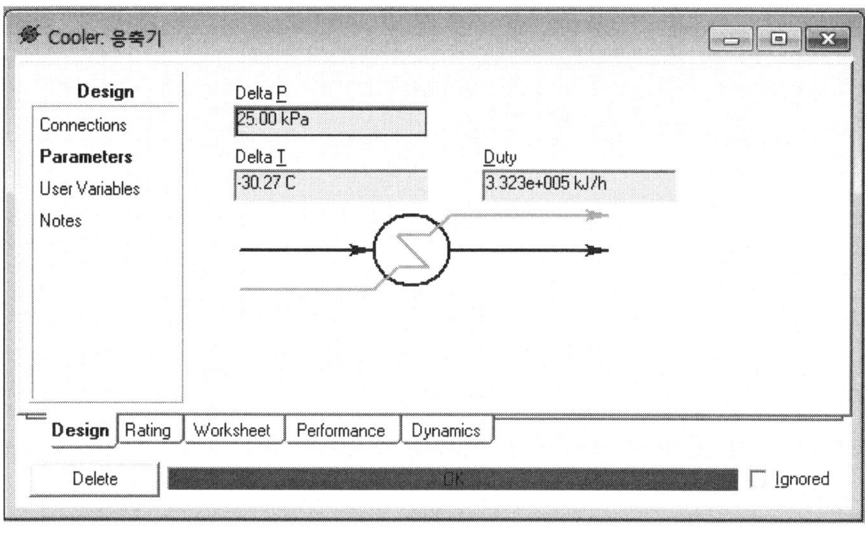

그림 2-12. 냉매사이클에서 응축기의 압력강하량 결정

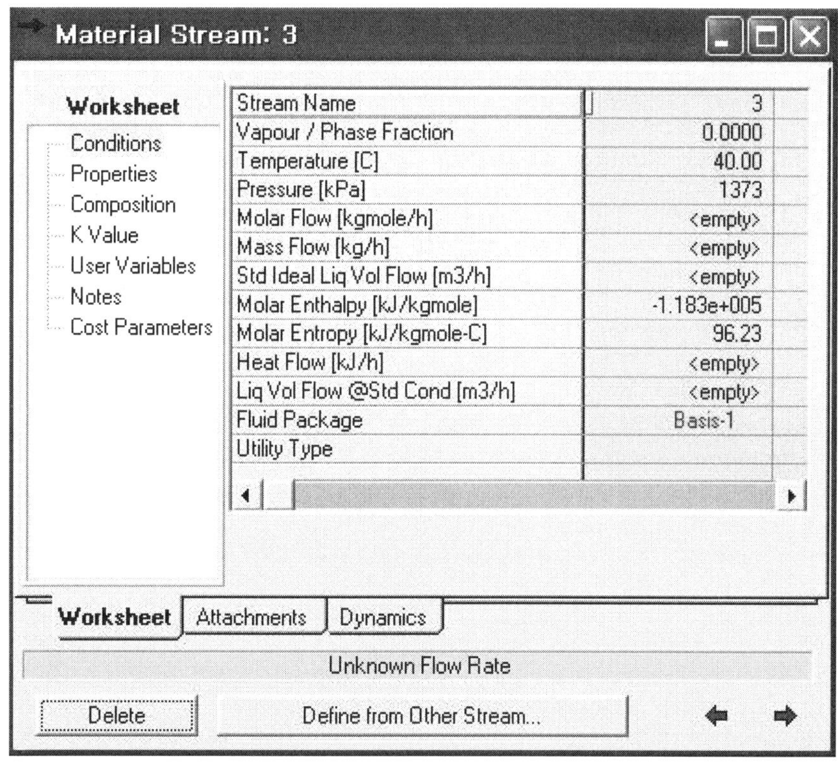

그림 2-13. 냉매사이클인 Stream 3의 공정 조건

표 2-5와 표 2-6의 설정이 끝나면 냉매 사이클의 압력과 온도에 대한 모든 설정이 끝났음을 알 수 있다. 다만, 냉매의 유량만이 결정되지 않았는데, 이는 천연가스에서 필요로 하는 냉동열의 양이 아직 결정되지 않았기 때문이다. 즉 천연가스의 “냉각된 유체” 의 온도를 -30℃로 결정하면, 천연가스에서 필요로 하는 냉동열의 양이 결정되고, 이에 따라 냉매의 유량이 결정됨을 알 수 있다. 하지만, 여기서는 냉매의 온도로부터 열교환기의 최소 온도차인 3℃를 적용하여 -33.34℃(=-36.34℃ + 3℃)로 “냉각된 유체” 의 온도를 적용하는 방법을 사용하였다.

천연가스의 “냉각된 유체” 의 온도를 그림 2-14, 그리고 그림 2-15와 같이 Palette의 Set을 이용하여 결정하겠다.

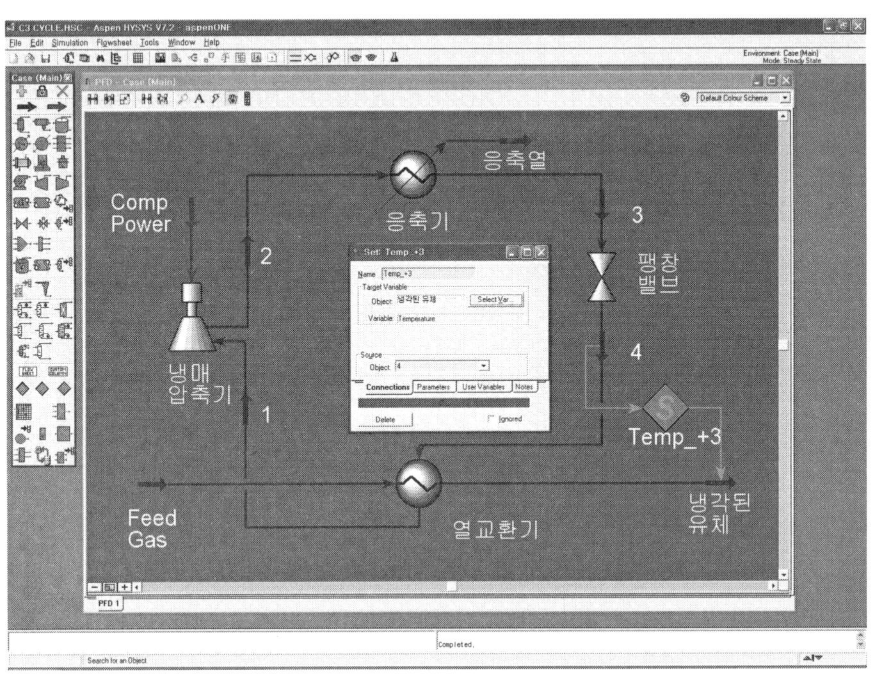

그림 2-14. Stream 4와 냉각된 유체의 온도 결정을 위한 Set 연결

천연가스의 “냉각된 유체” 의 온도를 Set을 이용하여 결정하면 전체 냉동 사이클의 설계가 완성되며, 냉매 유량은 HYSYS®로 계산되는데 Propane 냉매 흐름이 892.7kg/hr로 계산됨을 알 수 있다.

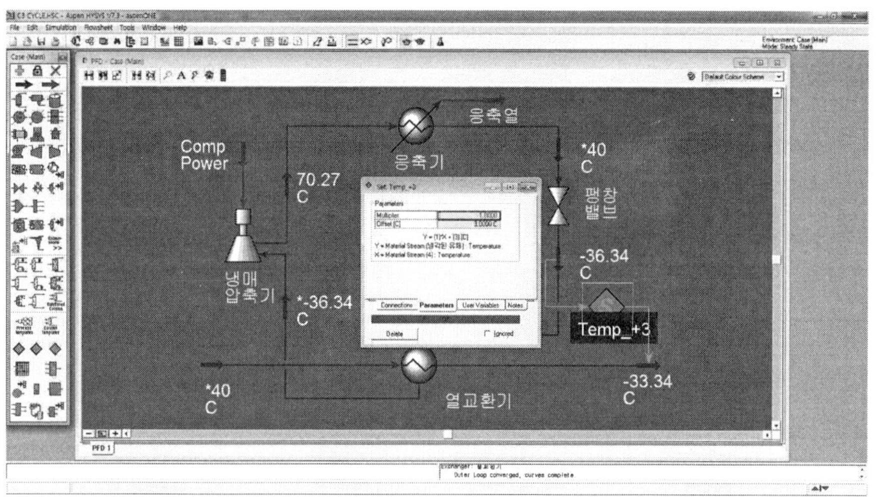

그림 2-15. Stream 4와 냉각된 유체의 온도 결정을 위한 Set 설정 값

냉매를 이용한 냉동사이클의 일반적인 설계 방법을 정리하겠다.

① 온도를 떨어뜨릴 공정의 Inlet과 Outlet의 온도 조건을 결정 (단, Outlet의 온도는 해당 냉매의 최저압의 평형온도 보다 낮을 수는 없음)

② 열교환기를 떠나는 냉매의 조건 설정 (Shell&Tube 형이라면 기·액 평형상태의 기체), 압력은 보통 냉매에 대한 적용가능 최저압을 선택함 (최저압은 최저온도를 만들 수 있음); 혹은 원하는 Outlet의 온도가 해당 냉매의 최저압의 평형온도 보다 높을 경우에는, 공정 Outlet의 온도 조건에 따라 냉매의 온도를 결정하고 이에 대한 냉매의 평형 압력을 설계 압력으로 설정할 수도 있음

③ 응축기를 떠나는 냉매의 조건 설정 (순수 냉매라면 기·액 평형상태의 액체), 온도는 주변 온도에 따른 응축기의 설계 온도이며, 액화가 가능한 순수 냉매의 경우 압력은 냉매가 액화되는 평형 압력으로 설정

즉, 상온에서 액화될 수 있는 냉매를 사용하는 냉동사이클의 압력과 온도로 보면 ②는 열교환기를 떠나는 최저압에서의 평형 냉매의 온도, 그리고 ③은 응축기를 떠나는 상온에 대응하는 평형 냉매의 압력으로 볼 수 있다. 이 두 상태를 그림 2-16의 평형 상태에 표시하였다.

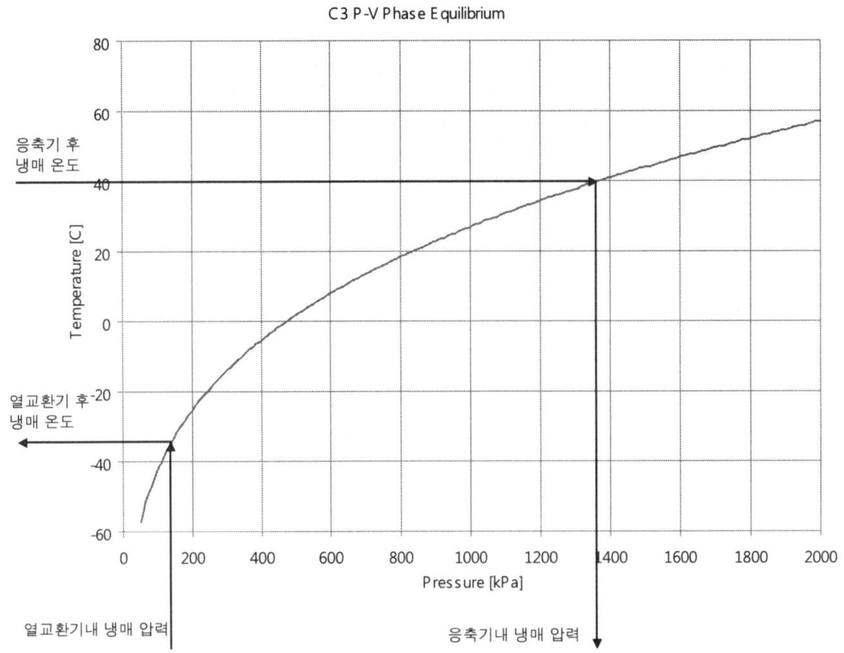

그림 2-16. 프로판 기·액 평형 그래프를 이용한 냉동사이클 설계인자 도출

그림 2-16에 나타나듯이 냉매 설계는 두 개의 압력인 1.3bar와 13.73bar, 그리고 그에 해당하는 온도인 -36.34℃와 40℃로 표현된다.

2-4. 암모니아 (Ammonia, NH_3) 냉매

앞장에서는 프로판 냉매를 이용하는 냉동사이클을 설명하였다. 암모니아를 이용하는 냉동사이클의 경우, 여기서 단지 냉매만 프로판에서 암모니아로 바꾸면 자동으로 냉동사이클을 설계할 수 있다. 우선 그림 2-6에서의 공정 구성성분들 화면에서 NH_3 암모니아를 추가한다.

냉매사이클 공정의 냉매성분은 1번 stream에서 정의하였기에, 냉매의 성분을 수정하기 위해선 1번 stream의 조성을 바꾼다. C_3H_8을 0으로 하고 NH_3의 성분을 1로 조정한다. 조정이 끝나면 바로 다른 조정 없이 설계가 끝나는데, 해당 공정에 대한 압력값들을 그림 2-17에 나타내었고, 온도값들을 그림 2-18에 나타내었다.

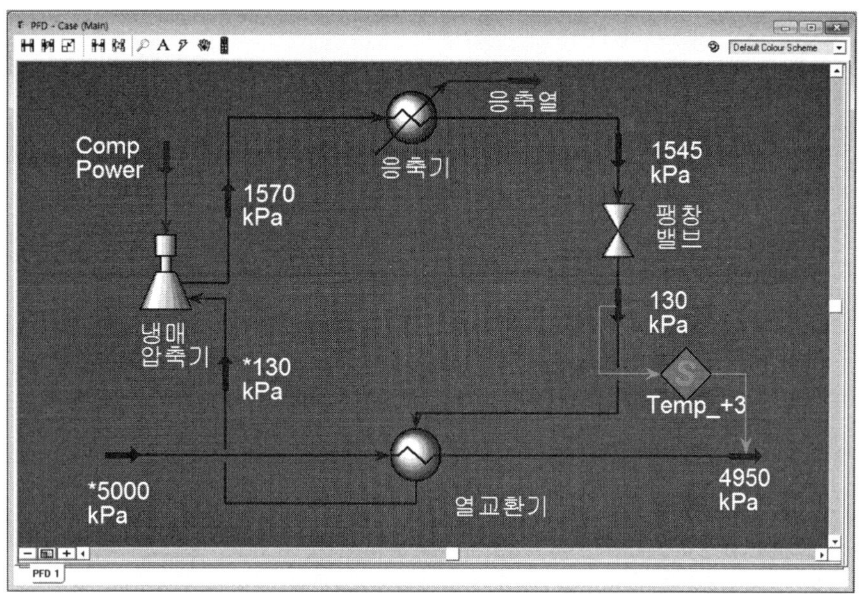

그림 2-17. 암모니아 냉매를 사용한 천연가스 냉동사이클의 압력들

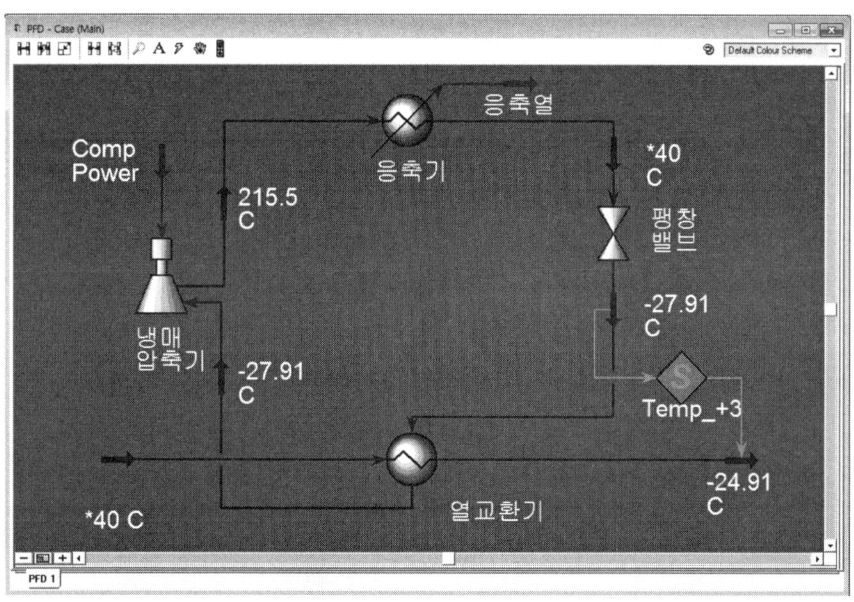

그림 2-18. 암모니아 냉매를 사용한 천연가스 냉동사이클의 온도값들

2-5. 부탄 (i-Butane) 냉매

앞장의 프로판 냉매를 이용하는 냉동사이클을 완성하였다면 부탄을 이용하는 냉동사이클의 경우에도, 단지 냉매만 프로판에서 부탄으로 바꾸면 자동으로 냉동사이클을 설계할 수 있다.

냉매사이클 공정의 냉매성분은 1번 stream에서 정의하였기에, 냉매의 성분을 수정하기 위해선 1번 stream의 조성을 바꾼다. 다른 성분들 전부를 0으로 하고 i-Butane의 성분을 1로 조정한다. 조정이 끝나면 바로 다른 조정 없이 설계가 끝나는데, 해당 공정에 대한 압력값들을 그림 2-19에 나타내었고, 온도값들을 그림 2-20에 나타내었다.

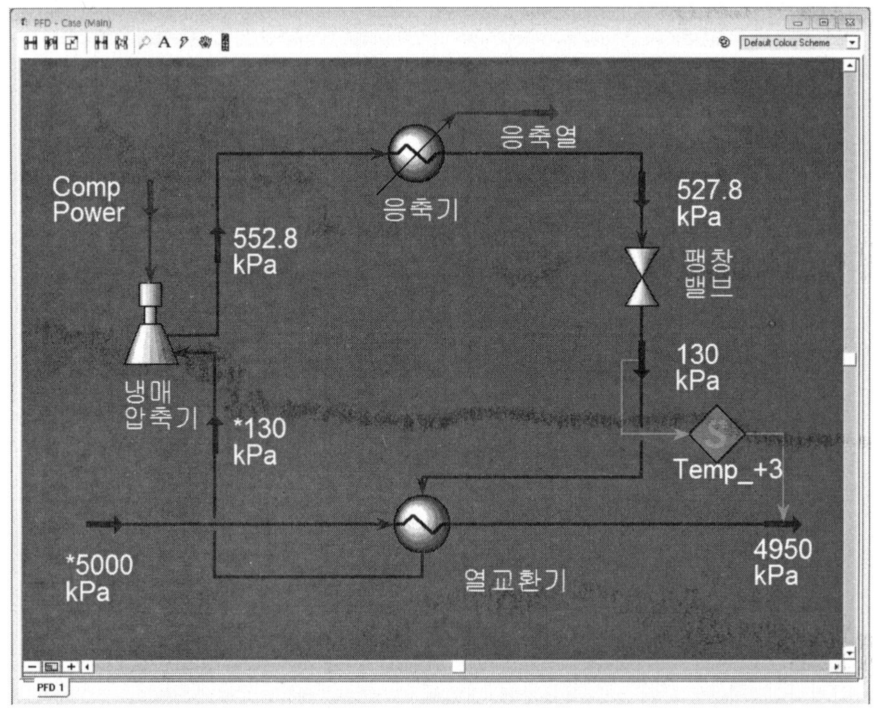

그림 2-19. i-부탄 냉매를 사용한 천연가스 냉동사이클의 압력값들

i-부탄 냉매의 경우 40℃에서 응축이 되려면 527.8kPascal 까지 가압을 해야 하며 (물론 이 경우 냉매 압축기 출구 압력은 552.8kPascal 임), 냉매를 130kPascal까지 팽창하였을 경우 온도는 -5℃까지 떨어뜨릴 수 있기에 공정을 낮은 온도까지 낮추는 데는 다소 한계가 있다.

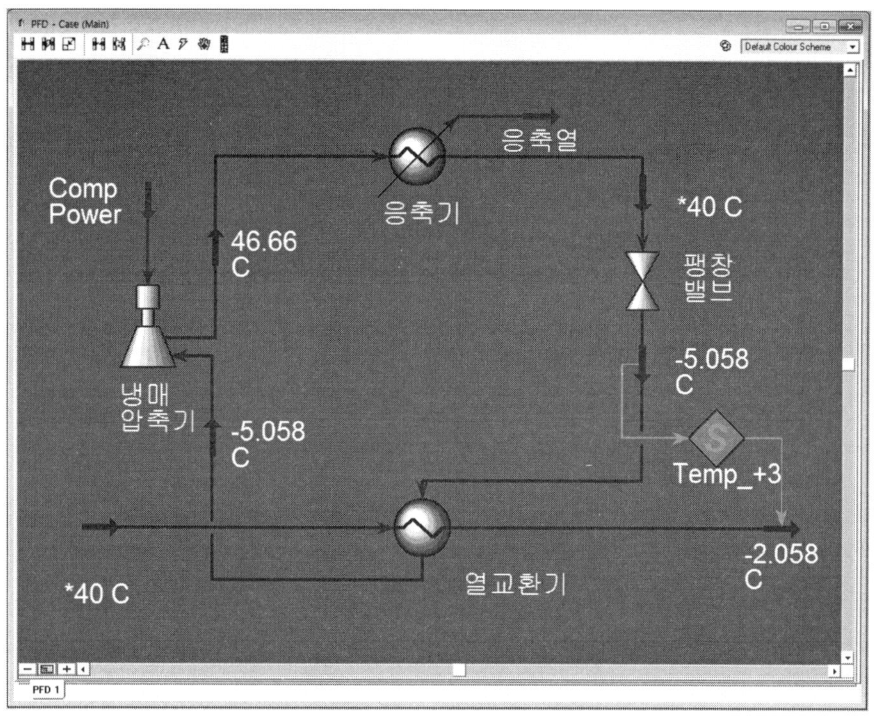

그림 2-20. i-부탄 냉매를 사용한 천연가스 냉동사이클의 온도값들

CHAPTER 3

천연가스의 액화

가스전에서 생성된 천연가스는 보통 상온이라 할 수 있으며, 60~200bar 정도의 고압 상태이다. LNG플랜트는 이러한 천연가스를 상압의 초저온 상태로 액화하여야 한다. 천연가스가 상압에서 액화되는 온도는 -160℃ 정도이다. 그렇기에, 상온의 천연가스가 약 40℃이라면, 액화하기 위해서는 공급된 천연가스의 온도에서 부터 약 200℃ 정도의 온도를 낮추어야하는 긴 여정이 필요하다. 그림 3-1에 천연가스가 액화되는 긴 여정에 필요한 냉열의 양을 표시하였다. 그림 3-1은 50bar의 천연가스가 32℃에서부터 -150℃까지 온도를 낮추는 것에 대한 온도-냉열 선도를 나타낸 것으로 -32℃부터 일부가 액체가 되기 시작하여, -74℃부터는 전부가 액체로 되며, 그 이하의 온도에서는 액화된 천연가스가 과냉각되는 상태로 보면 된다. 하지만, 이러한 50bar, -74℃의 액체를 상압으로 하였을 경우 70%가 기화되며 남은 액체 역시 LNG로 보기 힘든 성분으로 남아있게 되기에 액화된 LNG라 하기에는 무리가 있다. 이러한 이유로 더 낮은 온도로 충분히 낮춘 다음에 상압으로 팽창하여야만 많은 양을 액화상태로 만들 수 있고, 그러한 이유로 과냉각하여 상압으로 팽창하는 액화방법을 사용한다.

천연가스를 약 200℃ 낮추는 데는 냉매가 필요한데, 냉매는 한 가지 일수도 있고, 여러 가지 냉매일 수도 있다. 천연가스를 액화하기 위한 냉매는 다음과 같이 분류할 수 있다:

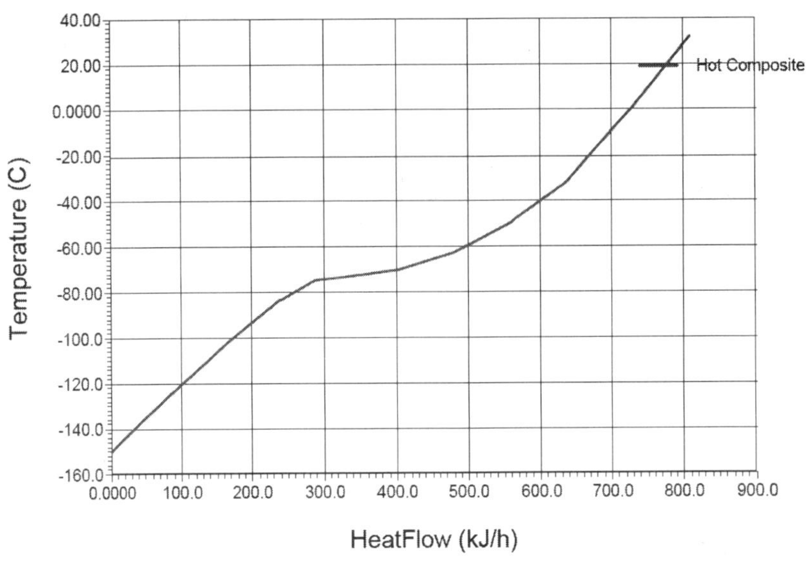

그림 3-1. 천연가스가 온도에 따라 액화되는데 필요한 냉열의 양
(천연가스 1kg/h, 50bar 기준)

표 3-1. 천연가스를 액화시키기 위한 냉매의 분류

냉매의 순수성	〈순수 냉매〉 - N_2 Expander - Cascade cycle	〈혼합 냉매〉 - SMR - C3MR, DMR, MFC 등
냉매의 연소성	〈비 가연성 냉매〉 N_2, CO_2	〈가연성 냉매〉 C1, C2, C3, C4 등 탄화수소 계열 냉매

또한, 사용되는 냉매의 개수에 따라 다음과 같이 분류할 수 있다

표 3-2. 천연가스를 액화시키기 위해 사용되는 냉매사이클의 개수에 따른 분류

사용되는 냉매 사이클의 개수	〈1 Cycle〉 - N_2 Expander - SMR 등	〈2 Cycle〉 - C3MR - DMR 등	〈3 Cycle〉 - Cascade - MFC 등

천연가스를 액화하기 위하여서는 상온의 천연가스로부터 200℃를 낮추어야 하는 매우 긴 여정이 필요하며, 이러한 긴 온도구배를 만족하기 위해서는 보통 여러 단계의 냉매가 필요하다고 할 수 있다. 메탄, 에틸렌, 그리고 프로판 3가지 냉매를 이용하여 천연가스를 액화시키는 방법이 Cascade 공정이고, 각각의 독립적 냉매를 사용하지 않고 이들 메탄, 에탄, 프로판, 부탄, 그리고 소량의 질소를 혼합한 냉매를 사용하는 방법이 SMR 공정이다. 이 두 공정이 천연가스 액화공정의 기본 형태이며, 그 외에 질소 냉매만을 사용하는 방법도 있으나 효율이 좋지 않아 소형 액화장치에만 사용되고 있다.

3-1. Cascade 공정

냉동사이클을 구성할 때 가장 간단한 방법은 순수 냉매를 사용하는 방법이다. 2-3장에서 설명한 프로판 냉매를 사용하면 약 -33℃까지 천연가스를 냉각할 수 있고, 계속해서 그 다음 단계는 같은 냉동 사이클의 구조이지만 에틸렌 혹은 메탄과 같은 다른 냉매를 이용하여 더 낮은 온도를 만들어서 천연가스가 액화될 수 있는 온도까지 떨어뜨리는 방법이다. 천연가스 액화플랜트 자체가 대단위의 공정이므로 사용되는 냉매도 가급적 원료 혹은 주변에서 얻을 수 있는 냉매를 사용해야 경제적이라 할 수 있다. 앞의 그림 1-2의 냉매들을 살펴보면, 우선 상온에서부터 사용할 냉매가 필요한데, 이에 대해서는 프로판이 사용될 수 있다. 하지만 다음 온도 단계에선 에탄, 에틸렌 혹은 메탄 등이 사용될 수 있는데, 이는 온도가 연결되는 형태를 보면서 선택할 수 있다. 물론 이산화탄소가 사용될 수 있지만, 이산화탄소는 냉매의 온도 이용 범위가 좁고 고형화 될 수 있다는 취약점이 있다. 에탄과 에틸렌 모두 사용이 가능하며, 이후에는 메탄이 연결되어야 한다. 하지만, 그림 1-2에도 나타나듯이 에탄과 메탄은 온도가 연결되지 않는다. 이러한 이유로 에탄에서 메탄으로 연결되는 냉매사이클은 그 효율이 매우 낮다.
천연가스의 주성분은 메탄이며, 그 외에 에탄, 프로판, 부탄 등이 혼합되어 있다. 이들 성분 중에 순수 냉매로 천연가스 액화사이클에 사용될 수 있는 냉매는 메탄, 에탄, 프로판, 부탄 등이지만, 그 개수가 늘어나면 설비가 많이 복잡해지기에, 최소로 줄이면 3개의 냉매로 할 수 있다. 메탄, 에탄, 프로판 냉매로 천연가스 액화사이클을 구성할 수 있으나, 앞서 설명하였듯이 메탄-에탄의 냉매 연결은 그 효율이 매우 낮기에 메탄-에틸렌 냉매 연결의 조합으로 액화사이클을 구성하여, 메탄-에틸렌-프로판 냉매로 이루어진 액화사이클이 Cascade Cycle이다.

3-1-1. Cascade 공정 이론

Cascade Cycle 공정을 구성하기 위하여, 우선 프로판 냉매사이클을 구성하여 보자. 그림 3-2처럼 프로판 냉매사이클을 구성할 수 있는데, 가운데의 열교환기를 중심으로 프로판 냉매를 압축 후에 대기와의 열교환을 통하여 냉매를 응축한 이후에 JT Valve를 통하여 압력을 낮추면 온도를 -36℃까지 떨어뜨릴 수 있다. 이러한 방법을 통하여 천연가스의 온도를 -33℃까지 낮출 수 있다.

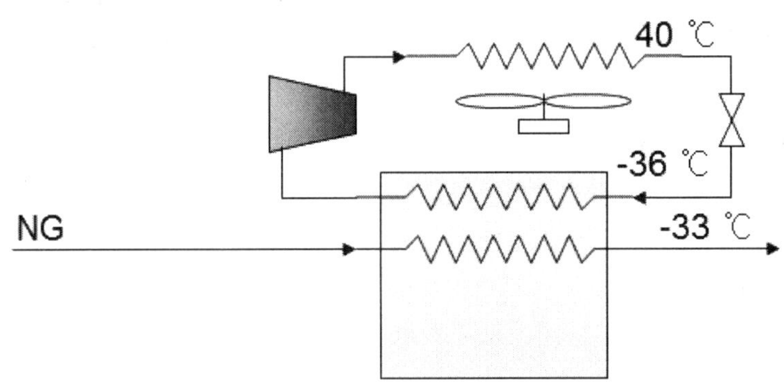

그림 3-2. Cascade Cycle의 1단 순수냉매 사이클인 프로판 Cycle의 구성

프로판 사이클을 구성하면 천연가스를 -33℃까지 냉각할 수 있으며, 계속해서 그림 3-3에서처럼 열교환기를 구성하고 다음 냉매인 에틸렌을 이용하여 냉동사이클을 구성하면 더 낮은 온도까지 갈 수 있을 것으로 예상할 수 있다. 그러나, 대기 온도와의 열교환으로 얻을 수 있는 40℃에서 에틸렌 냉매가 JT Valve를 통과하여 −100℃ 정도를 얻으려면 엄청난 고압 (JT Valve 이후 1.3bar이라면 JT Valve 이전에는 83bar 이상)이 필요하며, 이에 따라 그 효율도 매우 낮다.

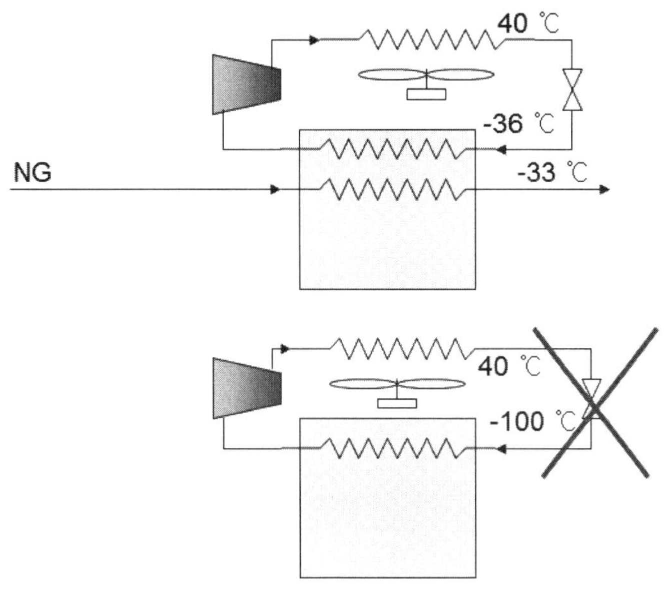

그림 3-3. Cascade Cycle의 2단 순수냉매 사이클 구성 시도

에틸렌 냉매로 약 -100℃ 근방의 온도를 얻기 위해선 JT Valve 이전에 -30℃ 근처의 온도를 만들어야 효과적인 냉동사이클이며, 또한 그 온도에서 가압하여 액체 상태가 돼야 효율도 보장할 수 있다. 그림 3-4에서처럼 이보다 높은 온도의 냉매사이클인 프로판 사이클을 이용하여 에틸렌 냉매의 온도를 낮추는 것이다. 대기 온도와의 열교환을 한 40℃의 에틸렌 냉매는 JT Valve를 통과하기 이전에 프로판 냉매를 이용하여 -33℃까지 냉각할 수 있으며, 이 온도의 냉매를 JT Valve를 이용하여 팽창하면 -100℃까지 온도를 낮출 수 있다. 이를 이용하면 계속해서 천연가스를 -97℃까지 온도를 떨어뜨릴 수 있다.

같은 방법으로 메탄냉매 사이클을 구성하고, 대기 온도와의 열교환한 40℃의 메탄 냉매를 이전 냉동사이클인 에틸렌 사이클에 연결하고, 천연가스 냉각 공정도까지 구성을 하면 그림 3-5와 같이 구성할 수 있다. 그림 3-5를 보면, 대기 온도와의 열교환을 한 이후 에틸렌 열교환기로 들어가는 메탄 냉매의 온도는 40℃인데 열교환기 입구 쪽의 온도는 -33℃이다. 이러한 -33℃와 40℃ 사이의 온도 차이가 커서 열교환기 내에 온도스트레스(Thermal Stress)가 매우 크기에 위험하다고 할 수 있다. 이러한 문제를 해결하기 위하여서는 메탄 냉매를 에틸렌 열교환기에 유입되기 전에 온도를 더 낮출 필요가 있으며, 프로판 냉매 열교환기를 이용하여 그림 3-6처럼 메탄 냉매의 온도를 일차적으로 낮춘 이후에 에틸렌 냉매 열교환기에 유입되는 형태로 구성하면 된다.

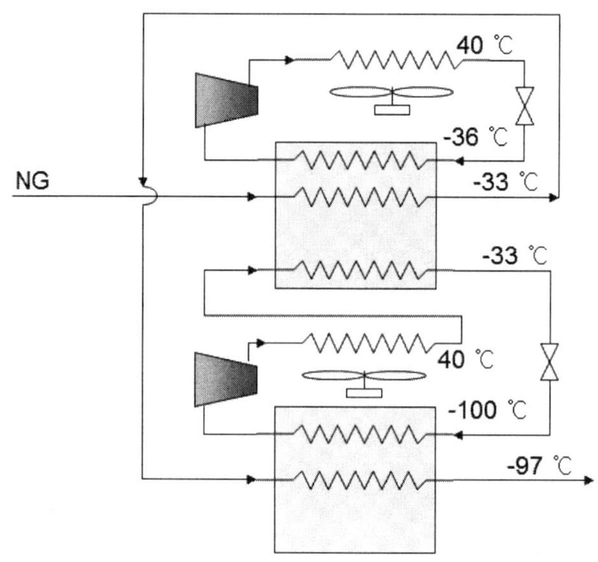

그림 3-4. Casecade Cycle의 2단 순수냉매 사이클 구성

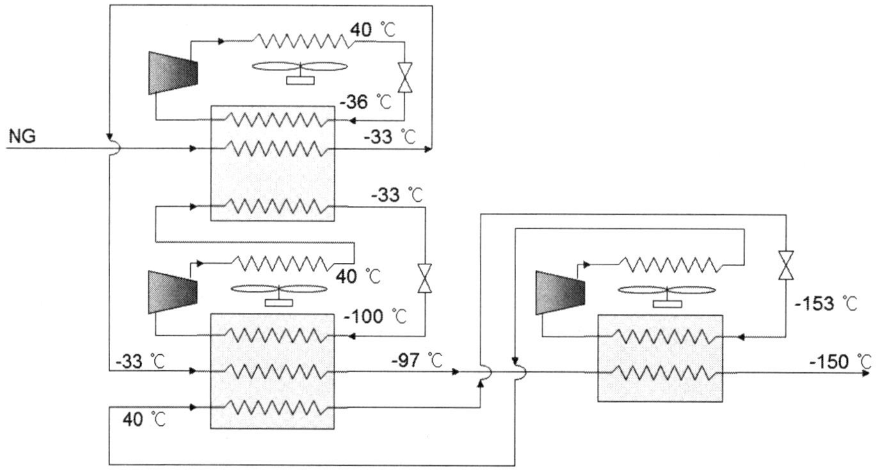

그림 3-5. Cascade Cycle의 3단 순수냉매 사이클 구성 시도

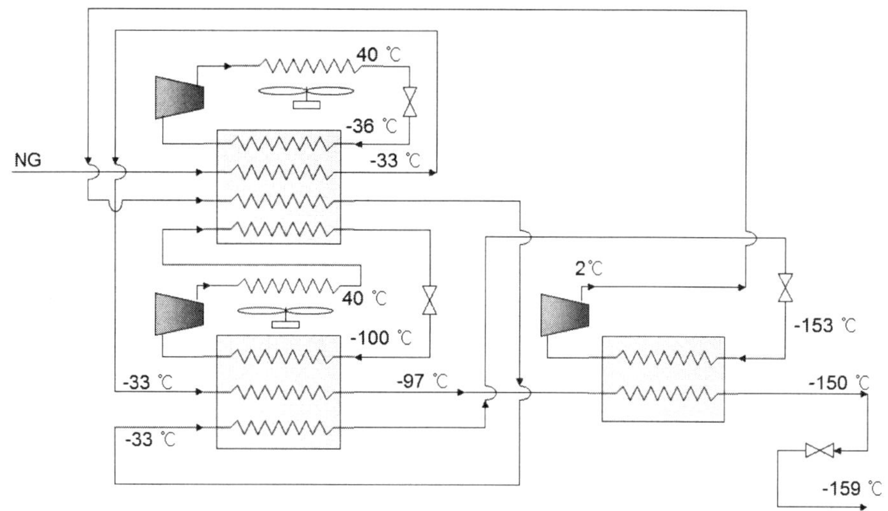

그림 3-6. Cascade Cycle의 3단 순수냉매 사이클 구성

이러한 3개의 프로판, 에틸렌, 그리고 메탄의 냉매 열교환기를 통하여 천연가스는 -150℃까지 냉각되고, 그림 3-6에서처럼 천연가스 JT Valve를 통하여 -159℃까지 냉각되어 액화될 수 있다.

본 그림 3-6의 Cascade Cycle은 그림 3-7과 같이 다시 간략하게 그릴 수가 있다. 그림 3-6을 보면, 에틸렌 냉매로 천연가스를 -97℃까지 온도를 떨어뜨리기에, 그 다음 단계인 메탄 냉매는 그 이후 온도인 −100℃ (-97℃에 대한 3℃ 차이)까지 정도만 냉매 역할을 하면 되고, 이러한 저온의 메탄 냉매를 메탄 압축기로 압축을 하더라도 온도가 상온(40℃ 기준) 이상으로 올라가지 않고 2℃ 정도로 밖에 온도가 올라가지 않기에 상온의 냉각기를 사용할 수 없다. 또한, 2℃ 정도의 온도이면 프로판 냉매 열교환기로 보내는 것보단, 공정 구조의 단순성을 위하여 에틸렌 사이클로 직접 보내는 방법도 가능해 진다. 그림 3-7에 메탄, 에틸렌, 그리고 메탄 사이클과 각각에 대한 3개의 열교환기를 사용하는 Cascade Cycle 구조를 다시 나타내었다. 그림 3-8에는 그림 3-7 공정에 대한 천연가스 및 냉매의 온도 분포도를 보여주었다.

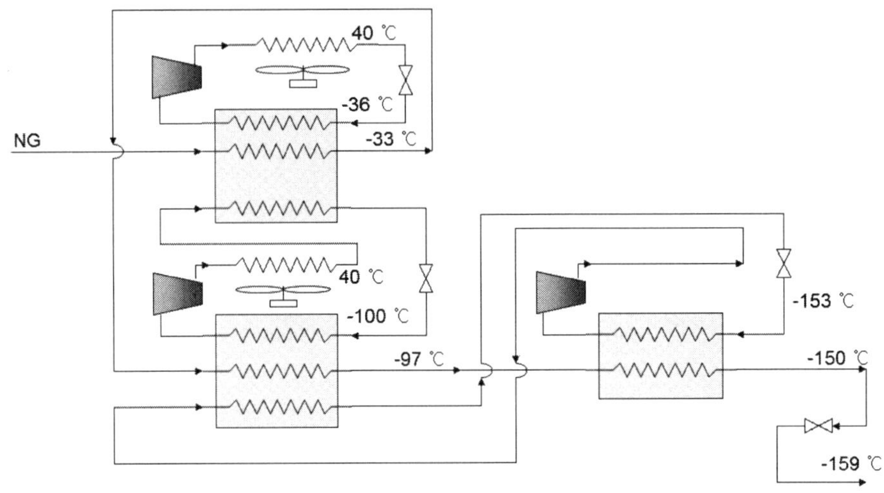

그림 3-7. Cascade Cycle의 3단 순수냉매 사이클 구성 및 열교환기 단순화

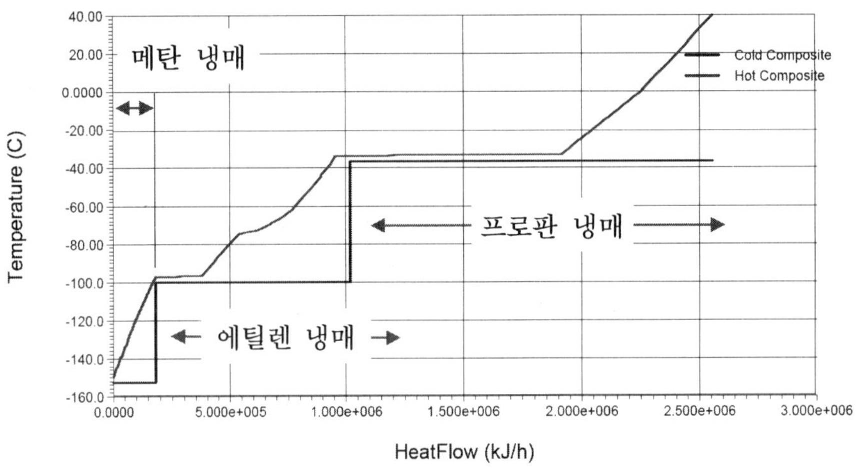

그림 3-8. 단순 Cascade Cycle의 온도 분포도

Cascade 액화공정에 사용되는 열교환기로는 일반적인 Shell&Tube 열교환기 같은 열교환기나 PFHE (Plate Fin Heat Exchanger)가 사용될 수 있다. 그림 3-7의 공정은 하나의 열교환기에 다중의 흐름이 있기에 일반적인 열교환기로는 구현이 어렵고, PFHE를 사용해야 한다. 하지만, 가장 단순한 형태의 천연가스 액화공정은 단순한 형태의 열교환기를 사용하는 Shell&Tube형 열교한기 공정이라 할 수 있다. 그림 3-7의 공정을 Shell&Tube 열교환기를 사용하는 공정으로 변환하려면, 다중 흐름

열교환기를 hot stream과 cold stream만으로 구성된 열교환기로 나누어야 한다. 그림 3-9 Shell&Tube형 열교환기를 사용하는 Cascade 공정을 나타내었다.

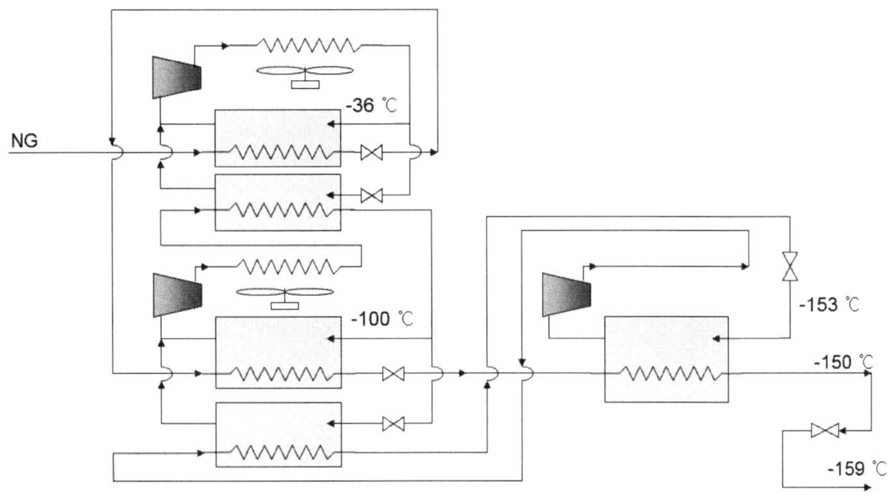

그림 3-9. Cascade Cycle의 3단 순수냉매 사이클 구성, Shell&Tube형 열교환기 사용

3-1-2. Cascade 공정 Simulation

Cascade 공정은 앞에서 설명하였듯이 프로판, 에틸렌, 그리고 메탄 냉매를 사용하는 천연가스 액화공정이다. 프로판 냉매를 사용하는 냉매사이클은 앞장 2-3장에서 설명한 것과 같으나, 단지 여기서는 열교환기의 연결을 보기 좋게 하기 위하여 그림 3-10에 나타나듯이 LNG열교환기로 사용하였다. 우선 LNG열교환기를 선택한 이후에 천연가스 공정 흐름을 연결하고, 프로판 냉매사이클을 형성하면 그림 3-10과 같이 구성된다. 그림 3-10의 공정에서 "CHE C3 REF" 열교환기 이후의 천연가스 흐름 온도는 프로판 냉매보다 3℃ 정도 높은 온도 상태로 설계 (그림 3-10의 SET-1)한다. 또한, 프로판 압축기 입구 압력은 공정 특성상 가장 낮은 상태로 설정하는데, 안전의 이유로 대기압 보다 약간 높은 상태, 즉 1.3bar 정도로 구성할 수 있다. 또한, 압축기 입구로 들어가는 프로판의 상태는 앞장에서 설명하였듯이 기·액 평형상태의 기체로 유입된다.

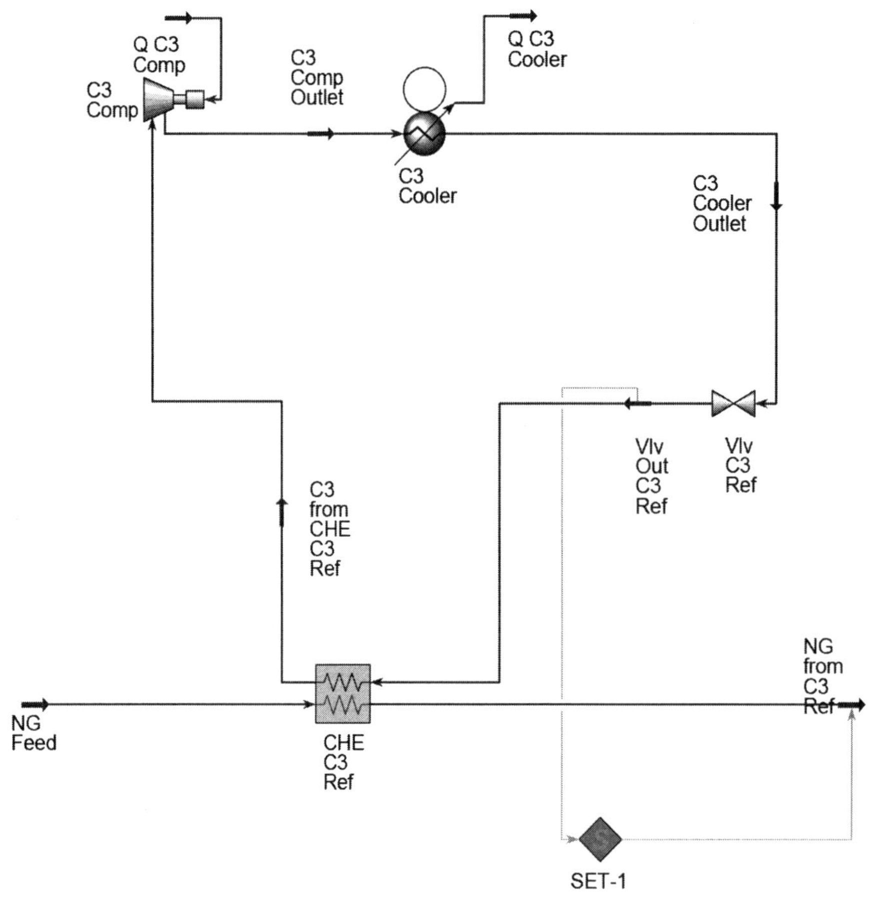

그림 3-10. 천연가스를 액화하기 위한 Propane 냉매 기본 공정 구성 (1/9)

그림 3-11에 천연가스 액화를 위한 프로판 사이클의 압력상태들을 표시하였고, 그림 3-12에 온도 상태들을 표시하였으며, 그림 3-13 에 유량값들을 표시하였다.

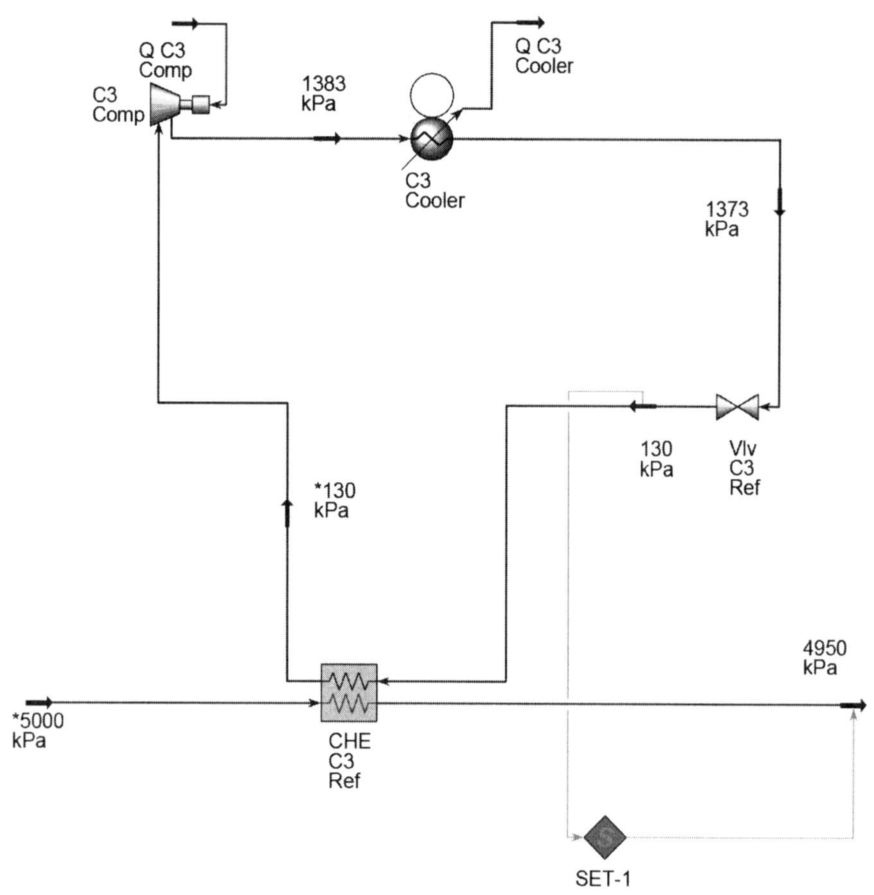

그림 3-11. 천연가스를 액화하기 위한 Propane 냉매 기본 공정의 압력값들 (1/9)

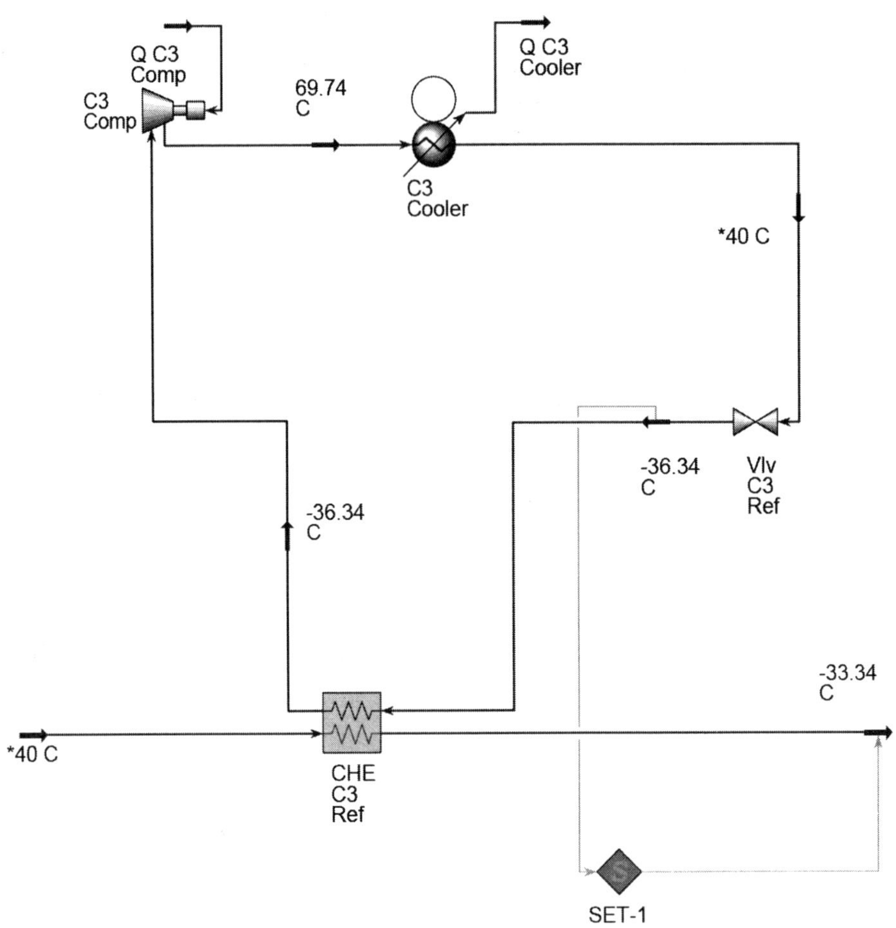

그림 3-12. 천연가스를 액화하기 위한 Propane 냉매 기본 공정의 온도값들 (1/9)

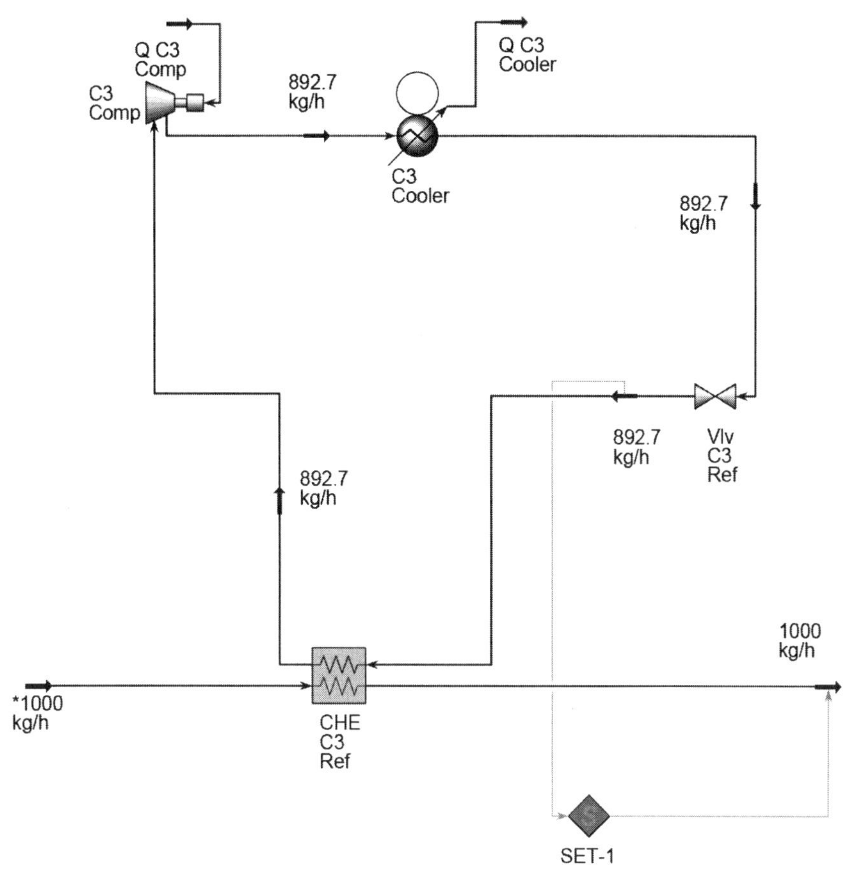

그림 3-13. 천연가스를 액화하기 위한 Propane 냉매 기본 공정의 유량값들 (1/9)

그림 3-10인 천연가스 액화를 위한 Cascade 사이클의 프로판 냉매 공정 기본 구조로부터 열교환기의 성능향상을 위하여 그림 3-15와 같이 냉매의 기·액을 분리 방법을 적용시킬 수 가 있는데, "C3 from CHE C3 Ref" 흐름에 그림 3-14과 같이 "Mix C3" 를 첨가하고, 계속해서 그림 3-15와 같이 냉매의 기액분리기 "Sep V in C3 Ref" 를 설치한다. 열교환기로 들어가는 유체에 2상 유동이 있으면 열교환기 안의 튜브들이나 판(plat)들로 유체가 유입될 때 유량불균율 (maldistribution)이 발생될 수 있다. 이러한 기액분리기를 사용하면 액체 냉매만 열교환기에 사용하고 냉열 효과가 떨어지는 기체 냉매는 바로 압축기로 보낼 수가 있다. 그림 3-15 공정은 Cascade 사이클의 프로판 냉매 공정 기본 구조에 대한 완성된 형태이다.

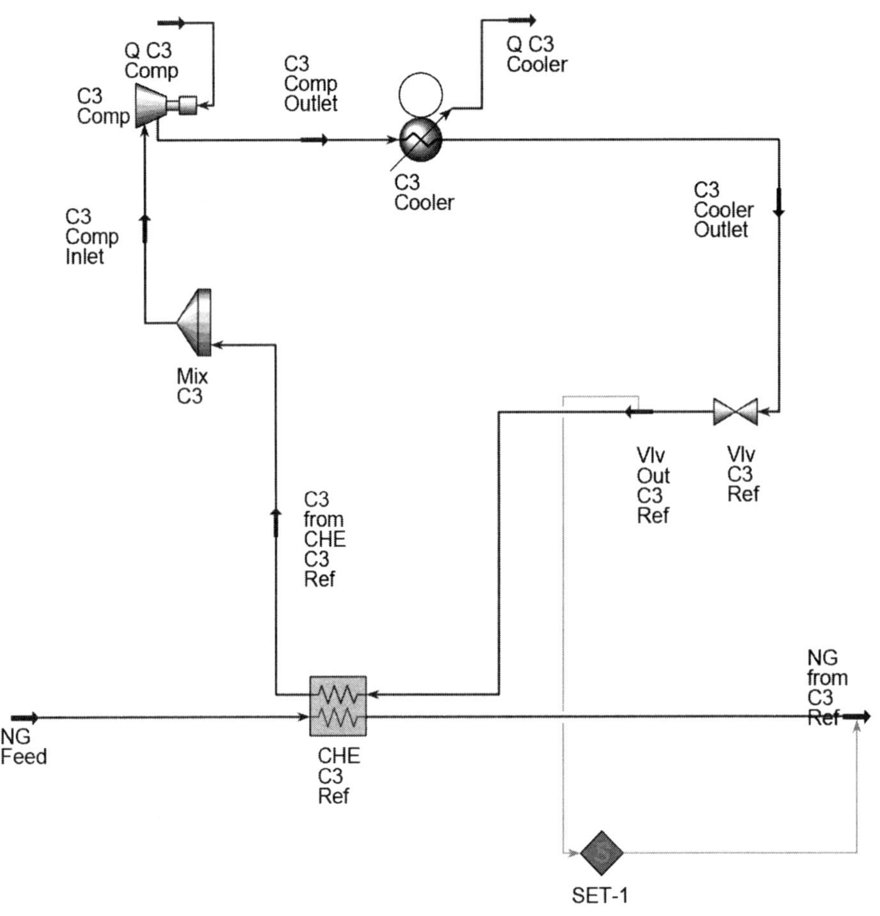

그림 3-14. 천연가스를 액화하기 위한 Propane 냉매 기본 공정 구성 (2/9)

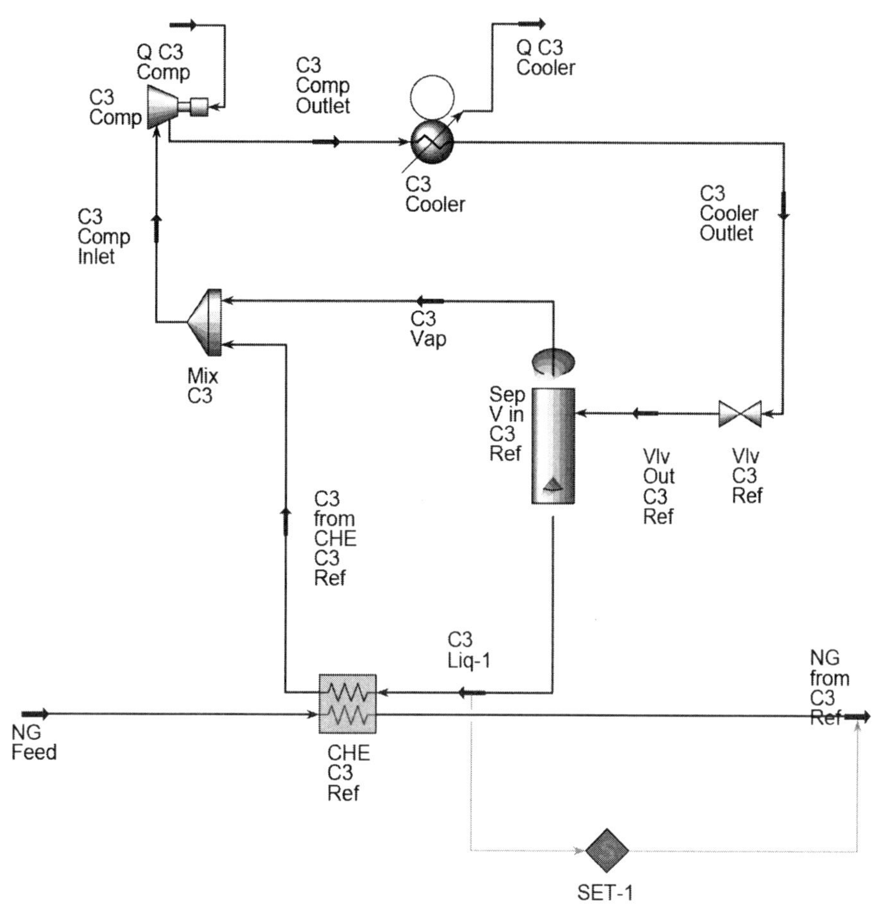

그림 3-15. 천연가스를 액화하기 위한 Propane 냉매 기본 공정 구성 (3/9)

Cascade 공정에는 프로판과 에틸렌, 그리고 메탄 냉매가 사용되며, 앞의 2-1-1장에서 설명하였듯이 에틸렌 냉매는 프로판 냉매사이클에서 냉각되고 액화되기에 프로판 냉매와 에틸렌 냉매와의 열교환이 필요하다. 이를 위하여 프로판 냉매의 일부를 분리하여 열교환할 준비를 해야 하며, 이를 그림 3-16에 "T-C3"로 표현하였다.

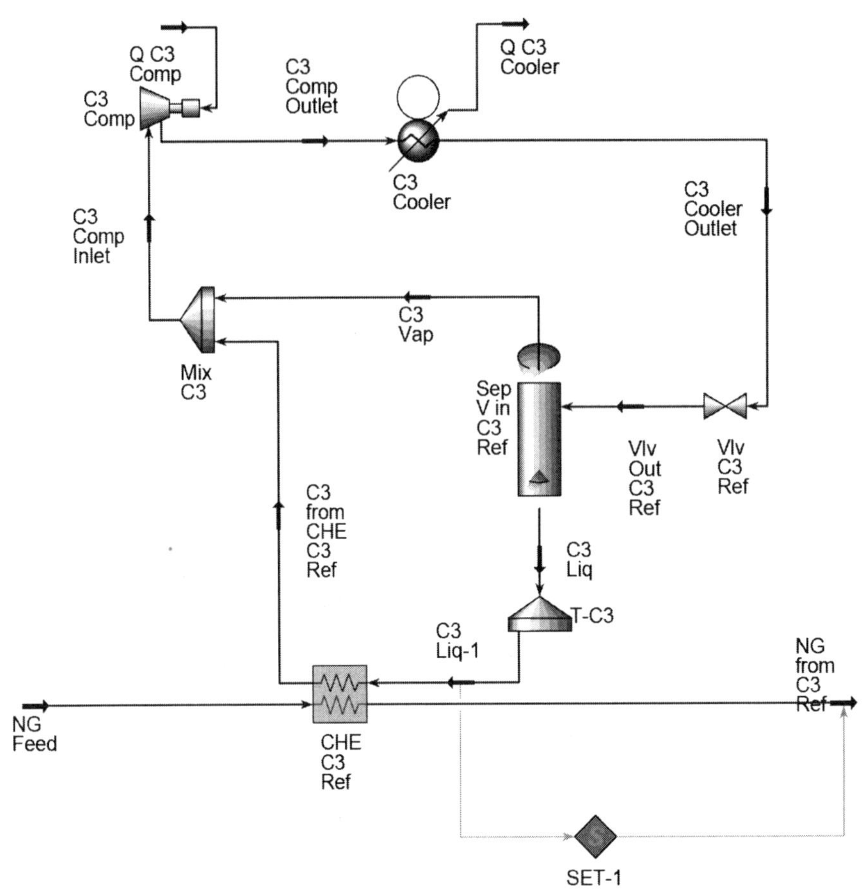

그림 3-16. 천연가스를 액화하기 위한 Propane 냉매 기본 공정 구성 (4/9)

그림 3-17에 프로판과 에틸렌 열교환기인 "CHE C3-C2 Ref"를 표시하였고, 흐름을 만들었다. 열교환기에서 나가는 흐름인 "C2 Cooled by C3"에서 일단 결정할 수 있는 공정 조건은 온도로 "C3 Liq-2"의 온도보다 3℃ 높은 상태로 설정 (그림 3-17에서 SET-2) 할 수 있고, 흐름의 조성은 에틸렌으로 설정할 수 있으며, 이 상태는 액체 상태이기에 기•액 평형 상태의 액체로 설정할 수 있다. 이러한 조건을 하면 평형 압력이 결정될 수 있으며, 열교환기 내의 압력 강하 값인 50kPascal을 설정하면 입구 쪽의 압력이 결정될 수 있다. 이러한 상태에서 에틸렌 흐름의 양을 모르기에 이 흐름의 양을 일단 "0" 로 설정하면 나머지 프로판 냉동 사이클이 풀리는 형태가 될 수 있다.

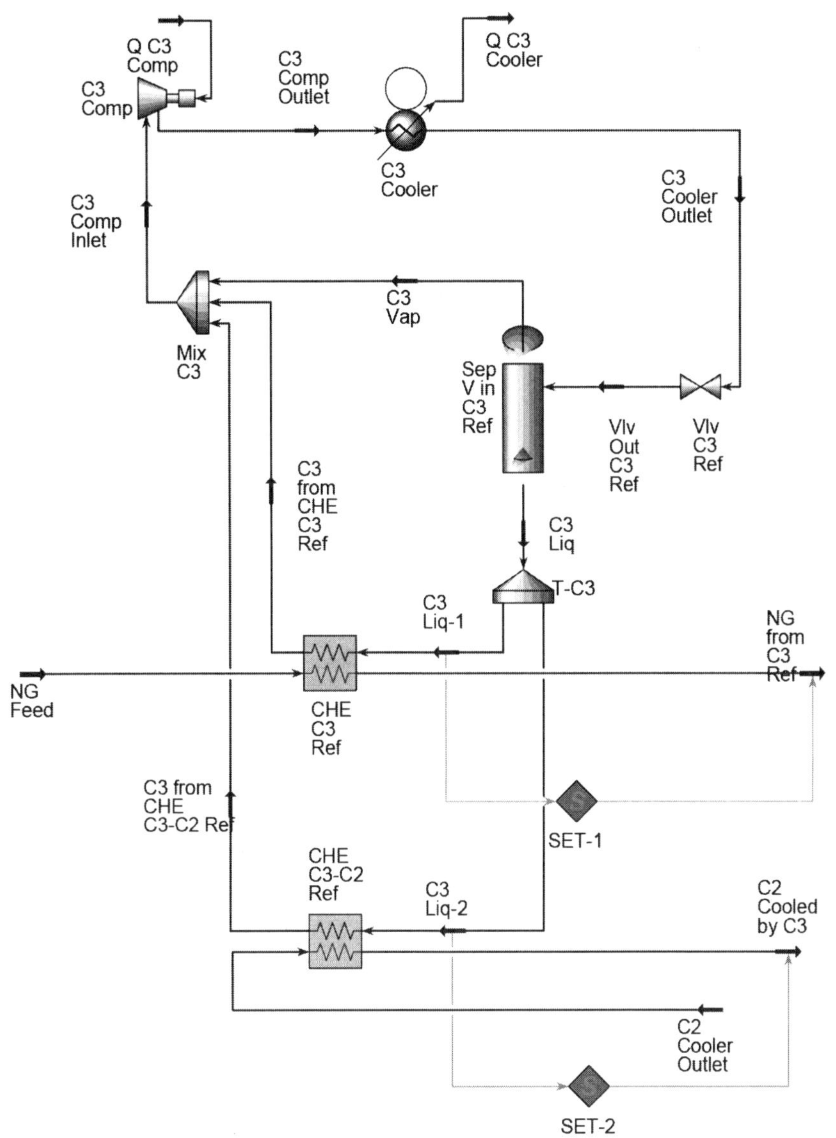

그림 3-17. 천연가스를 액화하기 위한 Propane 냉매 기본 공정 구성 (5/9)

그림 3-18은 그림 3-17로 완성된 프로판 냉동 사이클에 대한 압력값들을 표현한 그림이다.

계속해서 에틸렌 냉동 사이클을 프로판 사이클과 같은 방법으로 구성하고 천연가스 스트림을 연결한다. 에틸렌 냉동 사이클을 구성하는 방법은 프로판 사이클을 구성 방법과 동일하다.

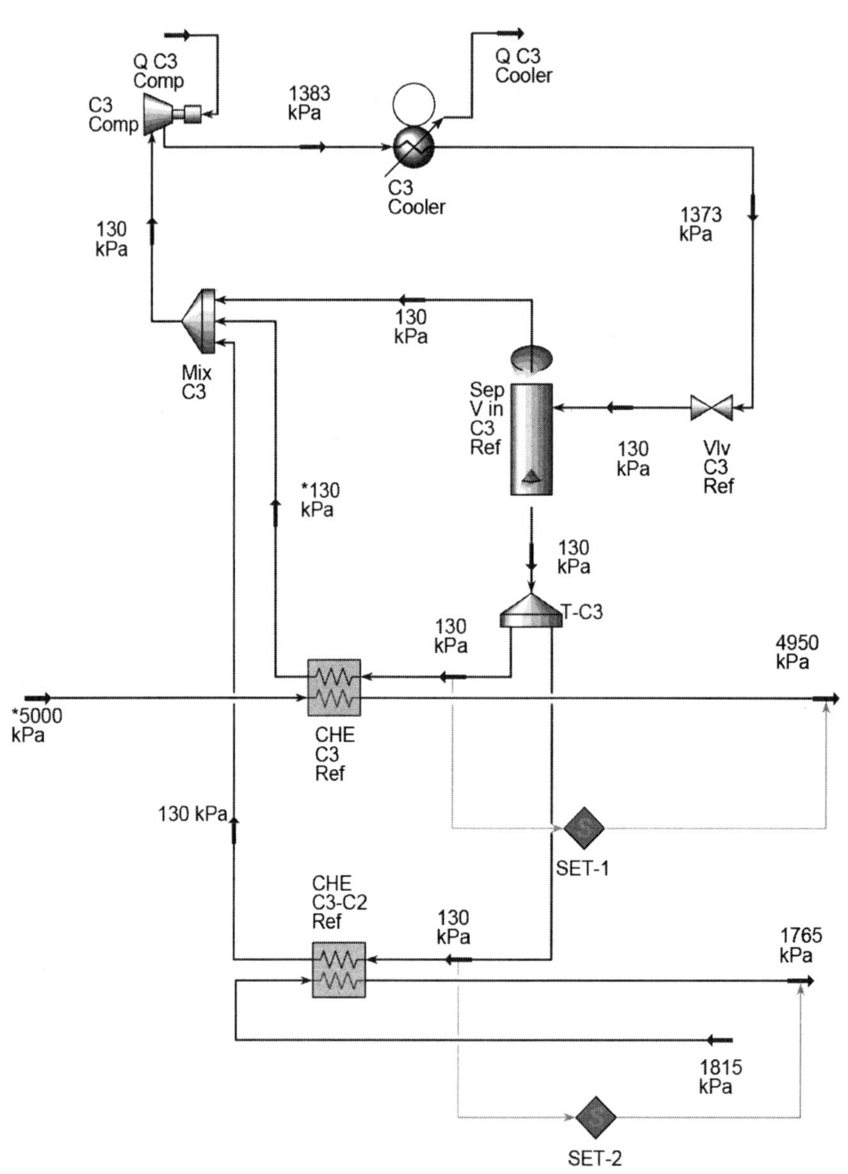

그림 3-18. 천연가스를 액화하기 위한 Propane 냉매 기본 공정 압력값들 (5/9)

단, 임시로 "C2 Cooler" 이후의 "1" 흐름의 온도를 40℃로 하기 보단 -33.34℃(이 값은 "CHE C3-C2 Ref" 출구 온도 임)로 임시 설정하고 순수 액체 상태 (Vapor Fraction = 0)로 한다. 그림 3-20, 그림 3-21, 그리고 그림 3-22에 각 흐름의 압력, 온도, 그리고 유량을 표시하였다.

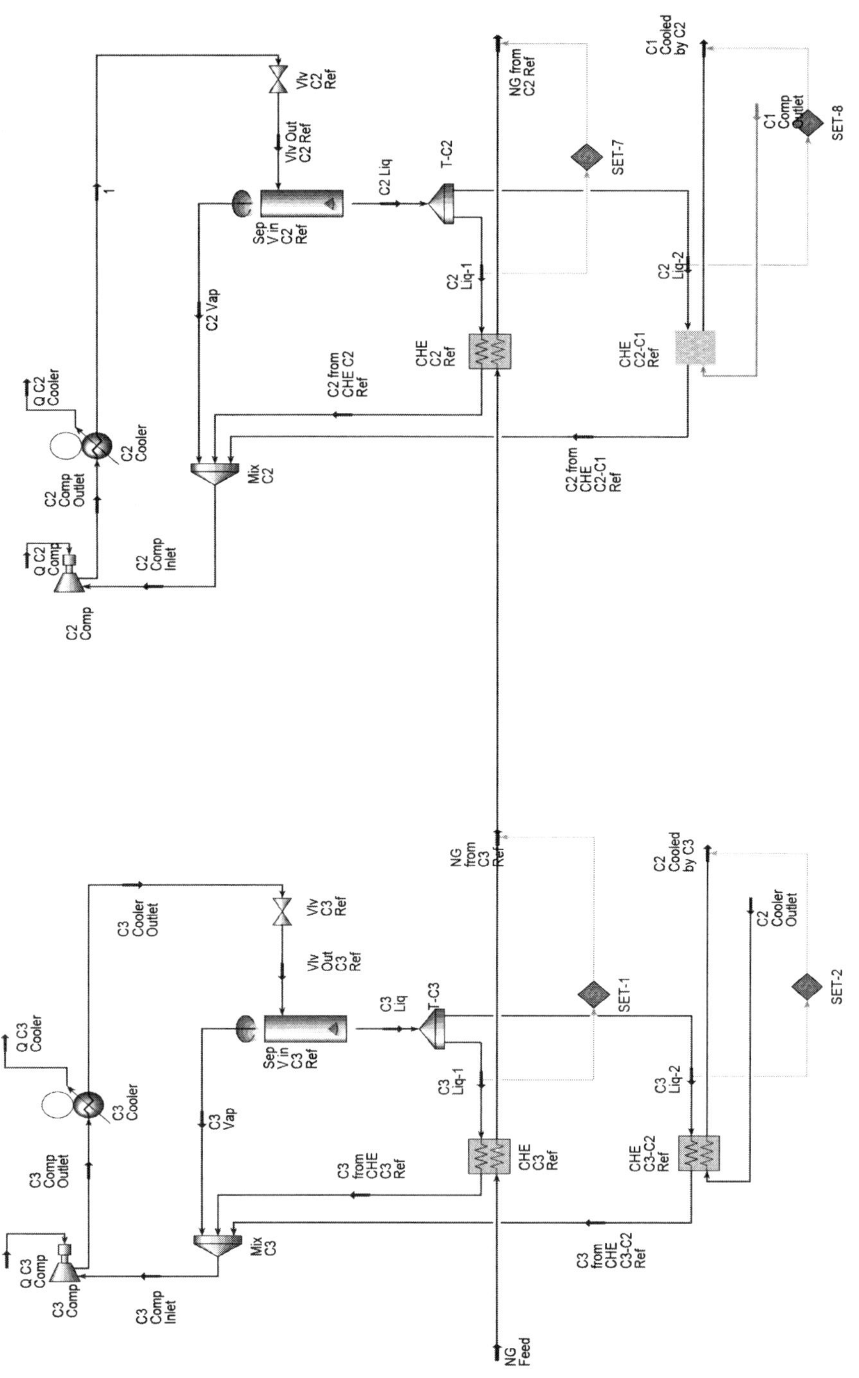

그림 3-19. 천연가스를 액화하기 위한 Propane 냉매와 Ethylene 냉매 기본 공정 구성 (6/9)

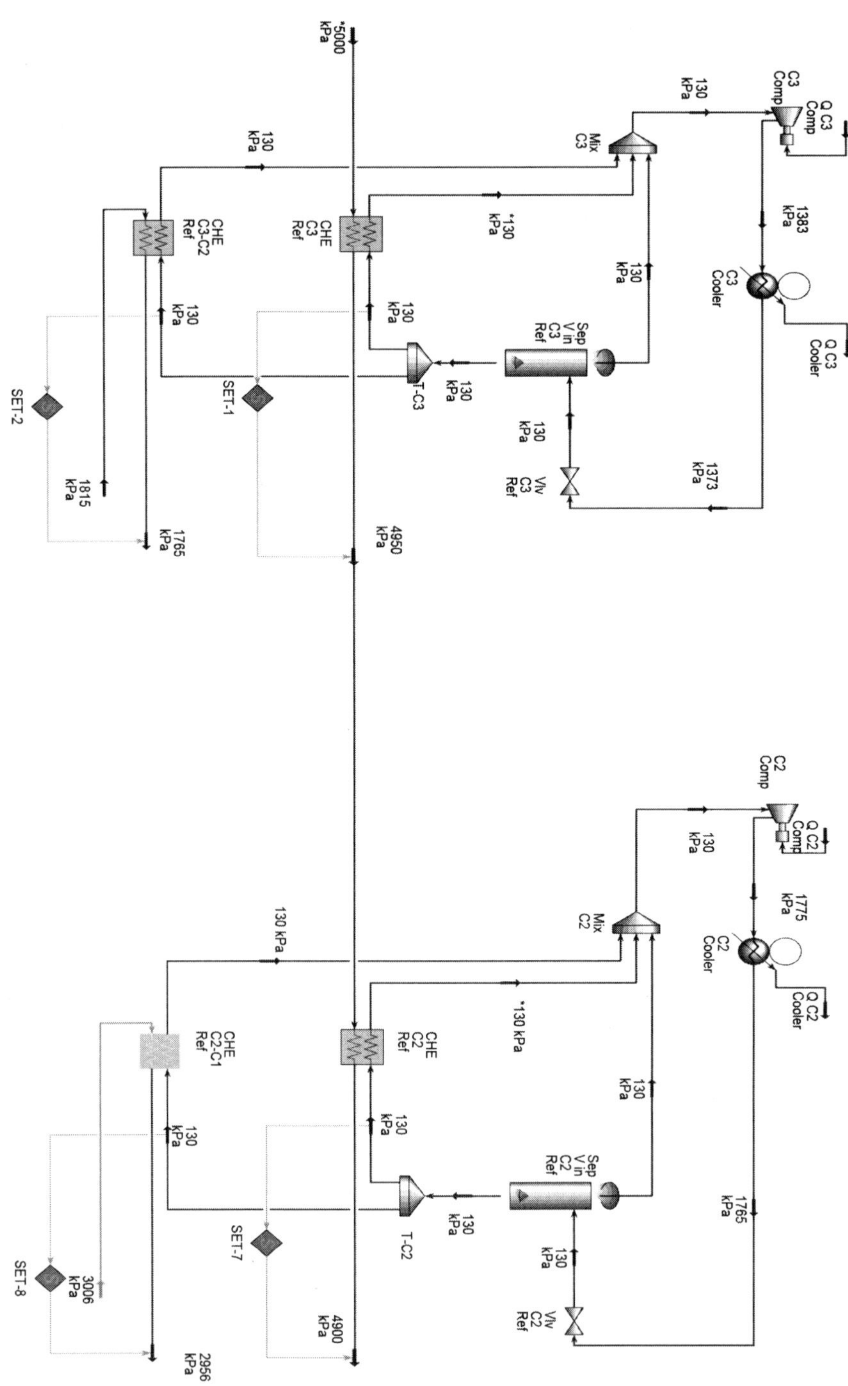

그림 3-20. 천연가스를 액화하기 위한 Propane 냉매와 Ethylene 냉매 기본 공정 압력값들 (6/9)

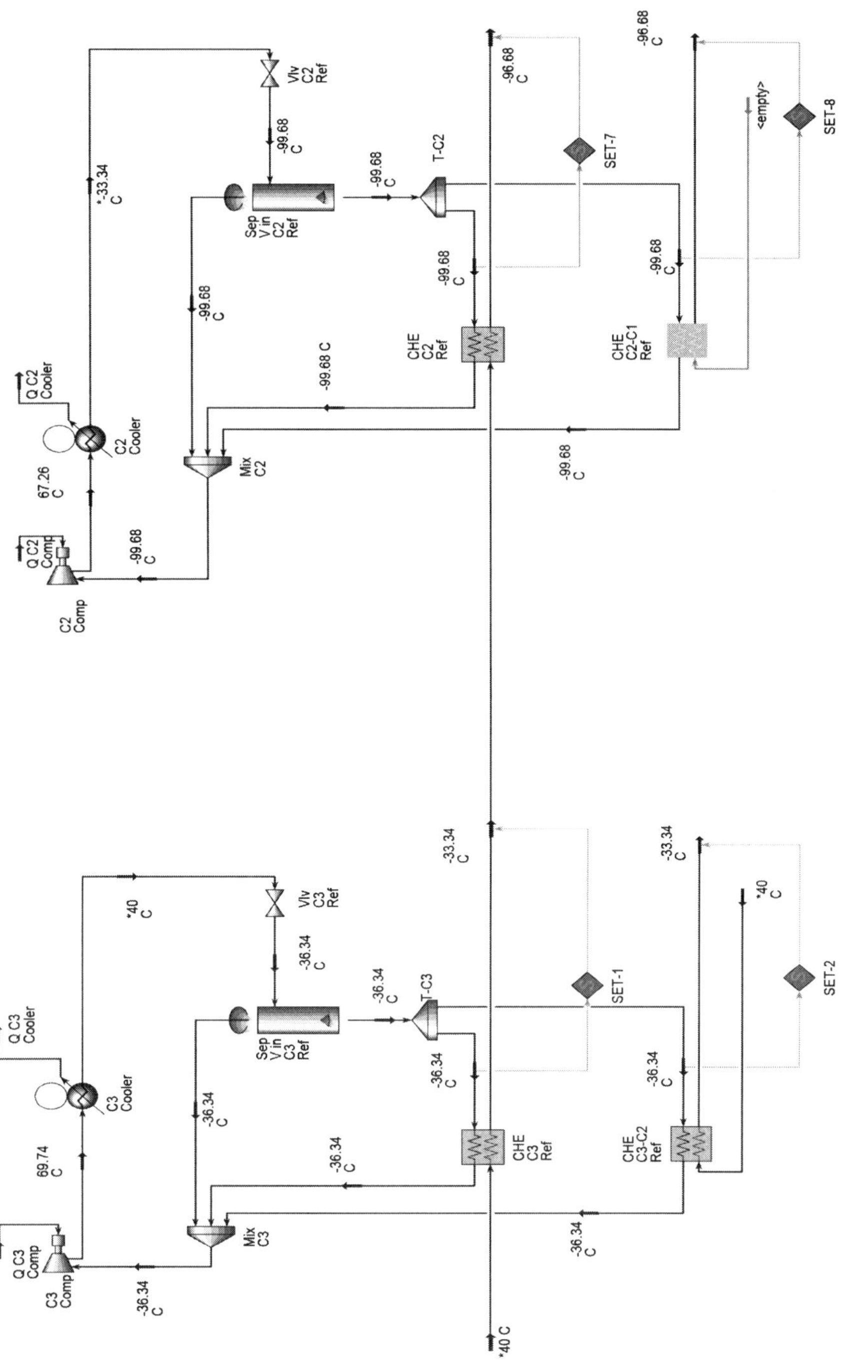

그림 3-21. 천연가스를 액화하기 위한 Propane 냉매와 Ethylene 냉매 기본 공정 온도값들 (6/9)

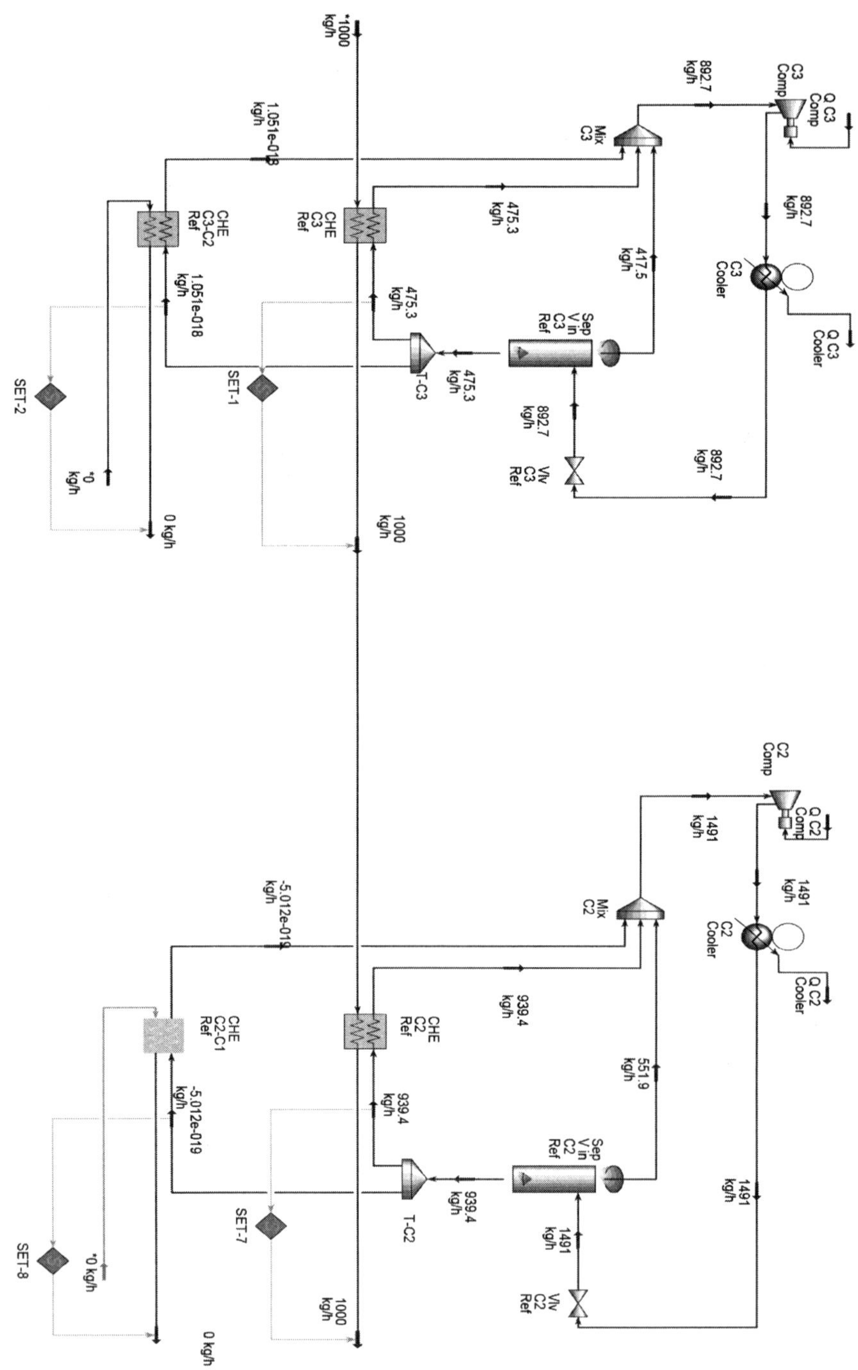

그림 3-22. 천연가스를 액화하기 위한 Propane 냉매와 Ethylene 냉매 기본 공정 유량값들 (6/9)

지금부터는 에틸렌 냉매 흐름을 프로판 열교환기에 연결하겠다. 그림 3-19에서 “CHE C3-C2 Ref” 열교환기 내 에틸렌 냉매 흐름양인 “0” 로 결정한 것을 지우고, 그림 3-19의 “C2 Cooler" 이후의 “1 흐름을 지우고 그림 3-23처럼 “CHE C3-C2 Ref” 열교환기에 연결하면, 그 냉매 유량과 온도, 압력 등이 풀린다.

계속해서 그림 3-24처럼 메탄 열교환기를 구성하고, 천연가스 액화 흐름을 완성한다. C1 열교환기에서 나오는 LNG의 온도는 LNG JT Valve인 “Vlv of End Flash” 이후의 조건에 의하여 결정되는 데, “Outlet of End Flash” 흐름 이후에 기액분리기로 가고 그 기액분리기에서 액체는 LNG저장탱크로 이송되기에, 기액분리기의 압력은 저장탱크 압력으로 설정하면 되는데, 여기서는 저장탱크의 설계 압력인 절대압 1.209bar로 설정하게 된다. 즉, “Outlet of End Flash” 흐름의 압력을 절대압 1.209bar로 설정한다.

“Vlv of End Flash” 이후의 “Outlet of End Flash” 흐름의 Vapor Fraction이 0.08이 되도록 하였다. 이는 “Vlv of End Flash” 이후에 8% 정도는 기체 상태로 된다는 의미이며, 전체가 전부 액화될 수도 있지만 그렇게 전부를 액화시키면 효율이 떨어지기 때문이며, 또한 이를 통하여 LNG에 함유된 질소를 제거할 수 있기 때문이다. 또한 설계에 있어서 이 값은 사용되는 가스터빈의 연료와 관계가 있는데, 실제 설계에 있어서는 가스터빈의 사용량만큼으로 Vapor Fraction으로 설정하여 적용한다.

“Outlet of End Flash” 흐름의 압력과 Vapor Fraction의 0.08이 설정되면, 이를 통하여 그 흐름의 온도가 계산된다. 즉, “Outlet of End Flash” 의 상태가 결정되며, 천연가스에서 LNG로 되는 전체 흐름이 결정상태 (파란색)로 변경되어 그림 3-24와 같이 표시된다.

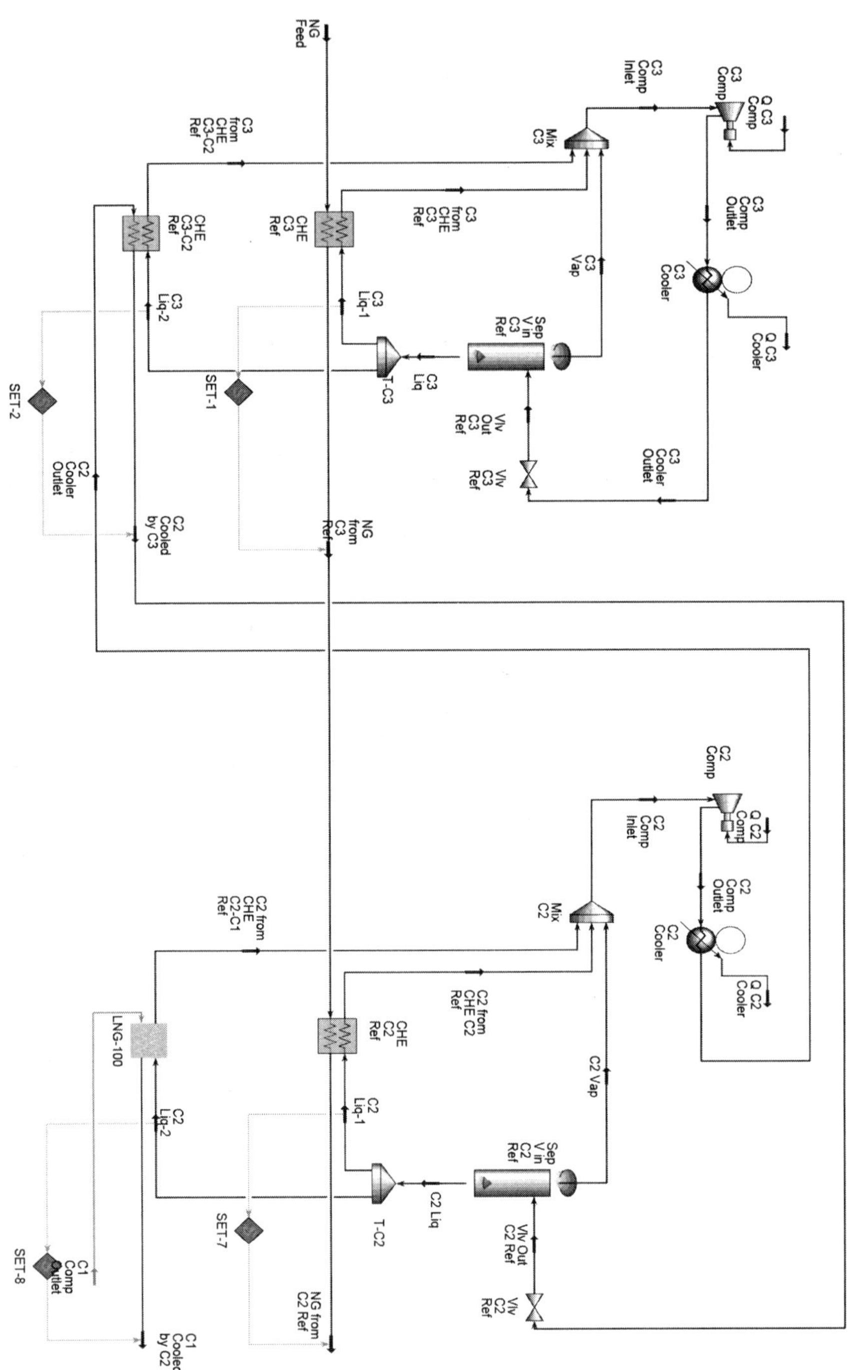

그림 3-23. 천연가스를 액화하기 위한 Propane 냉매와 Ethylene 냉매 기본 공정 구성 (7/9)

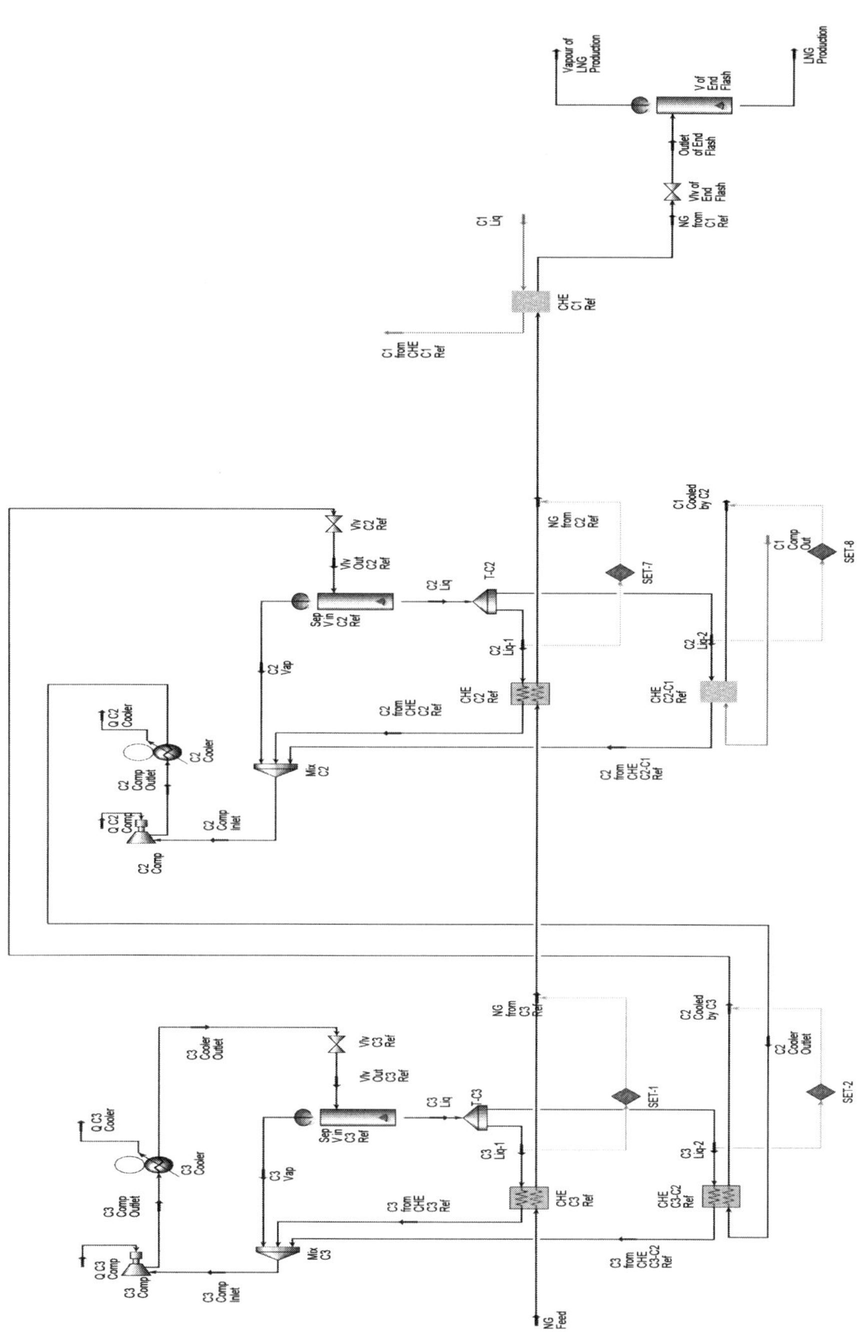

그림 3-24. 천연가스를 액화하기 위한 Propane 냉매와 Ethylene 냉매, 그리고 Methane 냉매 기본 공정 구성 (8/9)

계속해서 메탄 냉각사이클을 앞의 프로판과 에탄 사이클처럼 구성한다. 단, "CHE C3-C2 Ref나 "CHE C2-C1 Ref" 열교환기와 같은 더 낮은 온도의 다음 단계 냉매를 위한 열교환기는 없다.

그림 3-25는 완성된 Cascade 사이클을 보여준다. 또한, 그림 3-26, 그림 3-27, 그리고 그림 3-28에 완성된 Cascade 사이클의 압력값들, 온도값들, 그리고 유량값들을 표시하였다.

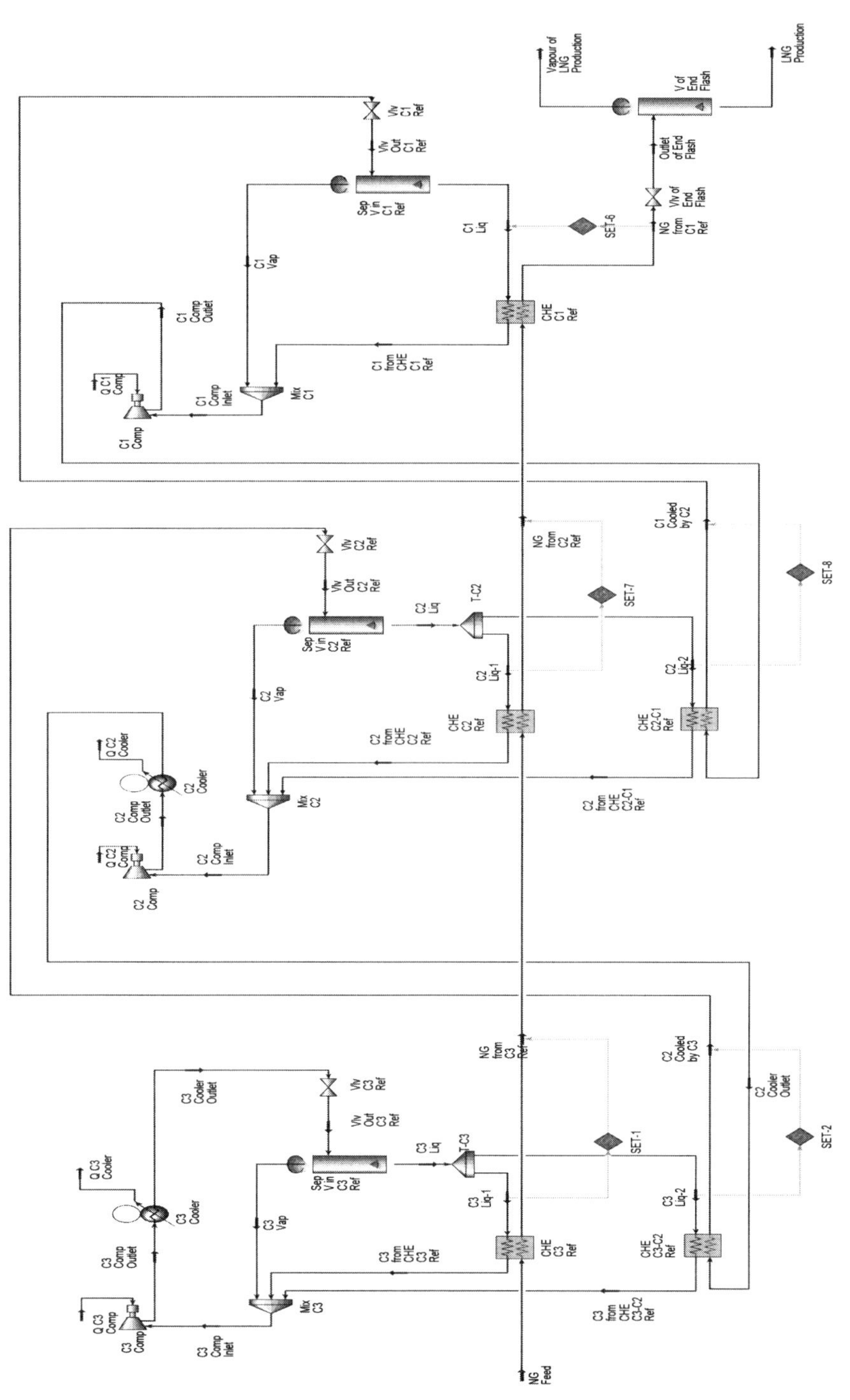

그림 3-25. 천연가스를 액화하기 위한 Cascade 공정 (9/9)

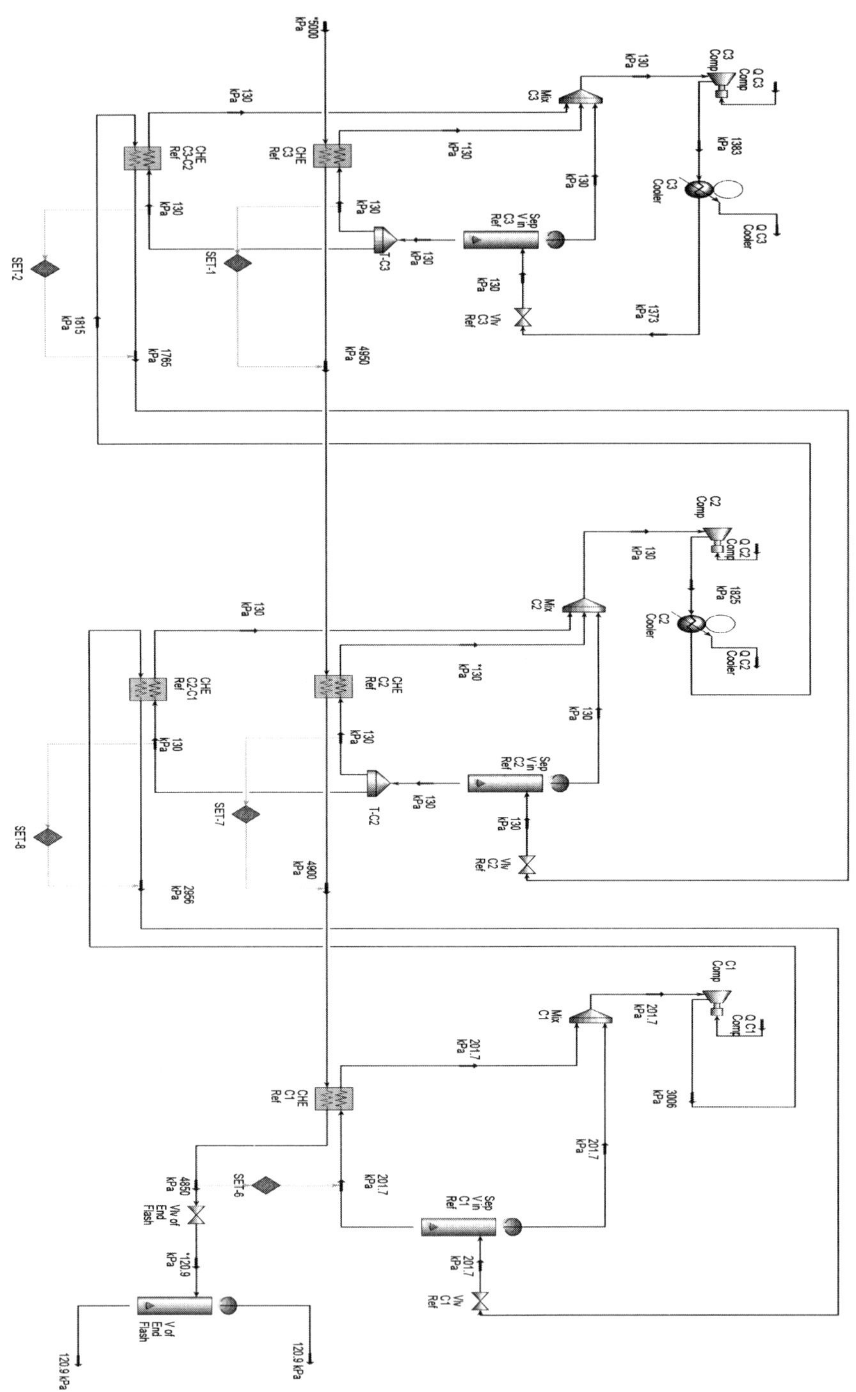

그림 3-26. 천연가스를 액화하기 위한 Cascade 공정의 압력값들 (9/9)

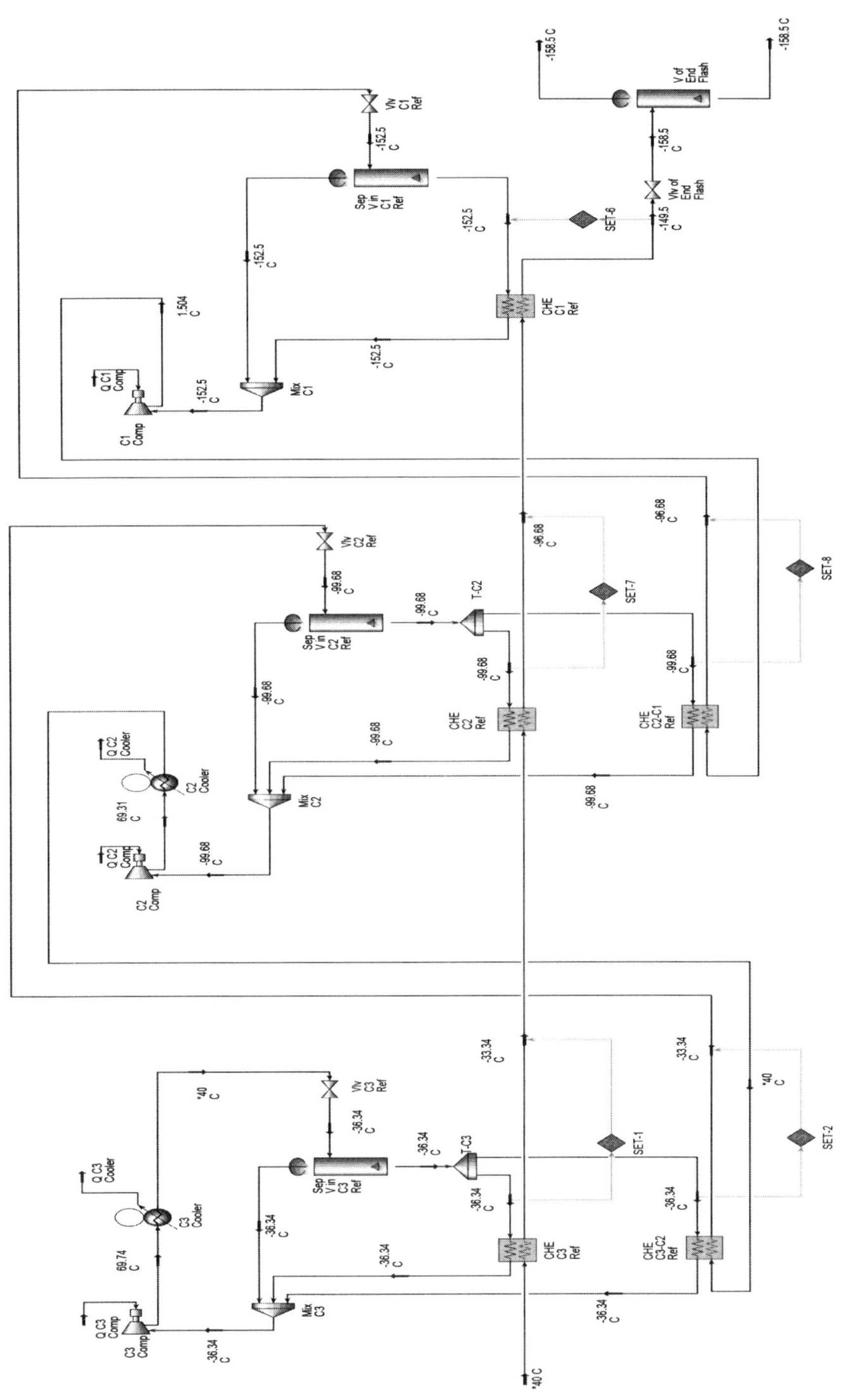

그림 3-27. 천연가스를 액화하기 위한 Cascade 공정의 온도값들 (9/9)

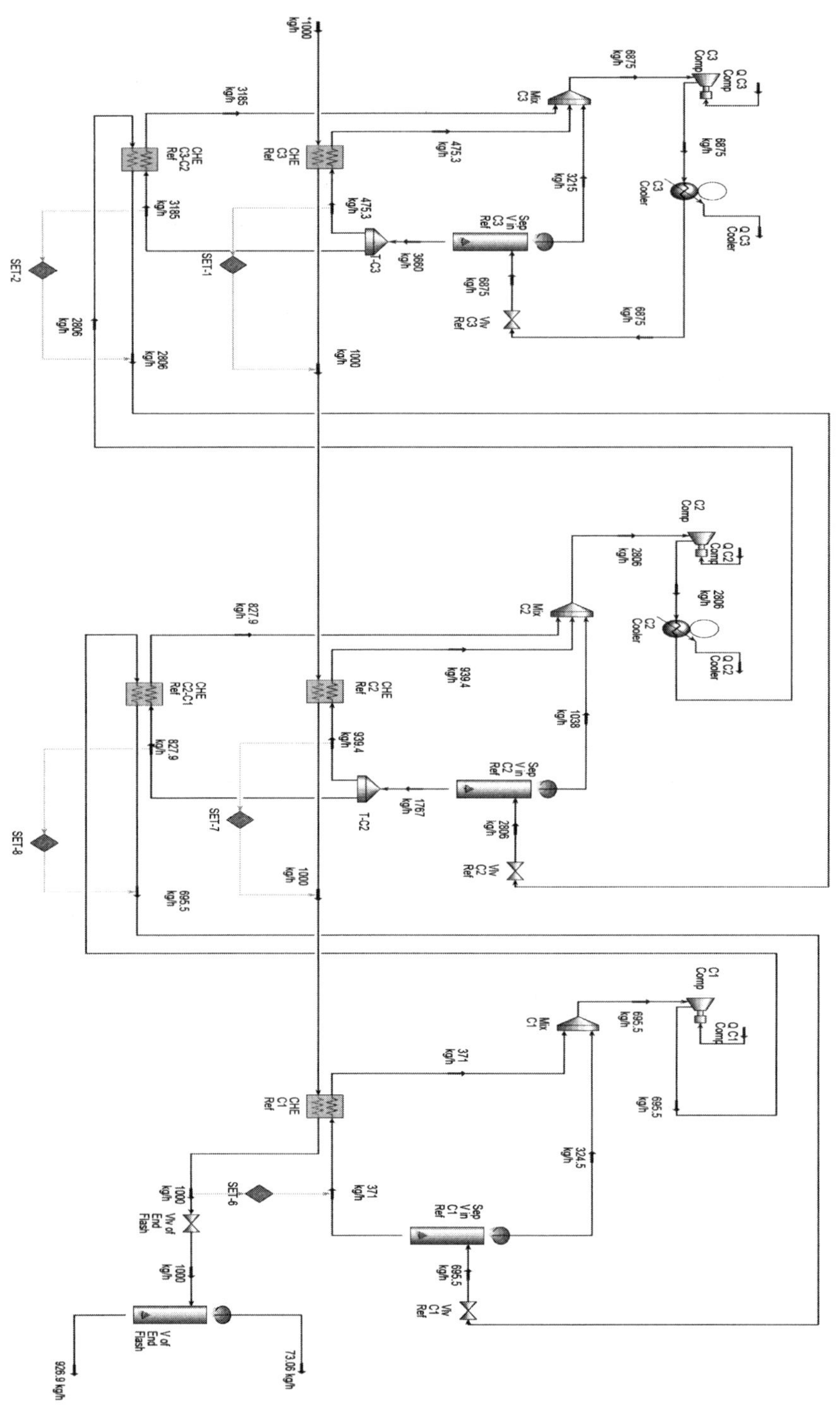

그림 3-28. 천연가스를 액화하기 위한 Cascade 공정의 유량값들 (9/9)

3-1-3. Cascade 공정 (다중 흐름 열교환기 사용)

앞장 3-1-1에서는 Shell&Tube와 같은 일반적인 열교환기를 사용하는 Cascade 공정을 설명하였다. Shell&Tube와 같은 일반적인 열교환기라 함은 열교환을 하는 고온 흐름과 저온 흐름이 각각 하나가 있는 열교환기를 뜻한다. 본 장에서는 하나의 열교환기 내에 3개 이상의 흐름이 있는 PFHE(Plate Fine Heat Exchanger)나 SWHE(Spiral Wound Heat Exchanger)를 사용하는 경우에 대하여 설명하겠다. 천연가스 액화공정은 온도를 약 200℃ 떨어뜨려야 하는 공정으로 에너지의 효율이 중요하며, 그러한 이유로 열교환기의 효율이 중요한데, 비록 복잡하기는 하나, 다중 흐름을 이용할 경우 복잡한 열교환기를 최적화된 하나의 열교환기로 구성할 수 있다는 장점이 있다.

그림 3-29는 앞의 Cascade 공정 그림 3-25에 다중 흐름 열교환기를 적용한 형태이다. 그림에서 "CHE C3 Ref" 와 "CHE C2 Ref" 가 다중 흐름 열교환기이다. 이들의 기능은 표 3-3에 나타내었다. 즉, 그림 3-25의 일반 열교환기 CHE_C3_Ref와 CHE_C3-C2_Ref의 기능을 그림 3-29의 다중 흐름 열교환기 CHE_C3_Ref 으로 수행한다는 것이다.

표 3-3. 일반 열교환기에 대한 다중 흐름 열교환기의 기능

냉매 구분	다중 흐름 열교환기 형 (그림 3-29)	일반 열교환기 형 (그림 3-25)
프로판 냉매 열교환기	CHE_C3_Ref	CHE_C3_Ref, CHE_C3-C2_Ref
에틸렌 냉매 열교환기	CHE_C2_Ref	CHE_C2_Ref, CHE_C2-C1_Ref

앞의 Cascade 공정인 그림 3-25를 다중 흐름 열교환기로 바꾸기 위해서는 그림의 CHE_C3_Ref 열교환기에서 Hot 흐름을 하나 더 늘리고 CHE_C3-C2_Ref의 에틸렌 흐름을 새로 늘린 Hot 흐름에 연결하고 CHE_C3-C2_Ref를 삭제하고 관련 흐름들을 제거하면 된다. 계속해서 CHE_C2_Ref에 대한 것도 연결하면 그림 3-29와 같은 다중 흐름 열교환이 있는 Cascade 공정이 완성된다.

그림 3-30과 그림 3-31은 완성된 다중 흐름 열교환이 있는 Cascade 공정에 대한 압력과 온도값들을 표시하였다.

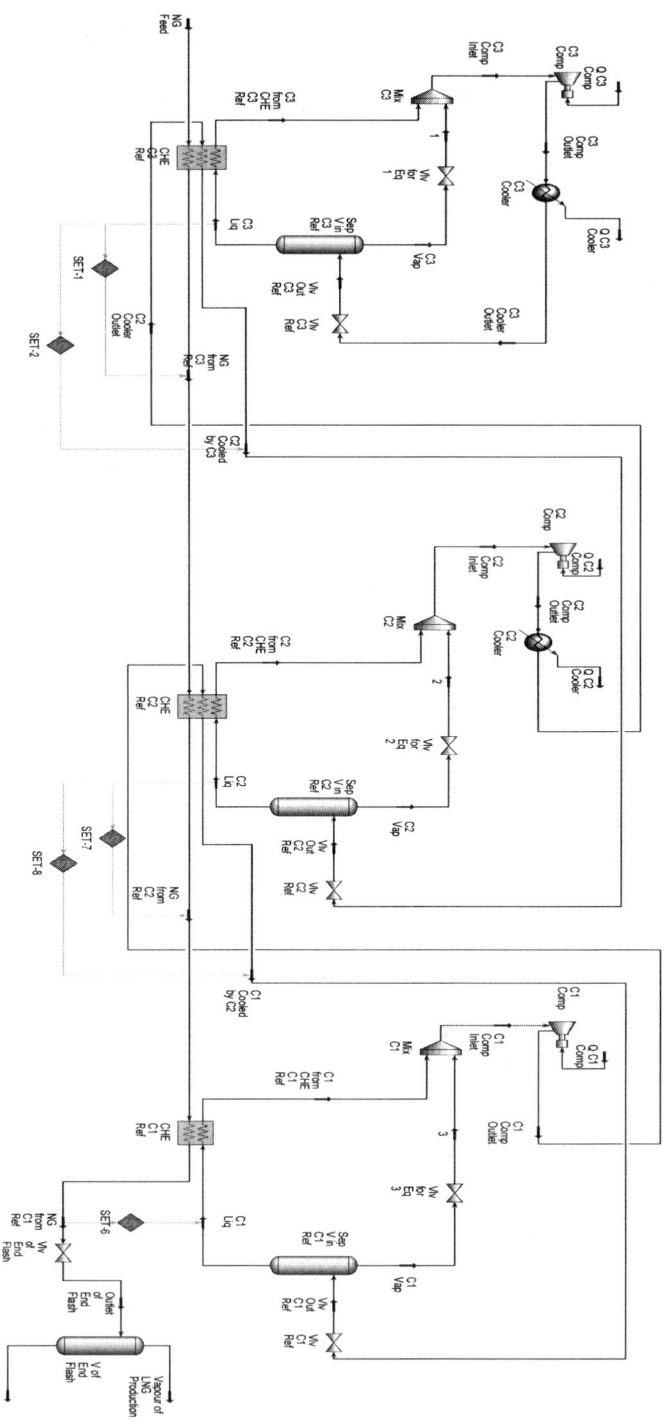

그림 3-29. 다중 흐름 열교환기를 사용하는 Cascade 공정

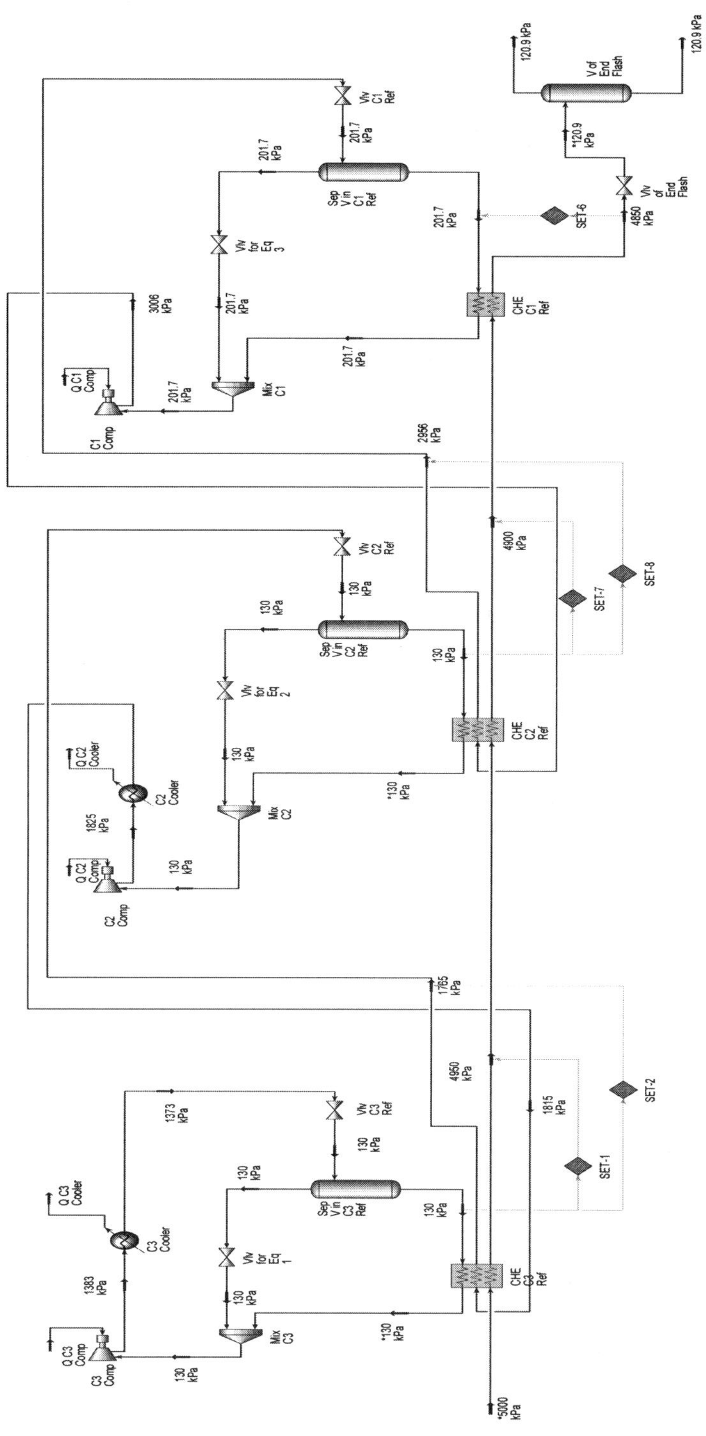

그림 3-30. 다중 흐름 열교환기를 사용하는 Cascade 공정의 압력값들

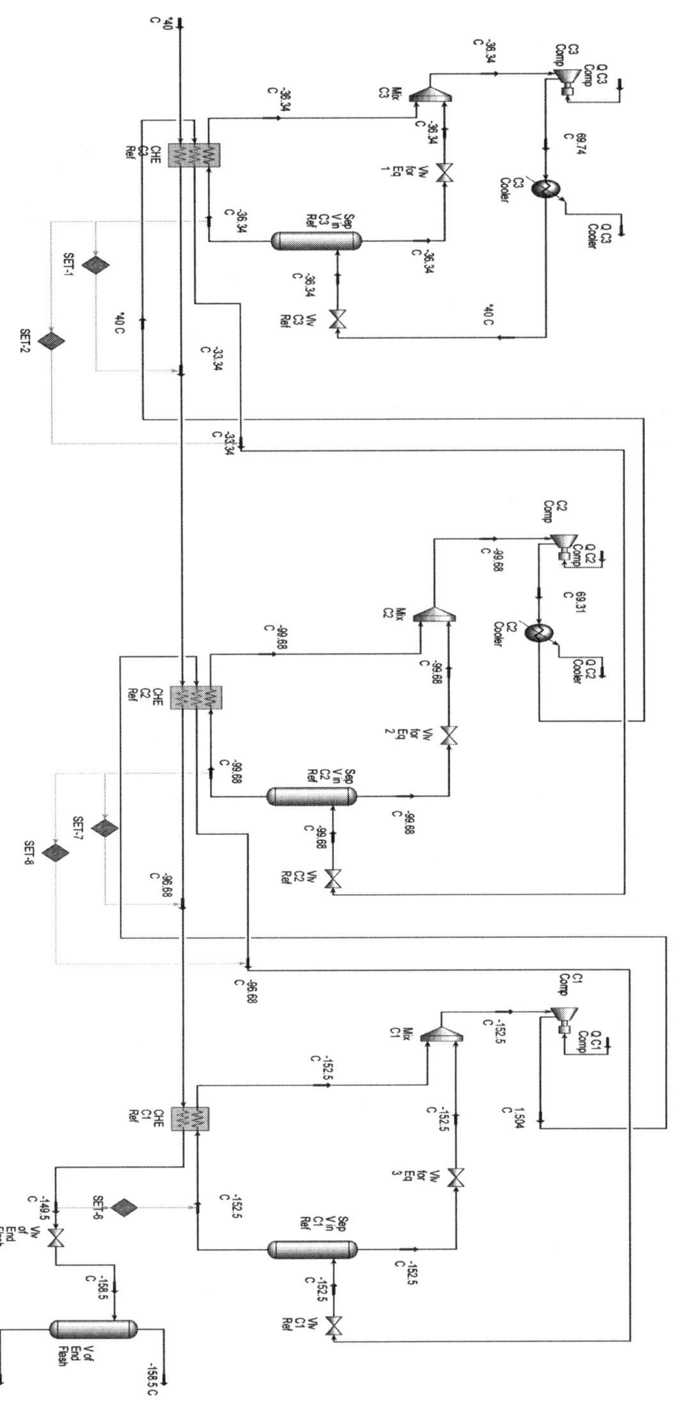

그림 3-31. 다중 흐름 열교환기를 사용하는 Cascade 공정의 온도값들

Cascade공정에 SWHE를 사용하는 경우는 없기에 보통 PFHE형이나 Shell &Tube 형을 사용하는데, 그림 29와 같이 다중 흐름 열교환기를 사용하는 경우는 PFHE를 사용한다고 할 수 있다. Cascade 공정과 같이 PFHE중에 차가운 냉매 흐름이 하나인 경우에는 잠액식 PFHE를 사용할 수 있으며, 이러한 경우에는 Shell&Tube형과 같이 온도와 용량 제어를 쉽게 하면서도 다중 흐름 열교환을 할 수가 있는데, 그러한 방식을 사용하면 그림 3-30에서와 같이 냉매에 대해서는 열교환기 입구와 출구 사이의 압력차가 없어지게 된다.

그림 3-32에 다중 흐름 열교환기를 사용하는 Cascade 공정의 온도 선도를 표시하였다. 앞의 천연가스 액화 선도인 그림 3-1과 비교해 볼 수 있다. 그림 3-32의 Hot Composite에는 천연가스 액화를 위해 요구되는 냉열과 사용되는 냉매의 냉각을 위해 요구되는 냉열을 포함하는 것이며, Cold Composite에는 각 메탄, 에틸렌, 프로판 냉매가 Hot Composite를 냉각하기 위하여 필요로 하는 냉열의 양을 표현하였다.

순수 냉매인 메탄, 에틸렌, 프로판 각각의 냉매가 기화 또는 액화할 때에 있어서, 압력이 고정된다면 기화 또는 액화되는 기간 동안의 온도는 일정하게 된다. 그렇기 때문에 그림에서 차가운 냉매의 온도를 가리키는 일정 온도의 파란 선이 메탄, 에틸렌, 프로판 냉매에 대하여 3번이 있게 된다. 또한, 그림 3-32와 같이 표현된 천연가스 액화 선도의 열 흐름 외에도, 그림에서와 같이 Hot Composite에는 메탄, 에틸렌 냉매의 고온부 열흐름에 대한 두 개의 평형한 영역이 나타나게 된다.

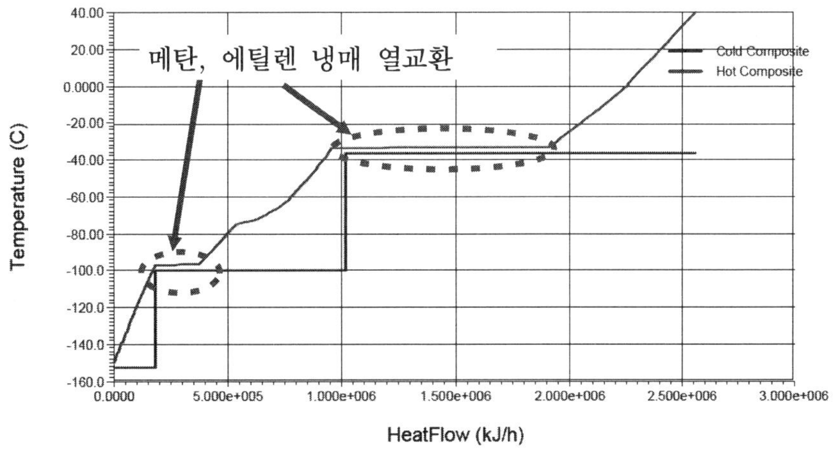

그림 3-32. 다중 흐름 열교환기를 사용하는 Cascade 공정의 온도 선도

3-2. SMR 공정

천연가스 액화공정 중에서 공정 구조가 가장 간단한 형태는 SMR (Single Mixed Refrigerant)이다. 이러한 SMR의 공정의 가장 간단한 형태를 그림 3-33에 나타내었다 (p-4).

3-2-1. SMR 공정 이론

냉동사이클의 이론적 기본은 압축한 이후에 응축하고 팽창하는 형태인데, SMR 공정은 단지 팽창하기 전에 자신의 냉매로 자신을 저온으로 냉각하는 흐름의 형태가 추가된 것이다. 냉매는 질소, 메탄, 에탄, 프로판, 부탄, 펜탄 등이 섞인 것을 사용하는데, 일반적으로 섞인 성분의 종류가 많을수록 더 좋은 성능을 낼 수 있다고 할 수 있으나, 섞인 성분의 종류가 많을수록 혼합냉매의 조성을 맞추기 어렵고 이에 따라 공정 운전 및 관리가 어렵게 된다.

SMR 공정인 그림 3-33에서 천연가스는 열교환기를 통과하면서 LNG로 액화되고, 일부 액화된 냉매는 열교환기 안에서 열교환을 통하여 전부 기체로 바뀌는데, 이후에도 계속적인 열교환으로 상온까지 상승하게 된다. 열교환기를 나온 냉매는 냉매 압축기를 통하여 고압으로 압축된 이후에 응축기를 통하여 냉매는 냉각되고 일부가 응축될 수도 있다. 응축기를 통과한 냉매는 보통 냉매 JT Valve로 온도를 낮추지만, 냉매 JT Valve 이후의 온도가 천연가스를 액화하기 위한 충분한 낮은 온도를 만들기 위해서는 열교환기를 통하여 일단 저온으로 냉각된 이후에 냉매 JT Valve를 통과하여 더 낮은 온도의 냉열을 만든다.

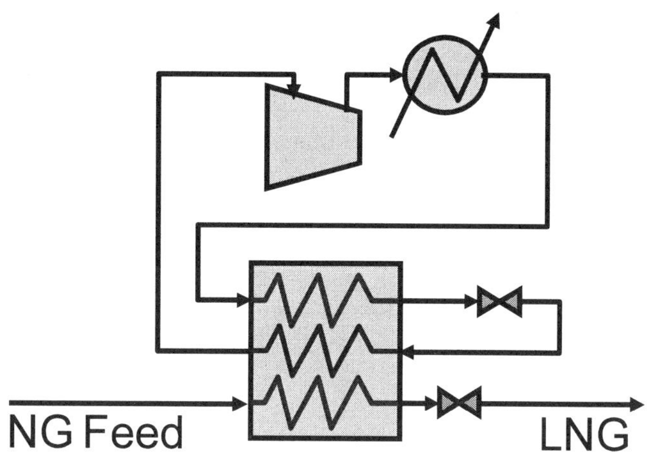

그림 3-33. SMR 사이클 단순 공정도

3-2-2. SMR 공정 Simulation

천연가스 액화공정의 Simulation을 구성하기 쉬운 방법은, 우선 결정하기 쉬운 천연가스 액화흐름을 먼저 구성하는 것이다. 그림 3-34와 같이 SMR 공정에서의 천연가스 흐름을 먼저 정의한다. NG Feed 부분은 앞의 "2-3-1 Feed Gas의 결정" 에서와 같이 구성한다. 또한 계속해서 LNG 열교환기를 연결하고 이름을 "SMR HX"라 명하고, 기본적인 흐름에서 그림 3-33과 같이 구성하기 위하여 한 개의 흐름을 더 만들고 이를 열교환기 내에서 "Cold/ Hot" 중에서 "Hot" 흐름으로 정의한다.

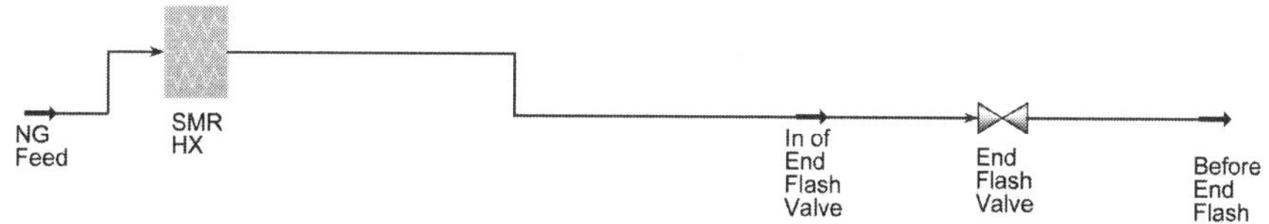

그림 3-34. SMR 공정 Simulation에서 천연가스 공정흐름 (1/6)

계속해서 그림 3-34와 같이 천연가스가 액화되는 흐름을 완성한 이후에 그림 3-35처럼 "SMR HX" 의 압력강하량(Pressure Drop)을 1bar(100 kPascal)로 정의한다. 열교환기 내에서의 압력강하량 1bar는 상당히 큰 값이지만 열교환기 설계의 설계여유(Engineering Margin)를 위하여 일단 큰 값으로 정의한다.

열교환기의 압력강하량을 결정함으로써 "In of End Flash Valve"의 압력값은 결정되지만 아직 온도가 결정되지 않은 상태로 남아있게 된다.

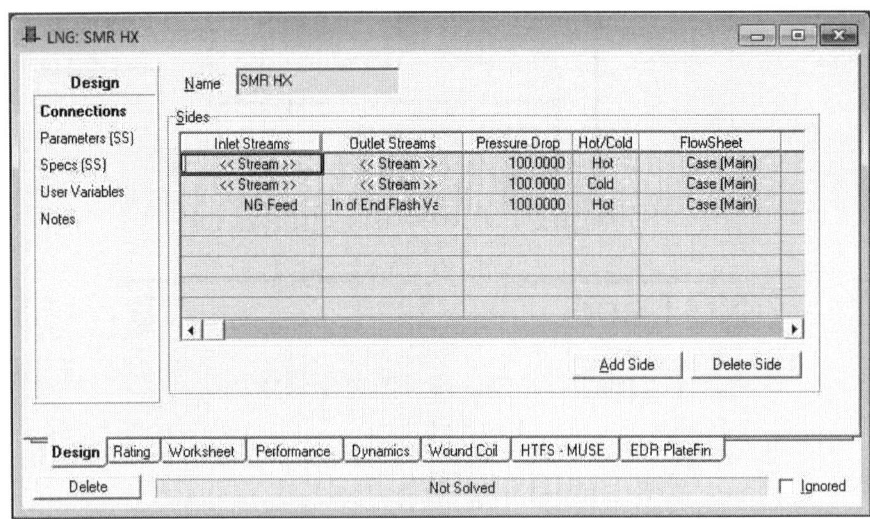

그림 3-35. SMR 공정 Simulation에서 열교환기 조건 설정

천연가스 액화공정의 천연가스 흐름을 완전하게 결정하기 위해서는 천연가스 흐름의 온도를 결정해야 하며, 온도를 바로 결정하기 보단 그 온도가 갖는 의미를 결정하는 것이 더 쉽게 이해될 수 있다. 우선, LNG 저장탱크의 압력값은 LNG저장탱크 설계할 때 결정되기 때문에 우선 이 값을 사용한다. 특정 LNG저장탱크의 압력값을 절대압으로 1.209bar라고 한다면 이 값을 End Flash의 압력으로 정의할 수 있으며, "Before End Flash" 흐름의 압력을 이 값으로 정의한다. 또한, End Flash에서 발생되는 Flash Gas의 양을 8% (이 양은 Gas Turbine 등 플랜트의 연료 소모량으로 결정됨)이라 결정한다면, 그림 3-36과 같이 "Before End Flash"의 상태를 결정할 수 있게 되며, 이를 통하여 나머지 천연가스 흐름의 상태가 그림 3-37과 같이 결정된다.

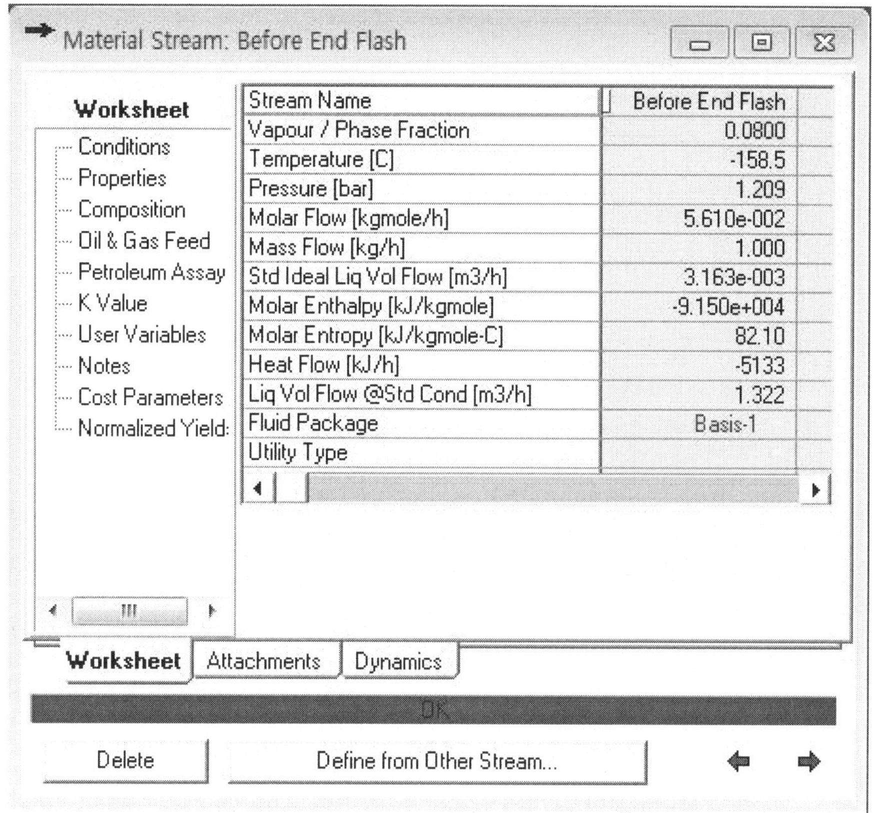

그림 3-36. 천연가스 액화공정의 End Flash 조건

천연가스 흐름의 상태가 결정된다면, 다음으로 냉매의 Simulation 상태를 결정해야 한다. 냉매압축공정에서 결정해야 될 것은 냉매의 조성과 흐름의 양, 그리고 압력값들이다. Simulator에서도 조성들의 합의 값을 항상 1로 만들어야 하기에 그 값을 임의의 값으로 바꾸기가 어렵지만, 냉매의 조성과 흐름의 양을 냉매 각각 성분의 양으로 결정한다면, 그에 대한 냉매 조성과 전체 냉매량을 자동으로 결정할 수 있게 된다. 그림 3-37과 같이 mixer를 사용하여 N_2, C1, C2, C3의 혼합을 만들고, 각각의 흐름에 대해서는 단지 질량 유속 혹은 mole 유속만을 정의하고, 혼합한 이후에 압력과 온도를 결정하는 방법을 사용할 수 있다.

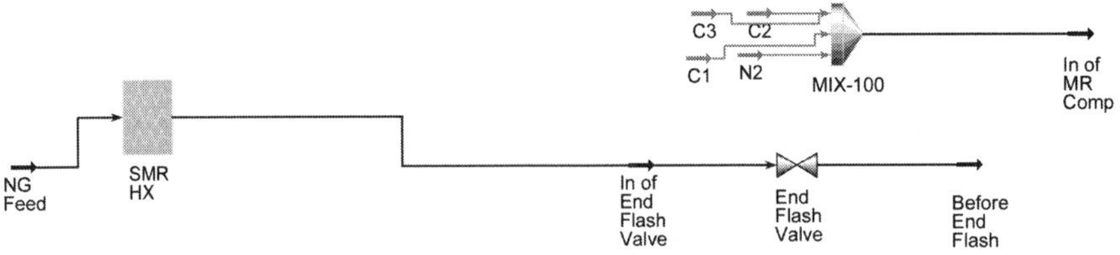

그림 3-37. SMR 공정 Simulation에서 냉매성분 결정 (2/6)

혼합되기 이전의 각 냉매 흐름양을 그림 3-38과 같이 결정할 수 있다. 그림 3-38에 그 사례로 그 중 하나인 C1 성분에 대한 흐름 정의 방법을 보여주었다. 우선 흐름의 조성은 순수 메탄으로 하고, 흐름의 양을 1kg/h로 일단 정의하였지만, 나중에 이 값을 변경하며 최적화를 수행한다.

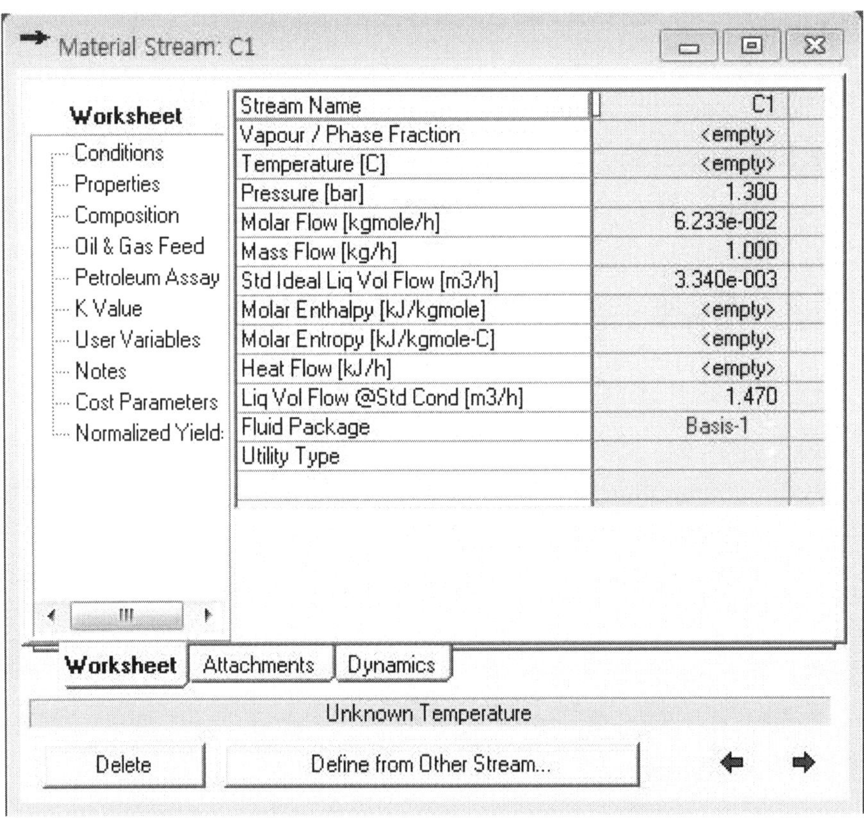

그림 3-38. SMR 공정 Simulation에서 냉매성분 C1 흐름 결정 예

전체 N_2, C1, C2, C3 냉매의 조성을 결정하기 위하여, 그림 3-39와 같이 Spreadsheet를 만들고 각 흐름의 Mass Flow를 연결한다. 일단, C3, C2, C1, N_2 냉매의 초기 값을 그림 3-39와 같이 2kg/h, 1kg/h, 1kg/h, 0.2kg/h로 결정한다.

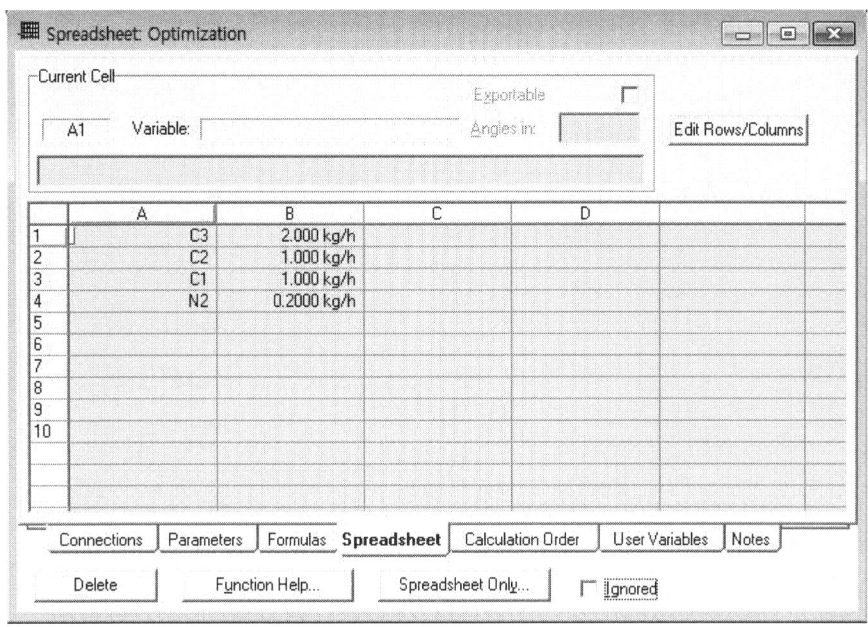

그림 3-39. SMR 공정 Simulation에서 냉매성분 결정을 위한 Spreadsheet

모든 냉매 성분이 합쳐진 이후의 흐름인 “In of MR Comp” 의 조성과 흐름은 각 성분의 유량으로 결정되며, 온도와 압력은 그림 3-40과 같이 합쳐진 이후의 흐름인 “In of MR Comp” 에서 결정할 수 있다.

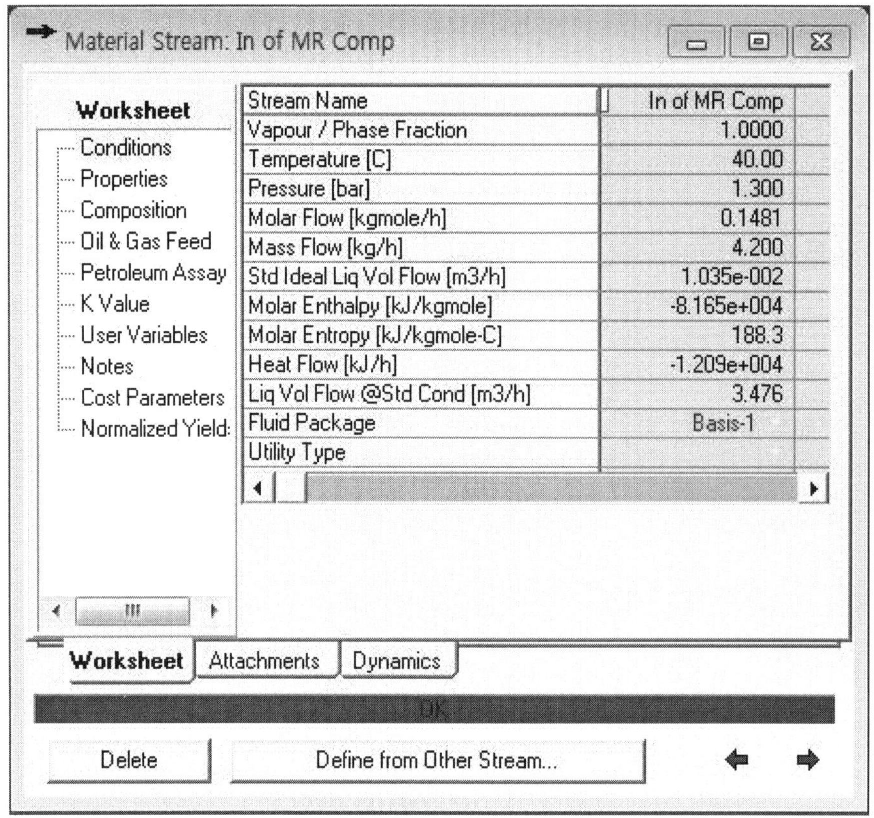

그림 3-40. SMR 공정 Simulation에서 냉매성분 결정을 위한 Spreadsheet

계속해서 그림 3-41과 같이 총 4단의 MR 압축기를 구성한다. 여기서 맨 마지막 단에서 냉매 압축기 이후의 압력을 48bar로 일단 결정하고, 이 압력을 나중에 최적화한다. 또한, 각 냉매 냉각기에서 냉각된 이후의 공정 온도를 40℃로 결정한다면, MR 압축기의 출구 조건인 흐름 "In of MR HX" 의 상태가 그림 3-41처럼 결정될 수 있다. 여기서, 각 냉매 압축기의 각 냉각기의 압력 손실은 50kPascal로 하였다.

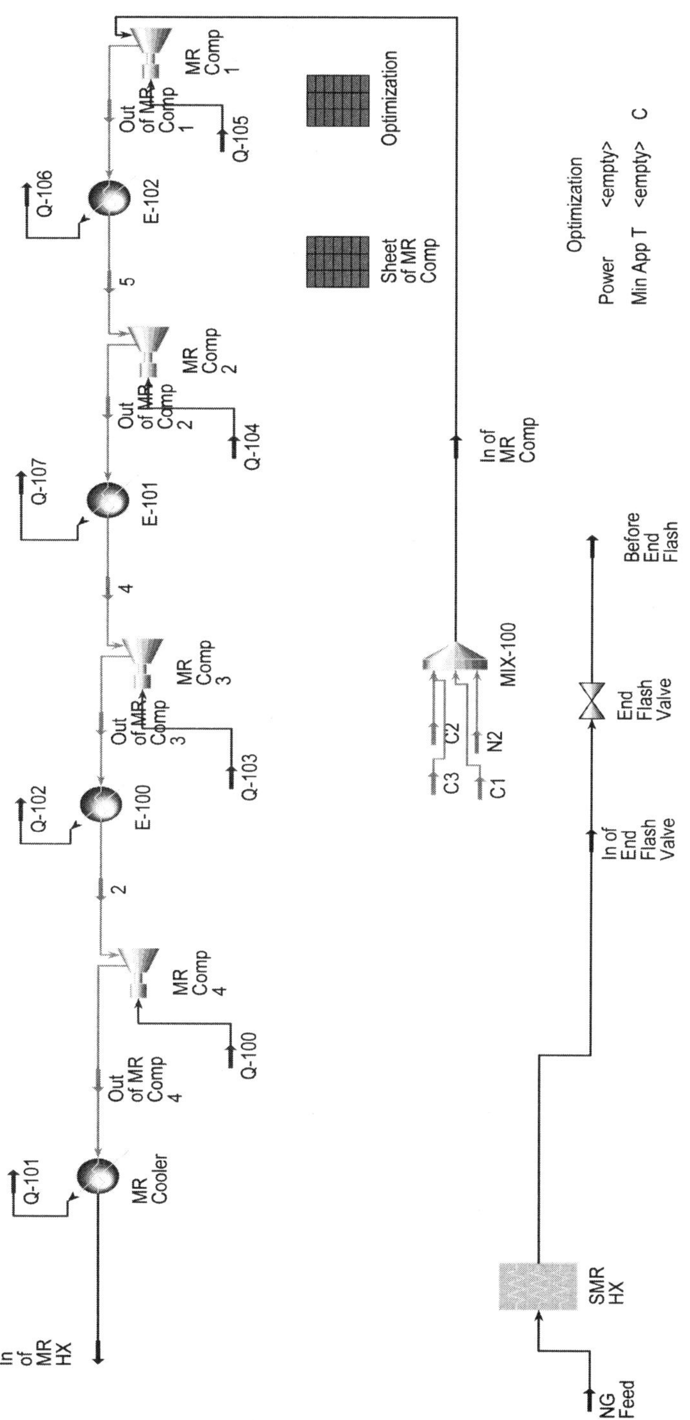

그림 3-41. SMR 공정 Simulation에서 냉매 압축기 4단 구성 (3/6)

SMR 공정 Simulation 구성의 중간 단계인 그림 3-41을 살펴보았을 때, MR 압축기의 구성에서 결정되지 않은 부분은 각 중간단 압축기의 출구 압력 조건이며, 이러한 출구 압력 조건은 압축기 후단 냉각기의 압력 손실을 고정한다면 각 압축기 후단 냉각기의 출구 압력 조건을 결정한다면 이로 인하여 각 압축기의 출구 압력을 결정될 수 있다.

MR 압축기 최적화를 수행함에 있어서 각 압축기의 압력값들을 모두 공정변수로 하여 각각의 압축비 값들로 최적화를 수행해야 하지만, MR 압축기가 연속적으로 연결된 구조이기 때문에 각각의 압축비가 동일하다 가정해서 최적화를 수행하여도 그 결과가 많이 다르지 않기에 압축비 변수를 하나로 줄여서 수행하였다.

본 SMR 사례의 경우 총 4단의 압축기가 있으며, 4단 압축기의 입구와 출구 압력을 각각 130kPascal (흐름 “In of MR Comp"의 압력값과 연결)에서 4800kPascal (흐름 “In of MR HX” 의 압력값과 연결)로 결정하고, 이에 따른 중간단에는 동일한 압축비를 계산하여 적용하였다. 그림 3-42에 그 계산을 수행하는 Spreadsheet를 나타내었다. 그림 3-42에서 적용된 압축비는 아래와 같이 계산됨을 알 수 있다.

$$R_{pressure} = \sqrt[\frac{1}{Stage_P}]{\frac{P_{out}}{P_{in}}} \quad \text{〈식 3-1〉}$$

$$= \sqrt[\frac{1}{4}]{\frac{4,800}{130}} = 2.465$$

그림 3-42에서와 같이 각 압력단의 출구 압력이 결정된다면, 그 값들을 압축기 출구쪽에 연결하는데 정확하게는 출구 냉각기의 출구쪽 온도로 연결하는 형태이다. MR 각 압축기에 대한 냉각기의 압력 결정이 끝난 압력 상태를 그림 3-43에 표시하였다.

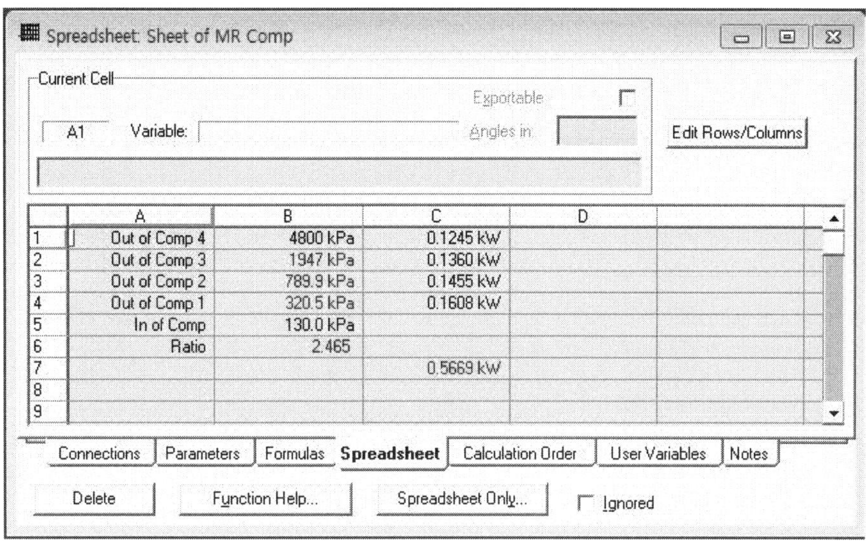
Spreadsheet: Sheet of MR Comp

Current Cell

	A	B	C	D
1	Out of Comp 4	4800 kPa	0.1245 kW	
2	Out of Comp 3	1947 kPa	0.1360 kW	
3	Out of Comp 2	789.9 kPa	0.1455 kW	
4	Out of Comp 1	320.5 kPa	0.1608 kW	
5	In of Comp	130.0 kPa		
6	Ratio	2.465		
7			0.5669 kW	
8				
9				

그림 3-42. SMR 공정 Simulation에서 냉매 압축기동력 계산을 위한 Spreadsheet 구성

MR 압축기에 대한 두 흐름인 "In of MR Comp" 와 "In of MR HX" 에 대하여, 우선 "In of MR HX" 를 그림 3-44와 같이 "SMR HX" 의 Hot 흐름에 연결하고, "In of MR Comp" 역시 연결을 해야 하나, "In of MR Comp의 온도는 열교환기에 의하여 계산되는 값이기에 아직 결정할 수가 없으며, 이로 인하여 이 흐름을 HYSYS®의 "Recycle" 기능으로 결정해야 한다. 이러한 연결을 위하여 그림 3-44의 "Out of MR from HE" 처럼 독립 흐름을 만들고, 압력값인 130kPascal을 넣는다.

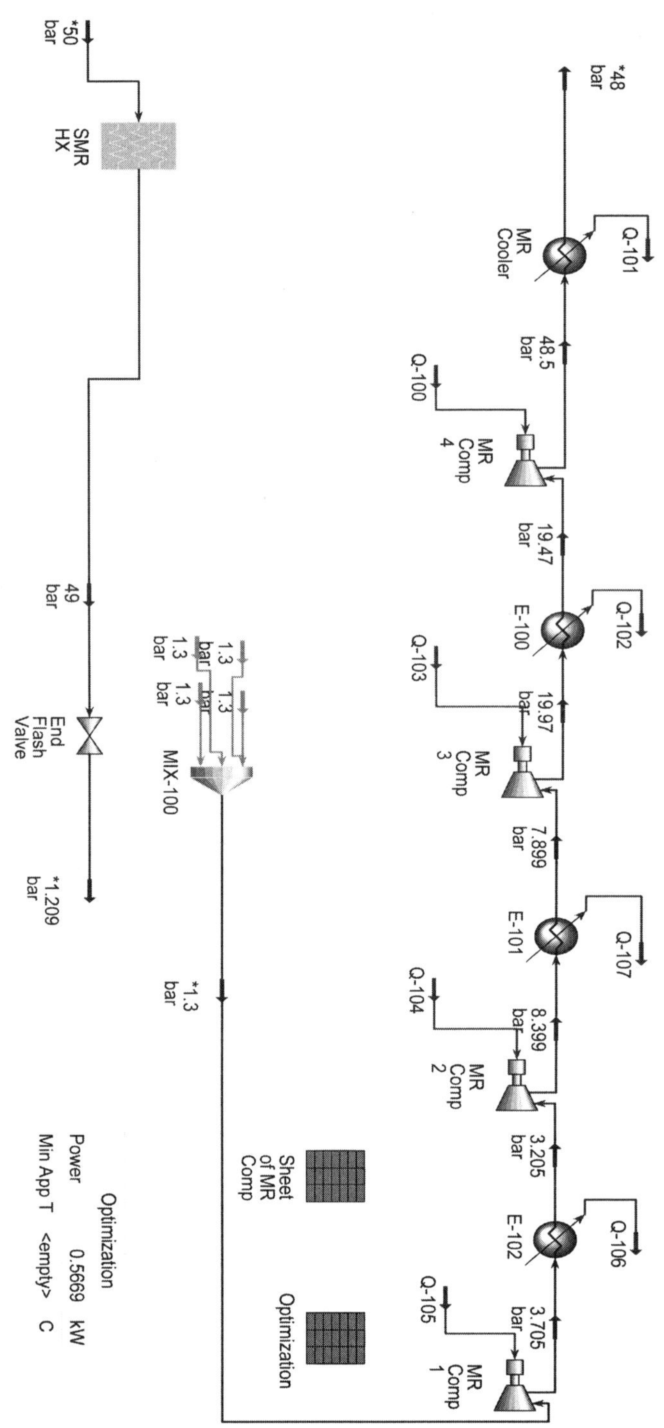

그림 3-43. SMR 공정 Simulation에서 냉매 압축기 압력값들 (4/6)

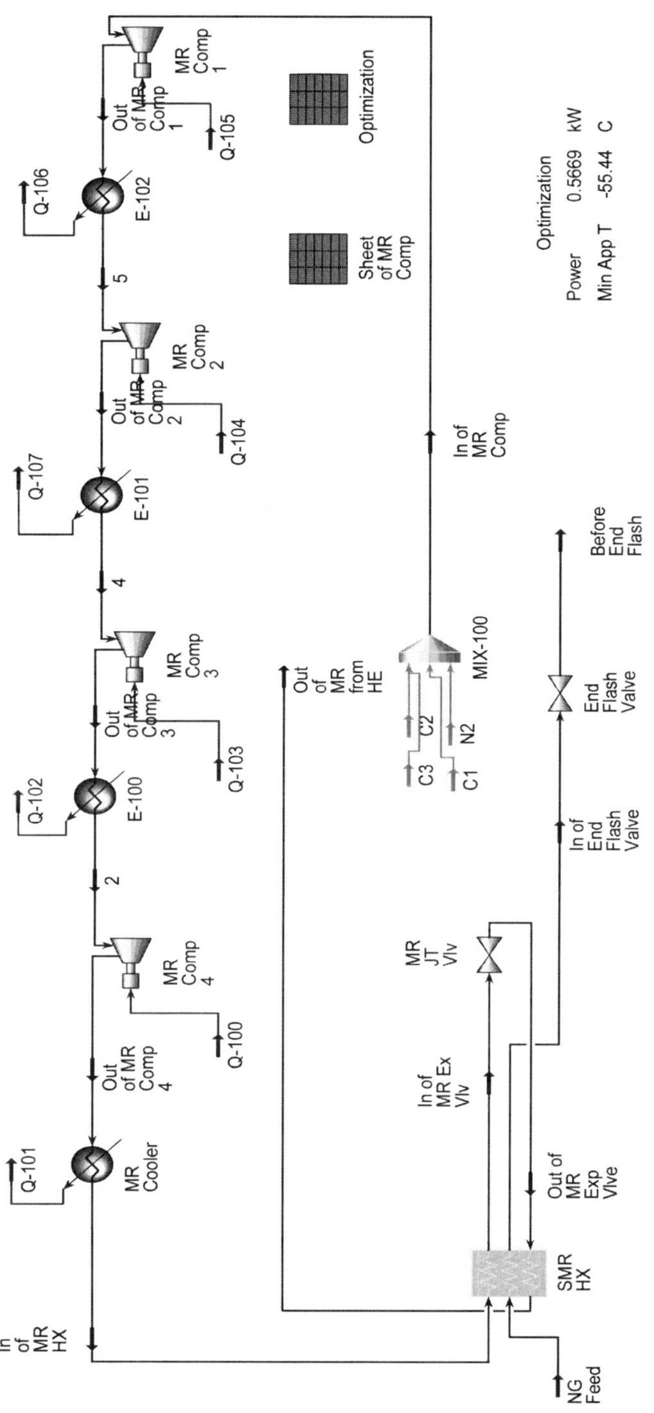

그림 3-44. SMR 공정 Simulation에서 냉매 흐름 구성 (5/6)

SMR 공정의 최적화를 위해서는 그림 3-45와 같이 최적화를 수행할 Spreadsheet를 구성한다. Spreadsheet에서 B5는 압축기의 최고압을 연결하고, B6에는 MR이 JT Valve를 통과한 다음의 온도 (본 액화사이클에서 제일 낮은 온도)인 흐름 "Out of MR Exp Vlv" 의 온도를 연결한다. 계속해서 B8에는 그림 3-42의 냉매 압축기 동력 계산을 위한 Spreadsheet에서 계산된 전체 소요 동력을 연결하고, B9에는 "SMR HX" 의 최소 근접 온도차 (Minimum Approach Temperature)를 연결한다. D7에는 LNG생산량인 흐름 "Before End Flash" 의 액체 흐름을 연결하고, 마지막으로 D8에는 단위 LNG 생산 (LNG 1kg)에 필요한 소요동력 (kWh)을 계산하는데, 이는 수식으로 표현하면 D8 = B8/D7 으로 된다.

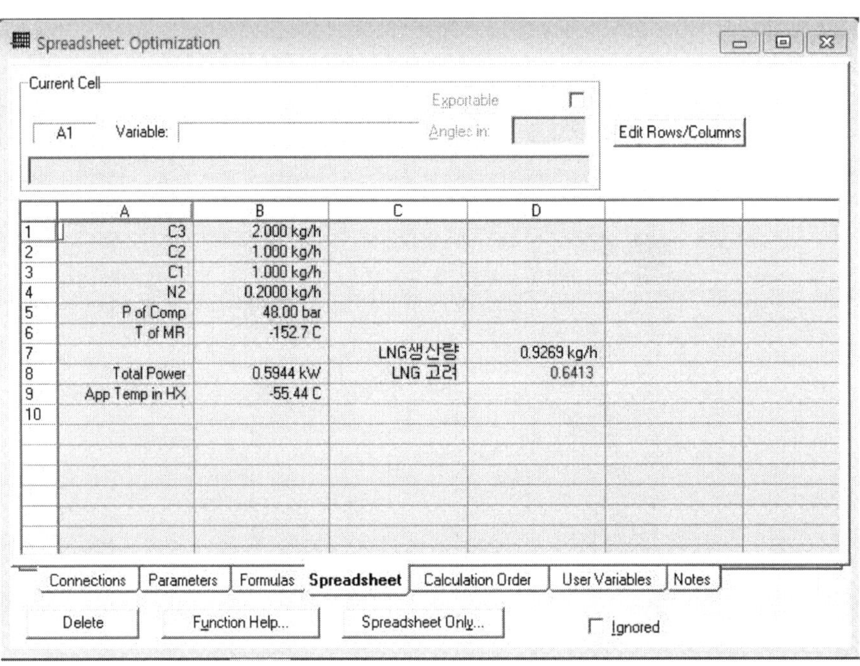

그림 3-45. SMR 공정 Simulation에서 냉매 조성 및 압축기와 열교환기 최적화를 위한 Spreadsheet 구성

물리적으로는 흐름 "In of MR Comp" 는 흐름 "Out of MR from HE" 과 같으나, Simulation 상태에서는 흐름 "In of MR Comp" 의 유량을 최적화를 위하여 유량값과 조성 등을 임의 값으로 결정할 수 있어야 하

기에, HYSYS®의 Recycle을 사용하지 않았다. 대신, 흐름 "Out of MR from HE" 의 상태를 흐름 "In of MR Comp" 에 적용할 최소한의 정보인 압력과 온도만을 연결하면 된다. 연결은 HYSYS®의 Set을 이용하면 되고, 이 둘을 연결하기 이전에 흐름 "In of MR Comp" 의 압력과 온도 값을 지운다.

HYSYS®의 Set을 이용하여 흐름 "Out of MR from HE" 의 온도와 압력을 그림 3-46과 같이 흐름 "In of MR Comp" 에 연결한다.

그림 3-46과 같이 SMR의 구조가 완성되었다면, 아직 SMR 공정에 대한 최적화를 수행하진 않았지만, SMR 공정의 기본적 구조는 완성된 형태이다.

완성된 SMR공정 Simulation의 압력값과 온도 값을 그림 3-47과 그림 3-48에 표시하였다.

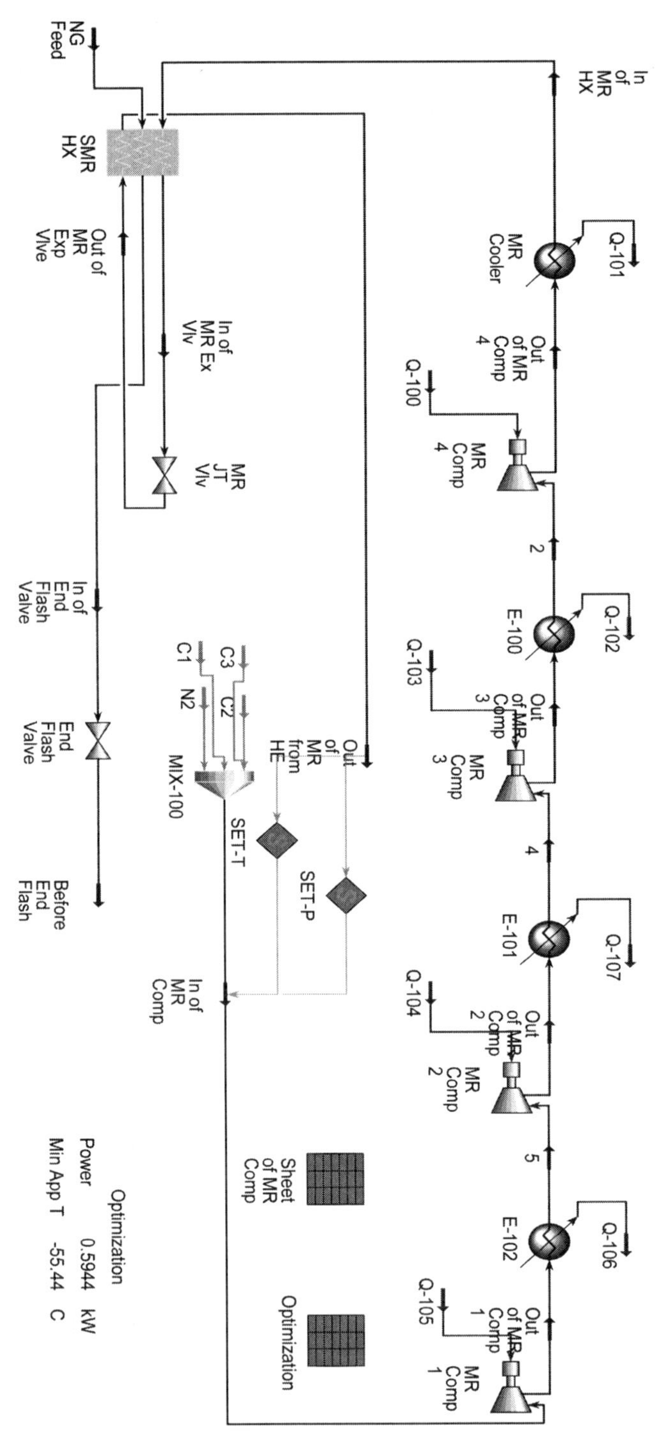

그림 3-46. SMR 공정 Simulation 구조 완성 (최적화작업 필요) (6/6)

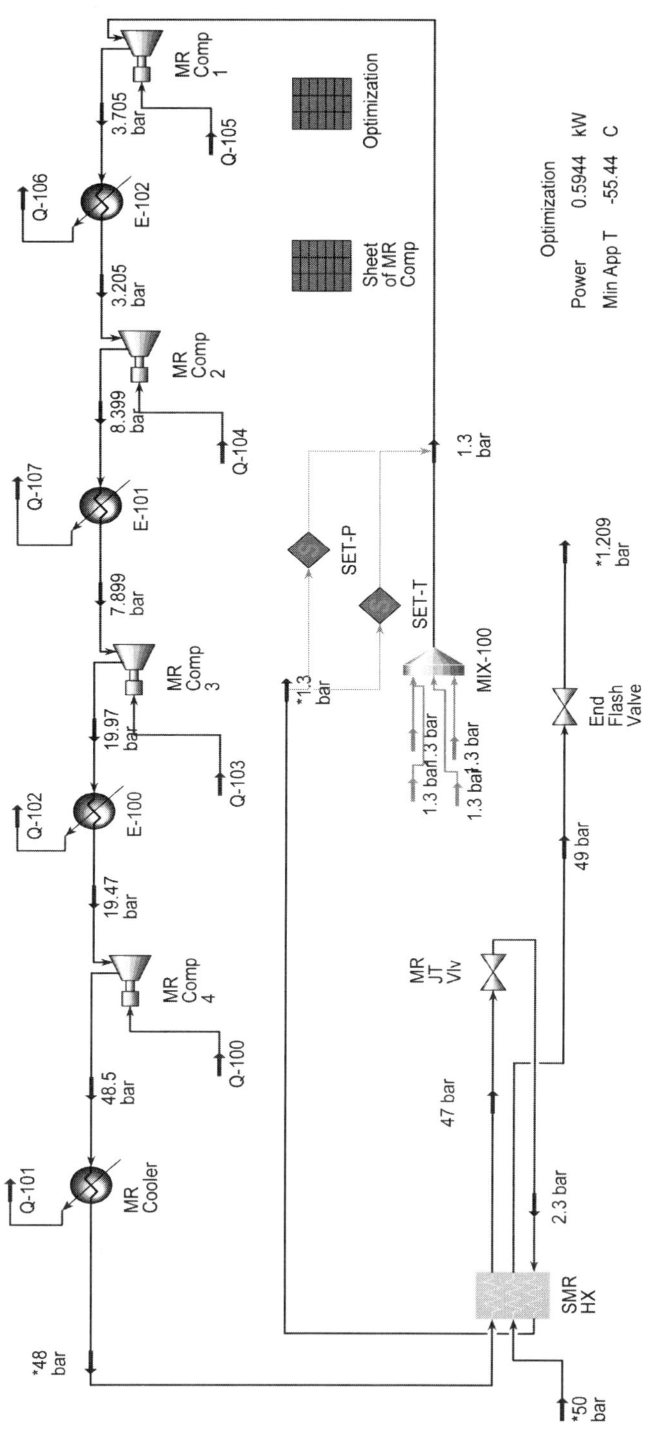

그림 3-47. 완성된 SMR 공정 Simulation의 압력값들 (최적화작업 필요) (6/6)

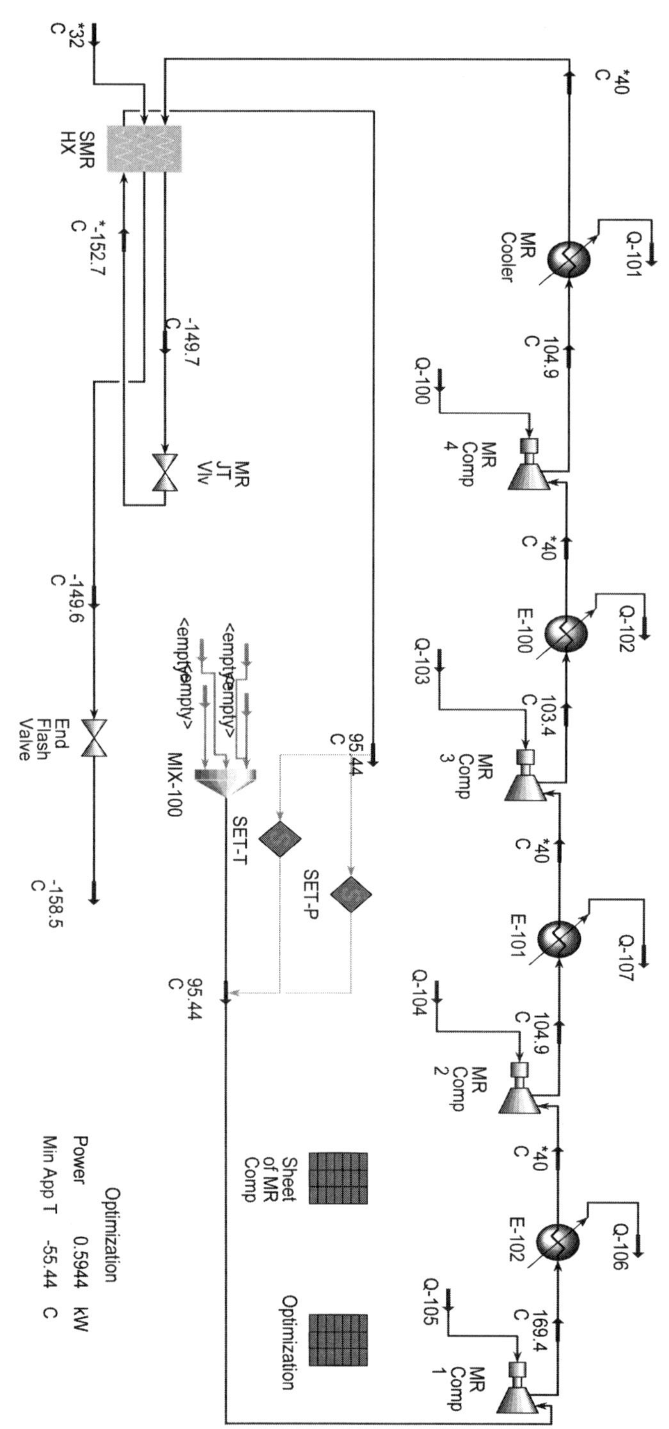

그림 3-48. 완성된 SMR 공정 Simulation의 온도값들 (최적화작업 필요) (6/6)

완성된 SMR 공정의 최적화는 단위 LNG 생산(LNG 1kg)을 위한 소요 동력을 최소화하면 된다. 즉, 그림 3-45 D8 값을 최소화하면 된다는 것이지만, 주 열교환기 (Simulation에서는 “SMR HX”)의 상태가 정상상태이어야 한다.

천연가스 액화공정의 주 열교환기 상태는 열교환기 내부의 온도 분포 상태로 알 수 있으며, 이를 그림 3-49에 표기하였다. 그림의 오른쪽 중간에서 X측은 Heat Flow로 하고 Y측은 온도로 하였고, 또한 그 우측 상단의 선택을 이용하여 “Cold Composite” 와 “Hot Composite” 를 표시하도록 하였다. 그림과 같이 표현된 온도 profile은 열교환기 내에서 “차가운 부분 유체 흐름들의 온도” 와 “뜨거운 부분 유체 흐름들의 온도” 를 열 흐름의 양에 대하여 표현한 것으로, 당연히 뜨거운 부분이 차가운 부분보다 높은 온도에 있어야 한다. 각 “Cold Composite” 와 “Hot Composite” 는 열교환기 내에 흐름들이 많더라도 흐름의 역할에 따라 2가지인 Hot과 Cold로 나누어서 표기하는 방식이다.

그림 3-49를 보면 3150kJ/h 근방에서 “Cold Composite” 와 “Hot Com posite” 가 만나는 것을 볼 수 있는데, 이러한 열교환기는 물리적으로 있을 수 없는 열교환기 이다. 우리가 강제적으로 열교환기의 입구 및 출구의 온도, 그리고 열교환의 양을 결정하였기 때문에 이러한 현상이 열교환기에서 일어난 것처럼 보이게 된 것이다. 물론 흐름 “Out of MR from HE” 의 온도를 강제적으로 고정시키지는 않았지만, 열교환기 내의 다른 흐름인 천연가스가 액화되는 흐름과 냉매가 “MR JP Vlv” 이전까지 냉각되는 흐름이 고정되기에 열교환기 내에서 냉각의 역할을 하는 흐름에서 필요한 냉열의 양을 HYSYS®가 계산할 수 있으며, 이렇게 계산된 냉열의 양을 실현하기 위해선 냉매의 출구 온도가 흐름 “Out of MR from HE” 의 온도가 95.44℃가 되어야 함을 HYSYS®가 계산하였고, 이러한 결과가 그림 3-49와 같이 표현된 것이다.

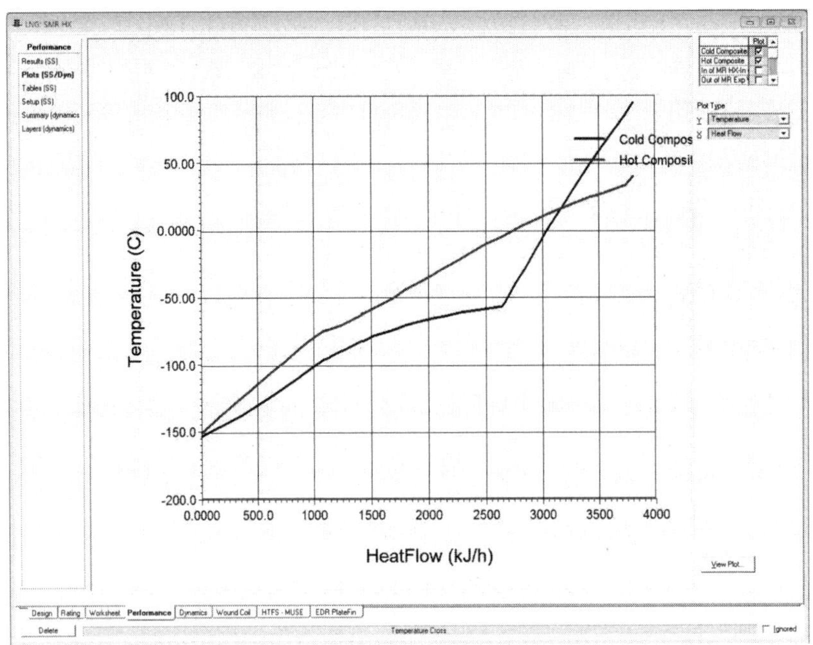

그림 3-49. 완성된 SMR 공정 Simulation의 주열교환기 온도 Profile (최적화작업 필요)

그림 3-49를 분석해 보면, 상대적으로 고온 부분의 냉매 효과가 부족함을 알 수 있다. 이에 따라, 그림 3-45의 최적화 Spreadsheet의 C3 부분의 양을 적당히 그래프의 상태를 보면서 양을 올린다. 우선, 3kg/h를 넣었다가, 4kg/h를 넣었다가, 3.5kg/hr로 결정하면 그림 3-50과 같이 열교환기의 물리적 상태에 문제가 없음을 표시해 준다. 이렇게 된다면 일단 SMR 공정에 대한 현재의 냉매 조성이 현실적으로는 가능하다는 의미이다.

SMR 공정의 최적화를 위한 변수는 혼합냉매 각 성분에 대한 유량, 혼합냉매 압축기의 출구측 압력과 입구측 압력, 그리고 혼합냉매의 저온 온도이지만, 본 최적화 방법에는 혼합냉매의 압축을 130kPascal에서 4,800kPascal로 압축하는 것으로 고정하고, 혼합냉매의 저온 온도를 -152.7℃ (LNG 온도가 -149.6℃로 되기에 이보다 3℃ 낮은 -152.6℃에서 온도 여유 0.1℃로 결정한 값)로 고정하였다. 물론, 공정설계에 따라 혼합냉매의 저온 결정방법은 JT Valve 이전에 저온이된 고압의 혼합냉매가 열교환기에서 나오는 고압의 LNG 온도와 같게 하는 방법도 가능은 하다. 이에 따라, 최적화에 사용되는 변수는 혼합냉매인 N_2, C1, C2, C3 4개 성분에 대한 유량값들이다.

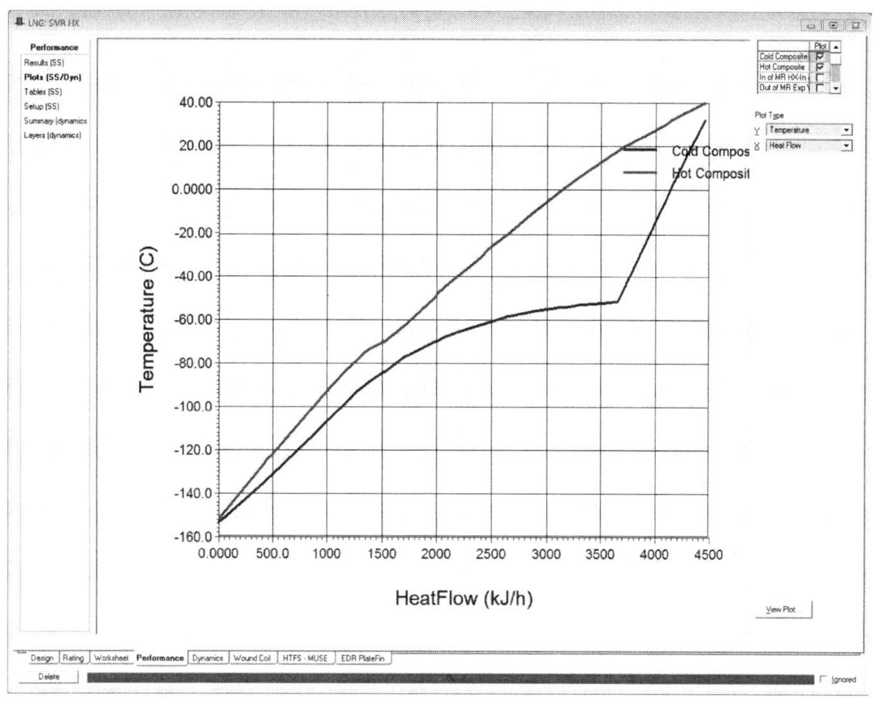

그림 3-50. SMR 공정의 최적화 중간 단계에서의 온도 Profile 표현

그림 3-45의 최적화를 위한 Spreadsheet를 이용하여 최적화를 수행하는데, 그림 3-50의 열교환기 온도 Profile를 관찰하면서 수행한다. 표 3-4에 SMR Cycle의 최적화하는 방법을 예로 보여주었다. 우선 온도 Profile을 보면 다른 부부의 온도보다 저온에서의 온도 차가 더 작음을 알 수 있으며, 이는 저온에 대한 냉매가 부족하다는 뜻이다. 이에 따라 표 3-4의 Step 2처럼 N_2의 양을 0.3kg/h로 올리면 열교환기 내 최소근접 온도가 2.43℃로 상승한다. 온도 Profile에서 -100℃ 근방에서 필요 이상으로 온도차가 크다고 판단되어서, Step 3처럼 C1 성분을 조금씩 줄이면 0.8에서 열교환기 내 최소근접 온도가 3.01℃로 개선됨을 알 수 있다. 하지만, 온도 Profile을 분석하면 -100℃ 근방에서 아직 필요이상으로 온도차가 크다고 판단되며, 이에 따라 C1을 0.7kg/h로 줄인다. 계속해서 Step5에서는 N_2의 양을 미세 조정하면서 열교환기 내 최소근접 온도가 3℃ 이상이 되도록 하는 것이며, 이러한 방법을 통하여 압축기 소요동력을 줄일 수 있다.

표 3-4. SMR Cycle 최적화 방법 예시

	Step 1	Step 2	Step 3	Step 4	Step 5
C3 [kg/h]	3.5	3.5	3.5	3.5	3.5 ⇨
C2 [kg/h]	1	1	1	1	1
C1 [kg/h]	1	1 ⇨	0.8 ⇨	0.7	0.7
N_2 [kg/h]	0.2 ⇨	0.3	0.3	0.3 ⇨	0.306
Min App T [℃]	0.9483	2.4320	3.0110	2.8866	3.0074
압축기 소요동력 [kW]	0.6780	0.6965	0.6369	0.6070	0.6082

앞의 SMR 최적화 방법을 통하여 표 3-4의 Step5처럼 열교환기 내의 최소 온도차를 3℃ 이상으로 유비하며 압축기 소요동력을 0.6082kWh/kg_of_LNG까지 최적화할 수 있었다. 본 SMR에 사용되는 혼합냉매의 성분은 N_2, C1, C2, C3로 4개의 성분이며, 이들의 유량을 조절하면서 최적화를 수행해야 하는데, 어떤 성분을 언제 조절할 수 있는지가 분명하지가 않다. 이러한 문제를 해결하기 위하여, 그림 3-51에서와 같이 X 측은 온도로 또한 Y측은 온도차로 열교환기 내의 온도 구배 곡선을 바꾸고, 이를 분석하면서 최적화를 수행하도록 한다.

그림 3-51은 열교환기 내에서 온도에 따른 Hot stream 조합과 Cold stream 조합의 온도차를 선도로 보여주는 방법으로, 각 온도에서의 온도차를 각 냉매 성분으로 해석하여, 해당 온도의 온도차가 적을 경우 필요한 만큼 냉매를 늘리거나, 해당 온도의 온도차가 클 경우 필요한 만큼 냉매를 줄이는 방법이다.

혼합 냉매의 압력이 4,800kPascal에서 130kPascal로 팽창하는 SMR 공정의 경우 최저온도 부분은 N_2 냉매로, -100℃ 근방은 C1 냉매로, -70℃ 근방은 C2 냉매로, 맨 마지막 고온 부분은 C3 냉매로 조절할 수 있다. 우선 그림 3-51은 표 3-4의 Step5에 대한 열교환기 안에서 온도에 따른 온도차 선도로 일단 고온부의 온도차가 다른 부분에 비하여 매우 크다는 것을 알 수 있으며, 이에 따라 C3의 냉매량을 줄이면, 표 3-5의 step 6인 C3=3.06kg/hr까지 줄일 수 있는데, 물론 온도차는 3℃ 이상을 유지하면서 줄인 값이다.

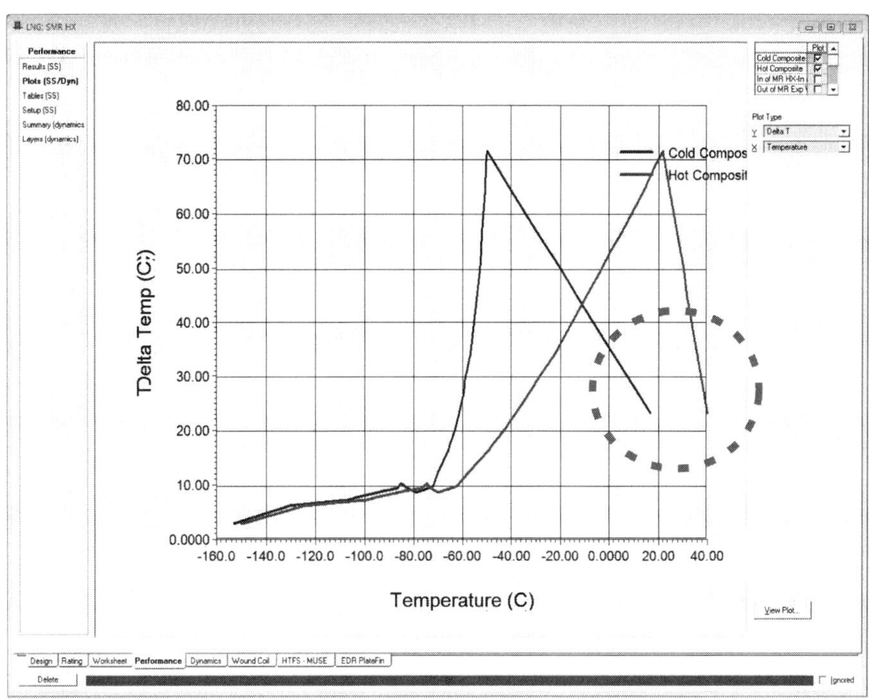

그림 3-51. 열교환기 안에서 온도에 따른 온도차 선도 (C3=3.5kg/h, C2=1kg/h, C1=0.7kg/h, N_2=0.306kg/h의 경우)

표 3-5. SMR Cycle 최적화 방법 예시 2

	Step 6	Step 7	Step 8	Step 9	Step 10	Final
C3 [kg/h]	3.06	3.06 ⇨	3.168	3.168 ⇨	2.978 ⇨	2.905
C2 [kg/h]	1 ⇨	0.55	0.55	0.55	0.55 ⇨	0.554
C1 [kg/h]	0.7	0.7	0.7 ⇨	0.571	0.571 ⇨	0.565
N_2 [kg/h]	0.306	0.306	0.306	0.306	0.306 ⇨	0.243
Min App T [℃]	3.150	-2.403	3.040	3.020	3.079	3.000
압축기 소요동력 [kW]	0.586	0.533	0.538	0.501	0.491	0.474

그림 3-52는 앞의 표 3-5의 Step 6에 대한 열교환기 안에서 온도에 따른 온도차 선도이다. 그림에서 정확하게는 20℃ ~ -50℃ 사이의 온도차가 크다는 것을 알 수 있으나, 이 부분은 해당하는 냉매가 없고, 단지 저온의 C3 냉매가 열교환기 안에서 기체로 증발하는 부분이다. 앞에서 설명하여 듯이 우리가 사용할 수 있는 냉매는 4가지이며, 이 4가지 냉매가 효과적으로 발휘할 수 있는 냉매의 온도 이외의 부분은 사용된 4가지 냉매의 범위를 벗어나므로 최적화의 방법으로 조절할 수 없고, 대신 압력차의 변화 등의 방법으로 해결해야 하지만, 이 역시 용이하지 않다. 즉, 해당 온도이외의 부분에 대해서는 직접적으로 조절할 수 있는 방법이 없다. 물론, 혼합 냉매에 C4와 C5를 섞는 경우도 많지만 여기 예제에서는 N_2, C1, C2, C3의 혼합만을 이용하여 SMR을 구성해 보았기에 이들의 특성만을 고려하여 최적화를 수행한다.

그림 3-52에서 최저온도, 최고온도, 중간의 -100℃, 그리고 -70℃의 온도 차이를 보면 -70℃ 근방의 온도 차이가 비교적 크며, 이에 대한 C2 냉매의 양을 줄일 수 있음을 알 수 있다. C2 냉매의 양을 줄이면 전체적으로 고온부분의 온도도 같이 떨어짐을 온도차 선도에서 나타나며, 이로 인하여 열교환기 최소 온도차도 기준이 3℃ 이내로 떨어지고 더 나아가 음수로까지 바뀔 수도 있으나, 일단 이 부분은 나중에 C3 냉매를 증가시켜서 해결하기로 하고 C2 냉매의 해당 온도인 -70℃ 부분의 온도차가 좁아질 수 있는데 까지 줄여 보면 표 3-5의 Step 7인 C2 = 0.55kg/h까지 줄일 수 있었으며, 이를 기준으로 C3를 늘리면 Step 8 까지 정리할 수 있다.

표 3-5의 Step 8의 상태에서 열교환기 안에서 온도에 따른 온도차 선도를 보면 -100℃ 근방에 온도차 여유가 있으며 이는 C1 냉매의 양을 줄일 수 있다는 의미이다. 열교환기 내의 최소온도차를 유지하며 C1 냉매의 양을 0.571kg/h까지 줄이면 표 3-5의 Step 9가 되며, 이때 다시 고온 부분의 온도차가 벌어져서 C3를 더 줄일 수 있는 기회가 생긴다.

혼합 냉매에서 각 냉매는 자신의 고유 온도 구배부분이 있으나, 표 3-5의 Step 9에서처럼 각 냉매의 변화는 자신의 그 온도 변화뿐이 아니라 전체적인 온도 구배에도 영향을 준다.

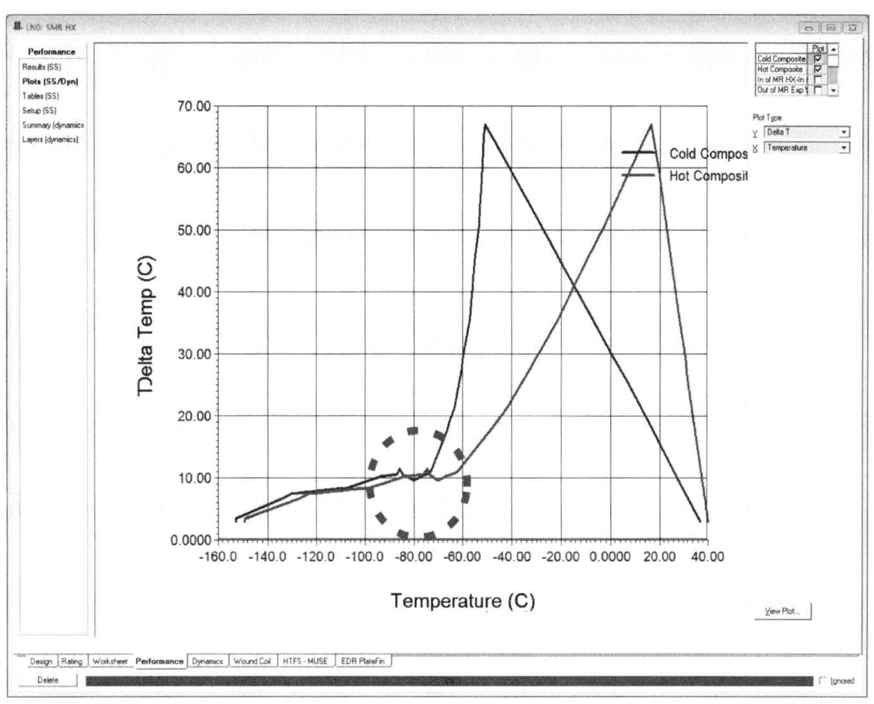

그림 3-52. 열교환기 안에서 온도에 따른 온도차 선도 (C3=3.06kg/h, C2=1kg/h, C1=0.7kg/h, N_2=0.306kg/h의 경우)

이러한 이유로, 특정 냉매에 있어서 자신이 아닌 다른 냉매들의 양들이 많이 줄었지만 전체적인 온도구배의 형태가 유지되었다면, 자신의 냉매도 줄어들 수 있는 기회가 생기는데, 표 3-5의 Step 10번의 경우에서처럼 N_2를 제외한 다른 냉매들이 줄어들었다면 이번에는 N_2의 양을 줄일 수 있을 것이며, 이때 열교환기 최소 온도차가 그 기준을 벗어나도 나중에 다른 냉매로 보완하도록 한다면, 다른 온도차가 그 기준 (3℃ 차이)을 벗어나도 해당 냉매를 줄여볼 수 있다.

표 3-5의 마지막인 Final 부분은 이러한 최적화를 통하여 얻을 수 있는 최적화된 해의 한 결과이다. 그림 3-53은 최적화된 SMR 공정의 열교환기 안에서 온도에 따른 온도차 선도를 나타내었으며, 그림에서 최저온도 부분, 최고 온도 부분, -100℃, -70℃ 근방의 온도차가 전부 3℃에 매우 가깝게 유지되고 있음을 알 수 있다.

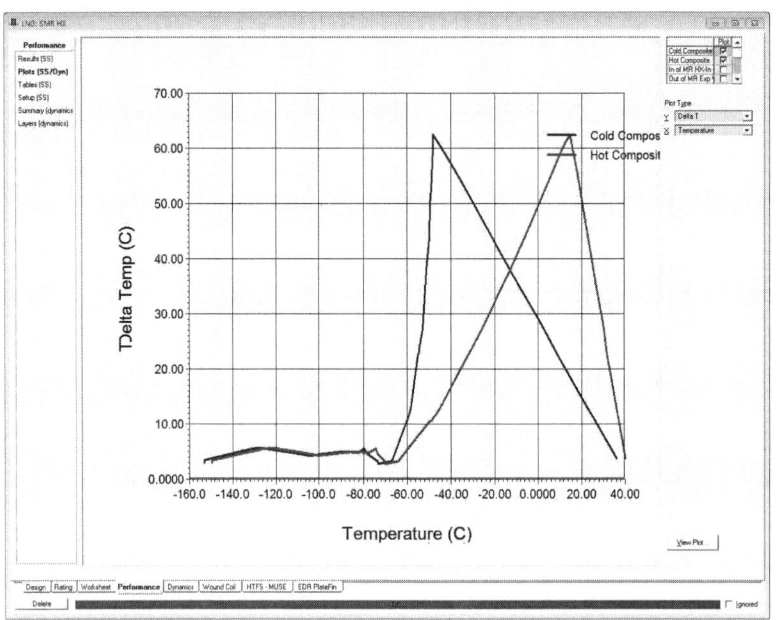

그림 3-53. 최적화된 SMR 공정의 열교환기 안에서 온도에 따른 온도차 선도
(C3=2.905kg/h, C2=0.554kg/h, C1=0.565kg/h, N_2=0.243kg/h의 경우)

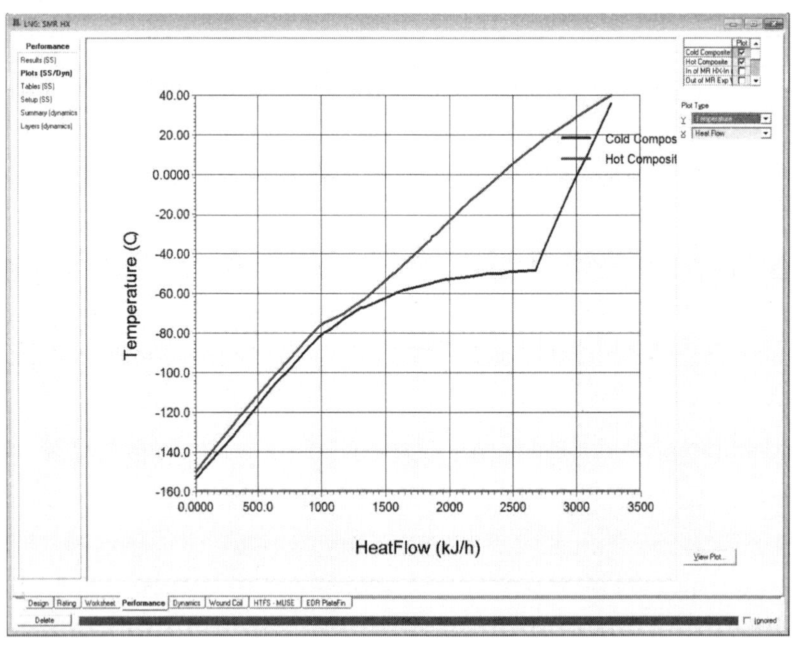

그림 5-54. 최적화된 SMR 공정의 열교환기 안에서 온도에 따른 온도 Profile
(C3=2.905kg/h, C2=0.554kg/h, C1=0.565kg/h, N_2=0.243kg/h의 경우)

CHAPTER 4

천연가스 액화공정

4-1. Optimized Cascade 공정

열역학적 관점에서 그림 2-16에 나타난 것처럼, 기·액 평형의 온도는 일반적으로 온도가 높을수록 압력이 높게 형성되며, 이러한 이유로 냉매 온도는 압력이 낮을수록 더 낮은 평형 온도를 갖게 된다. 증발잠열은 물질의 물리적 변화에 따른 에너지의 유출입이 가장 큰 현상이기에, 냉매가 기상에서 액상 혹은 액상에서 기상으로 변하는 상의 변화에서 그 냉매의 성능이 가장 극대화돼서 발휘된다. 이러한 이유로 냉매는 상온에서 액화되고 원하는 저온에서 기화되어야 좋은 성능을 내는 냉매라 할 수 있으며, 이렇게 하기 위하여 상온에서 액화하는 동안 고압의 상태를 유지하며 저온에서 기화하는 동안 저압의 상태를 유지하도록 압력 사이클을 형성하게 된다.
프로판 냉매의 기·액 평형 조건인 그림 2-16에도 나타나듯이 압력과 온도 관계는 정비례는 아니더라도 비례관계가 있어서, 상대적으로 더 낮은 온도의 저온을 원할 경우 상대적으로 더 낮은 압력으로 기화시키면 된다.
기존의 Cascade공정의 온도 선도를 그림 3-32에 나타내었는데, 그림에서 열을 방출하는 Hot Composite와 열을 흡수하는 Cold Composite가 일정한 온도 차이를 두고 가깝게 붙어야 최적의 효율을 발휘할 수 있음에도 불구하고, 에틸렌과 메탄 냉매 열교환하는 영역을 제외하고는 두 개의 온도 선도가 벌어져 있음을 알 수 있다. 냉매를 JT Valve를 통하여 저온으로 만들 때, 공정의 최저압력 (앞의 프로판의 경우 1.3bar, -36.34℃)까지 가지 않고 중간 정도의 압력만으로 팽창을 시키면 중간 정도로만 온도가 떨어지며, 이러한 냉매로 열교환을 할 경우 두 온도 선도를 더 붙일 수 있는 기회가 생긴다. 또한, 이렇게 중간까지만 압력을 떨어뜨릴 경우, 상온에서의 응축을 위하여 다시 가압함에 있어서도, 중간까지만 팽창하였기에 상대적으로 가압해야 할 그 에너지 양이 줄어 들었다 할 수 있다.

앞장의 그림 3-29 Cascade 공정에서 프로판 사이클을 먼저 구성하겠다. 프로판 냉매로 만들 수 있는 가장 낮은 온도는 1.3bar에 대한 -36.34℃ 이다. 기존에는 이 온도까지 낮추는데 필요한 압력 및 온도를 1단계로 하였지만 효율을 위하여 이를 3단계로 하여 구성하겠다.

우선, 그림 4-1과 같이 일반적인 냉매 압축 공정을 이용하여 천연가스를 16℃까지 낮추는 프로판 냉매 공정의 1단을 구성하였다. 물론, 나중에 최적화 작업을 통하여 16℃는 다시 결정되게 된다. 이전의 방법과 다른 부분은 냉매를 응축하고 팽창하고 액체를 분리하여 만들어진 저온의 냉매 전부로 천연가스를 냉각하는데, 이러한 액체 냉매 중 일부를 분리하여 이를 다음 단계의 냉매사이클에 사용할 수 있게 하는 형태에 있다.

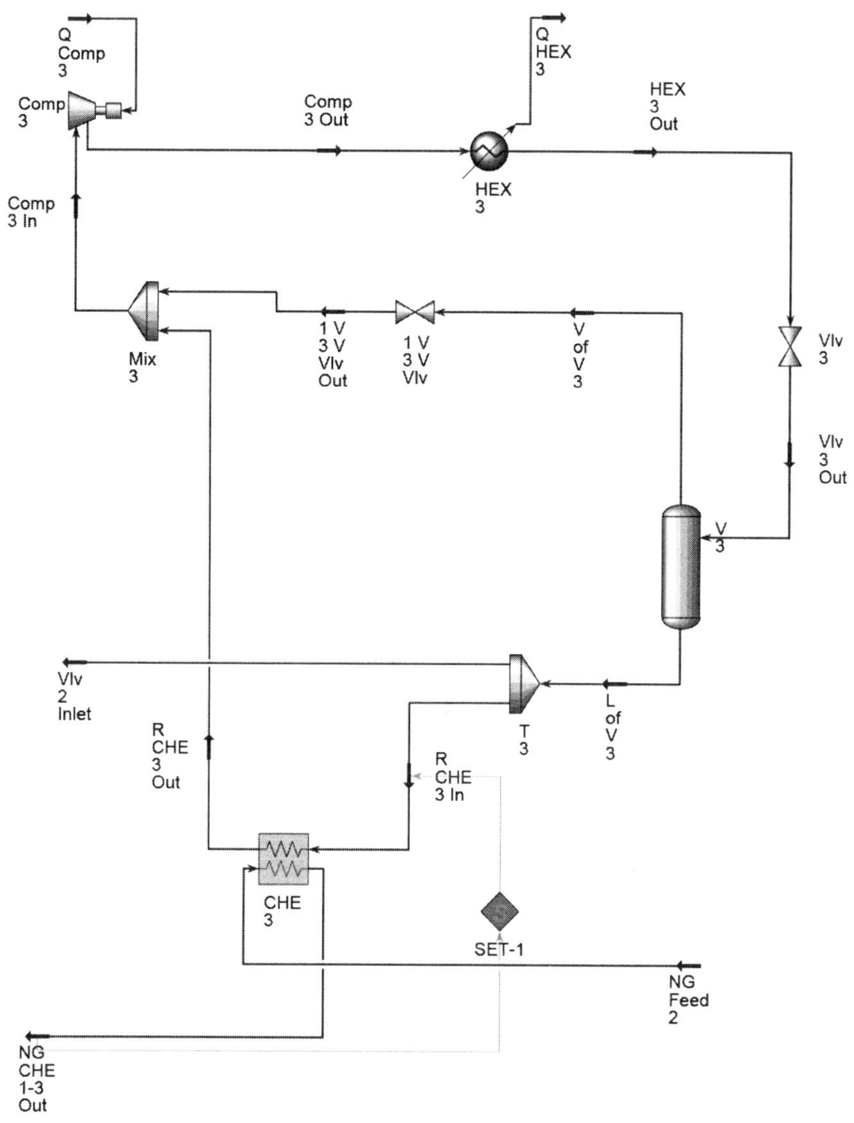

그림 4-1. Optimized Cascade 공정에서 프로판 냉매 공정의 1단 구성

그림 4-2에 구성된 프로판 냉매사이클의 첫 번째 냉동사이클의 압력값들을 표시하였고, 그림 4-3에 이에 대한 온도값들, 그리고 그림 4-4에 이에 대한 유량을 표시하였다.

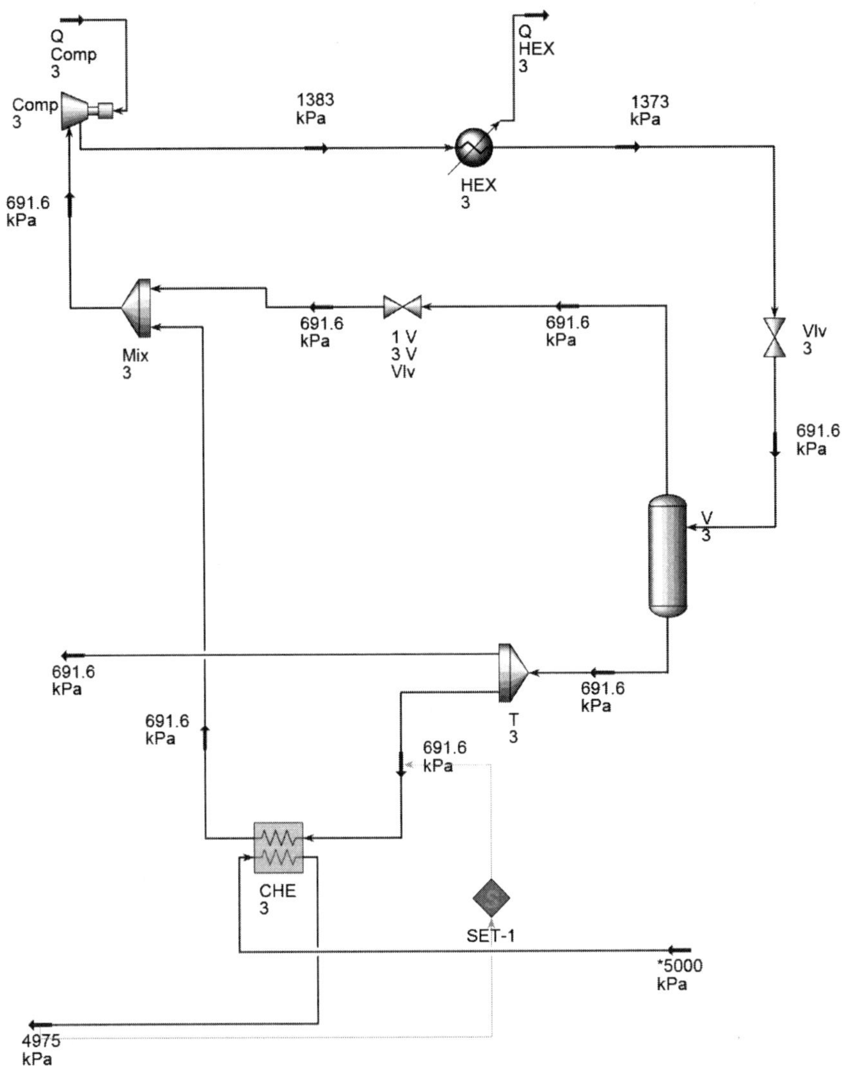

그림 4-2. Optimized Cascade 공정에서 프로판 냉매 공정 1단 구성의 압력값들

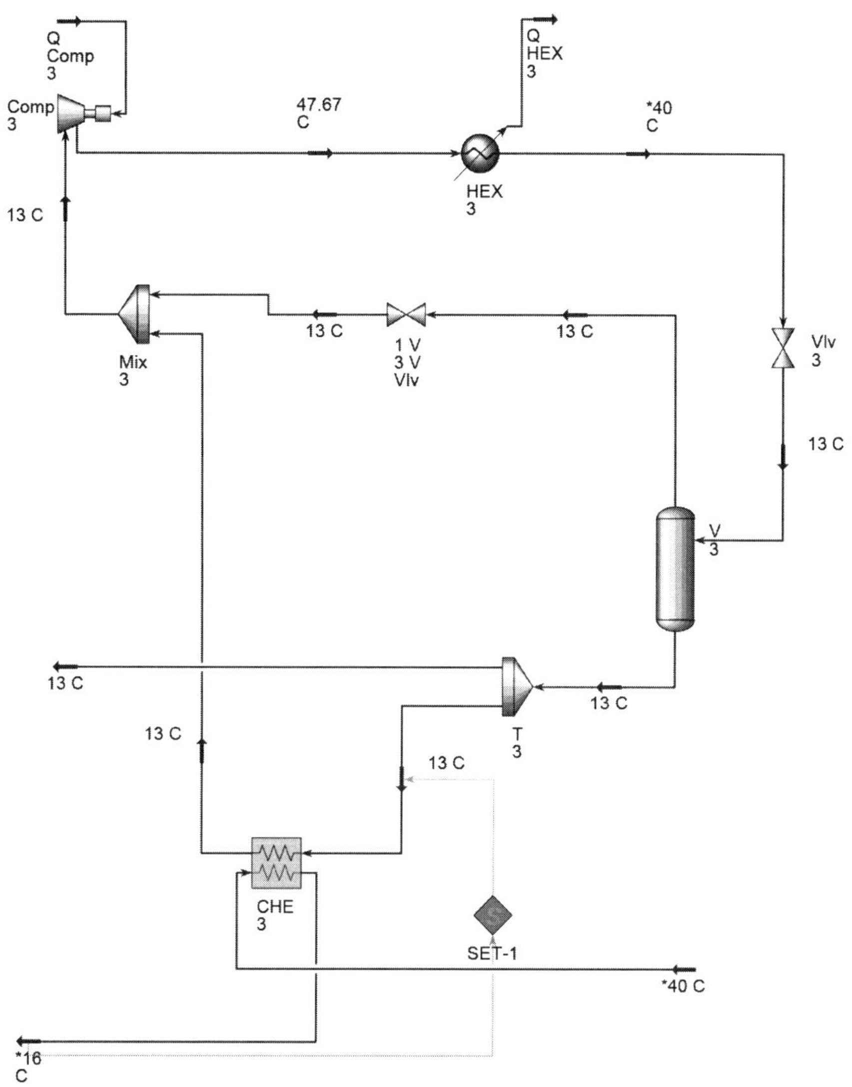

그림 4-3. Optimized Cascade 공정에서 프로판 냉매 공정 1단 구성의 온도값들

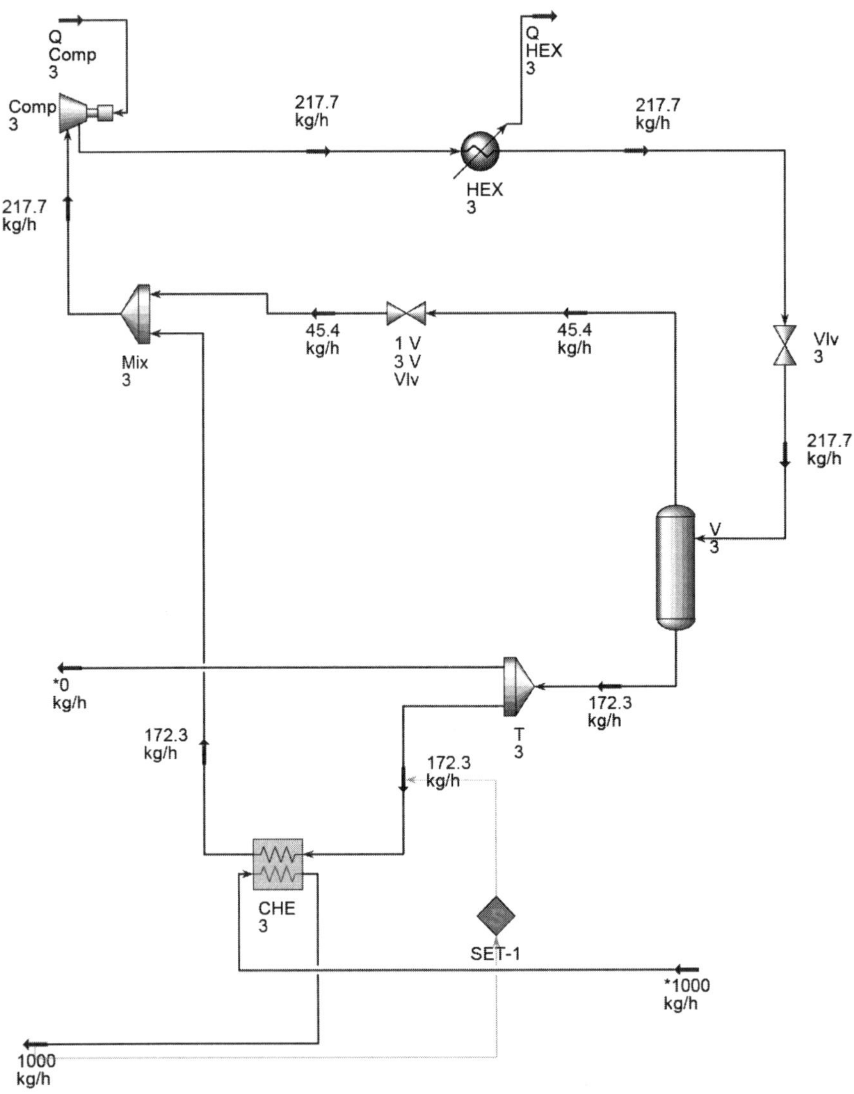

그림 4-4. Optimized Cascade 공정에서 프로판 냉매 공정 1단 구성의 유량값들

다음 단계의 냉매사이클에서는 앞에서 설명한 프로판 냉매사이클의 첫 번째 냉동사이클에서 분리된 액체 냉매 중의 일부를 사용한다. 그림 4-1의 분리된 일부 냉매인 "Vlv2 Inlet" 를 다음의 더 낮은 온도에 사용하는데, 이를 더 낮은 온도로 팽창하여 다음 단계에서 사용하는 것이다. 다음 단계에서 더 낮은 압력으로 팽창된 냉매는 첫 단에서처럼 다시 기·액 분리로 액체 냉매를 분리하여 첫 단처럼 냉매로 사용하는 방법이다.

사용된 냉매는 압축을 한 이후에 필요시 냉각하고, 이전 단계에서 사용된 냉매와 혼합되어 이전 단계의 압축기로 유입된다. 본 프로판 냉매사이클의 두 번째 냉동사이클에서는 천연가스를 -10℃까지 떨어뜨리는 형태로 구성을 하였으며, 압축기 이후의 냉매가 대기의 온도보다 낮았기에 대기와의 냉각은 없었다.

계속해서 프로판 냉매의 3단 압축 시스템을 완성하면 그림 4-5와 같이 된다. 그림에서 오른쪽이 첫 단이며 왼쪽으로 2단 및 3단 압축 시스템이 구성된다. 마지막 3단계는 이전 2단계와 같은 방법으로 구성을 하지만, 그림에서 보이듯이 몇 가지 다른 점이 있다. 우선, 다음 단계가 없으므로 액체 냉매로 분리한 이후 이를 다시 분리할 필요가 없다. 다음은 완성된 열교환기에 하나의 Hot 흐름을 더 만들어서 이를 다음 냉매 단계인 에틸렌 냉매를 응축시키는데 사용한다. 일단, 에틸렌 냉매가 지나가는 흐름의 양을 모르기에 그 양은 0으로 정리한다. 또한, 냉매의 온도는 냉매의 최저 압력인 1.3bar로 결정하여 온도가 -36.34℃로 된다.

그림 4-6에 구성된 Optimized Cascade 공정에서 프로판 냉매 시스템의 압력을 표시하였고, 그림 4-7에 온도값들, 그리고 그림 4-8에는 유량값들을 표시하였다.

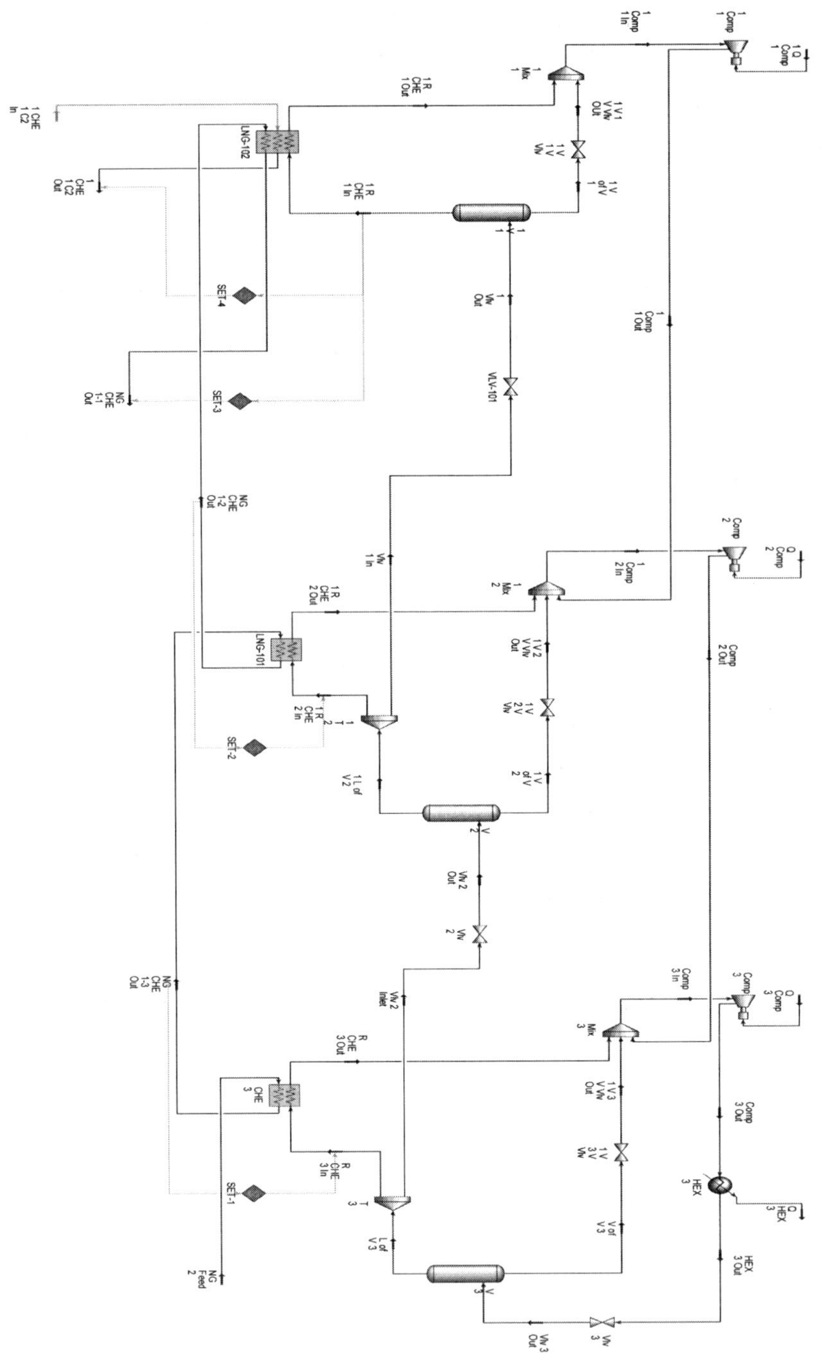

그림 4-5. Optimized Cascade 공정에서 완성된 프로판 냉매 총 3단 압축 시스템 공정

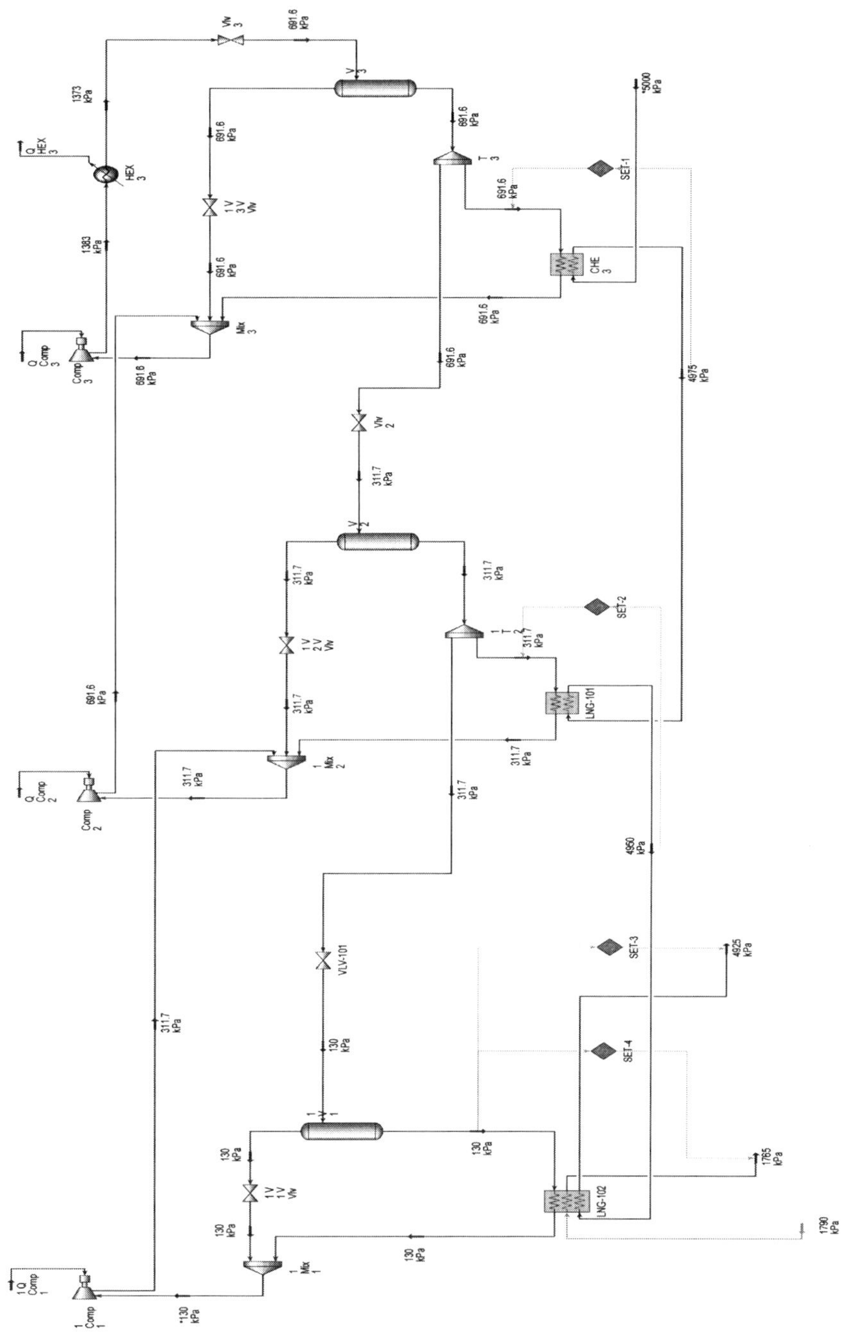

그림 4-6. Optimized Cascade 공정에서 프로판 냉매 공정의 완성된 3단 압축 시스템에 대한 압력 값

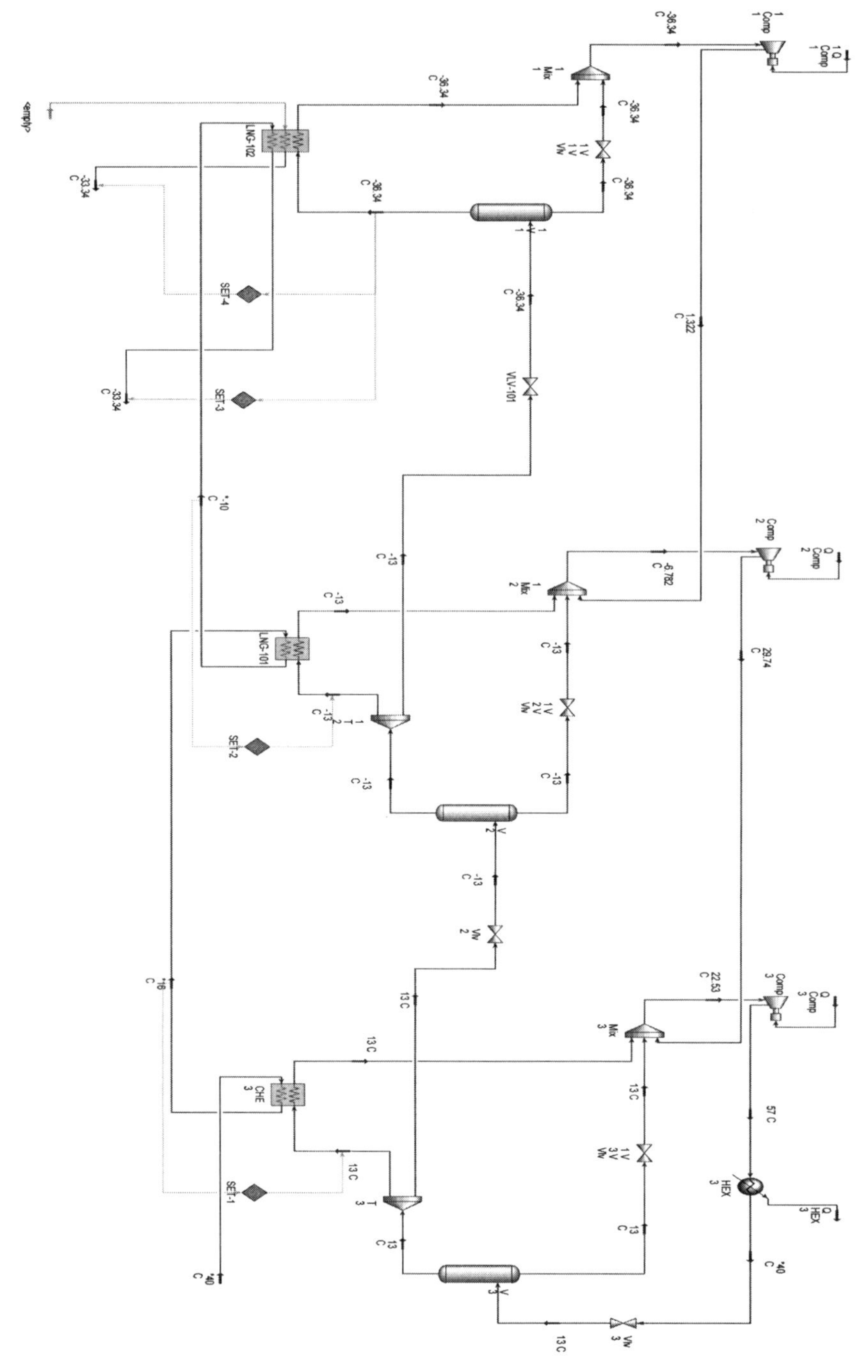

그림 4-7. Optimized Cascade 공정에서 프로판 냉매 공정의 완성된 3단 압축 시스템에 대한 온도 값

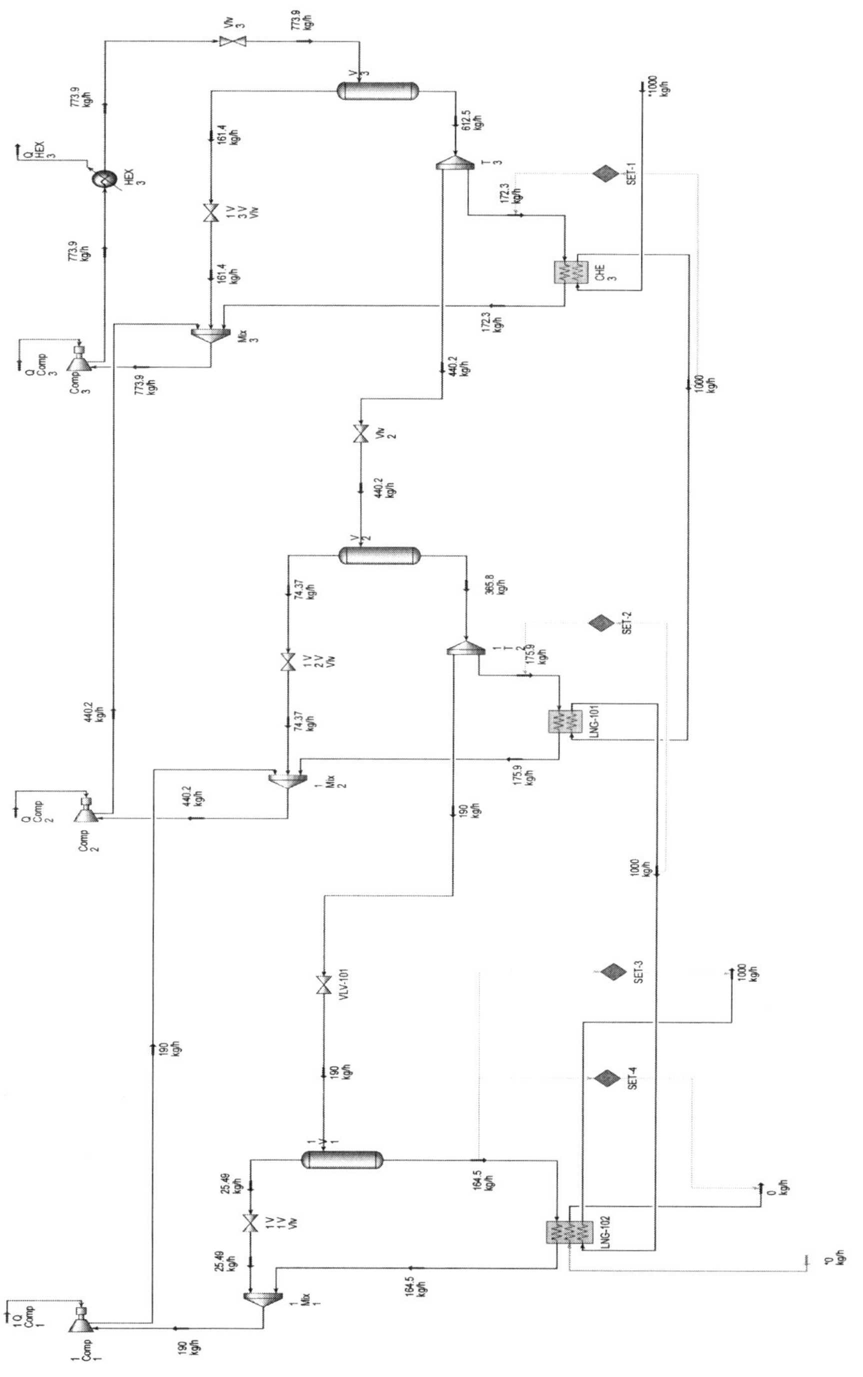

그림 4-8. Optimized Cascade 공정에서 프로판 냉매 공정의 완성된 3단 압축 시스템에 대한 유량 값

계속해서 완성된 Optimized Cascade 공정의 프로판 냉매 공정에 그 다음 냉매 공정인 에틸렌 공정을 연결해야 한다. 그림 4-5에서 준비된 에틸렌 냉매 흐름은 에틸렌을 응축하기 위한 연결이다. 에틸렌 냉매를 압축한 이후 대기(혹은 냉각수)와의 냉각을 통하여 에틸렌을 응축을 해야 하나, 에틸렌 냉매는 아무리 고압으로 가압을 하더라도 상온에서 액체화되지 않는다. 그렇기 때문에 프로판 냉매를 이용하여 에틸렌 냉매를 응축해야 하며, 효율을 위하여 가압된 에틸렌을 대기와의 냉각이후에 프로판 열교한기를 통하여 응축의 온도까지 냉각하게 된다. 즉, 프로판 열교환기를 떠나는 에틸렌 냉매의 조건 중에 온도는 프로판 냉매의 온도에 의하여 결정(프로판 냉매 온도보다 3℃ 높은 온도)되며, 이러한 온도에서 액체 상태의 기·액 평형이 되는 압력이 에틸렌 냉매의 압력 조건이 된다. 에틸렌 냉매 흐름의 조성은 순수 에틸렌[1]이며 온도와 압력이 결정된 상태이기에 단지 유량만 결정되면 된다.

Optimized Cascade 공정에서 에틸렌 냉매사이클의 구조 역시 프로판 냉매사이클과 유사하다. 단지, 에틸렌 냉매를 응축하기 위하여 프로판 냉매를 부가적으로 사용하였을 뿐이다. 그림 4-9에 완성된 Optimized Cascade 공정에서의 프로판 냉매사이클을 포함한 에틸렌 냉매사이클을 표시하였다. 천연가스가 온도에 따라 액화되는데 필요한 냉열의 양을 보여주는 앞의 그림 3-1에 따르면 천연가스의 냉각 곡선은 에틸렌의 냉매 온도 범위 안에서 변곡점을 보여주며, 이러한 이유로 천연가스 에틸렌 냉매사이클은 일반적으로 단지 2단으로만 구성해도 된다.

에틸렌의 중간 온도를 결정하기 위해서는 그 기준이 되는 천연가스가 중간에 냉각되는 온도를 결정해야 하는데, 결정된 온도는 최적화 단계에서 바뀔 수가 있기에 임시적으로 냉매사이클 내에서 에틸렌 냉매의 최저온도와 최고 온도의 중간 값 정도인 -65℃로 결정하고 공정 구성을 진행하였다.

1) 실제 공정에선 다소 불순물이 있을 수 있음

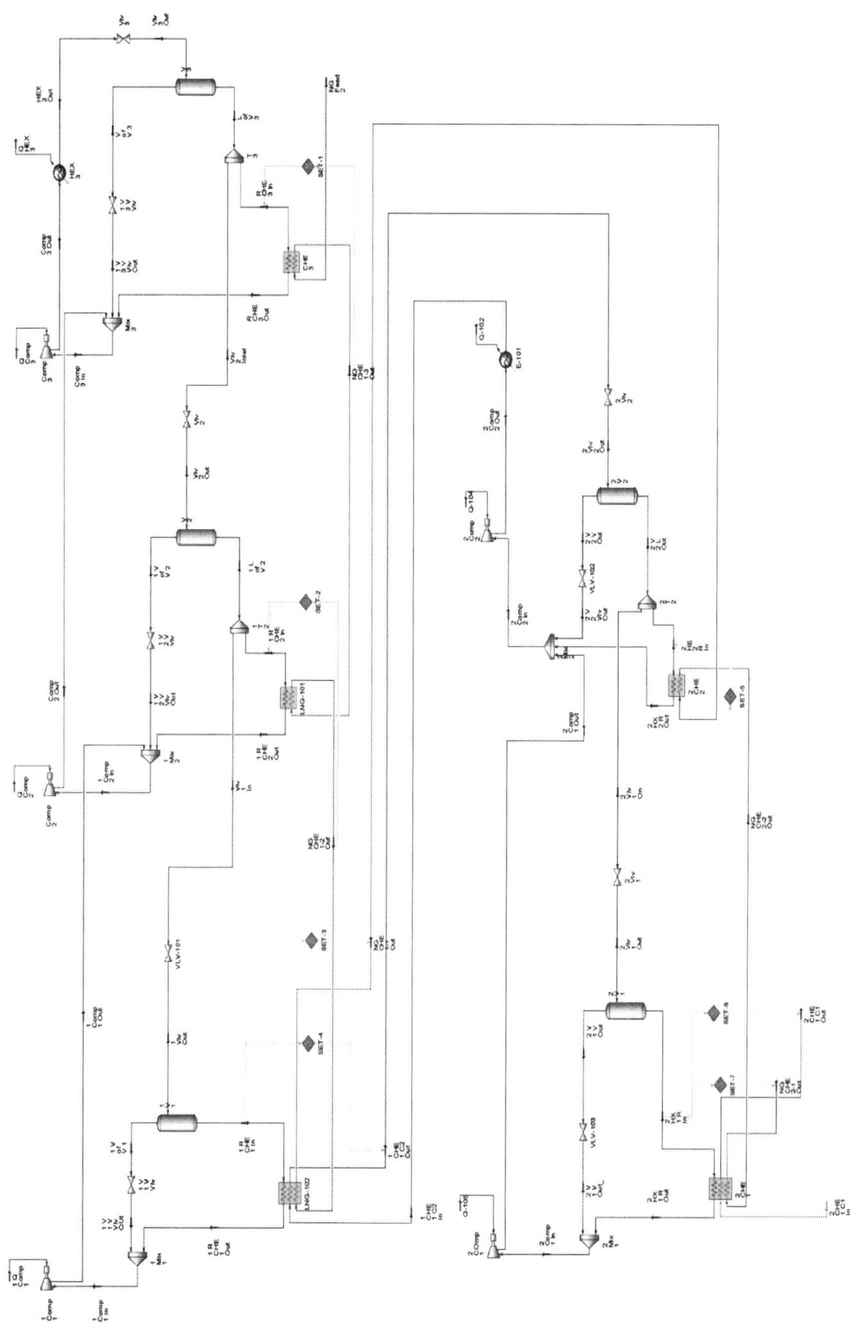

그림 4-9. Optimized Cascade 공정의 프로판 냉매 및 이와 연결된 에틸렌 냉매 압축 시스템 (확대 그림 별도 첨부)

계속해서 메탄 냉매사이클까지 구성하여 그림 4-10과 같이 Optimized Cascade 공정의 기본 구조를 완성한다. 메탄 냉매사이클은 3단으로 구성하였다.

메탄 냉매의 최저압인 압축기 “3 comp 1” 로 유입되는 압력은 나중에 생산되는 LNG의 온도에 따라 정확히 결정되지만, 일단 앞의 에틸렌과 프로판에서처럼 1.3bar로 결정한다. 열교환기를 떠나는 천연가스는 아직 고압의 상태이며 이를 천연가스 JT Valve를 통하여 탱크 저장압력인 1.209bar까지 낮추게 되며, 이때 액화되는 정도를 결정하면 그 상태의 온도도 결정되게 되는데, 액화될 때 기체의 비를 0.08로 결정하였다면 (천연가스 feed 양의 8% 정도를 연료로 사용하겠다는 의미가 될 수 있음), 이는 JT Valve를 통과한 이후에 LNG가 0.92 비율로 됨을 의미한다. 이에 따라 천연가스가 JT Valve를 통과한 이후의 온도가 결정되면 JT Valve 이전의 온도 조건도 계산되어 진다.

메탄 냉매사이클에서 천연가스는 약 -97℃로 들어와서 약 -150℃로 나가기 때문에 이 값들을 이용하여 메탄 냉동사이클의 압축단 및 압축비를 결정할 천연가스의 중간 온도를 결정할 수 있는데, 메탄의 3단 압축기에서 2개 천연가스 중간 온도인 -114℃와 -132℃로 일단 결정하고 나중에 이 온도에 대한 최적화를 수행한다.

이와 같이 메탄 냉매사이클을 통과하는 천연가스의 조건을 결정하고 나면, Optimized Cascade 공정에서 천연가스 흐름 전체의 온도 및 압력 조건을 결정할 수 있다.

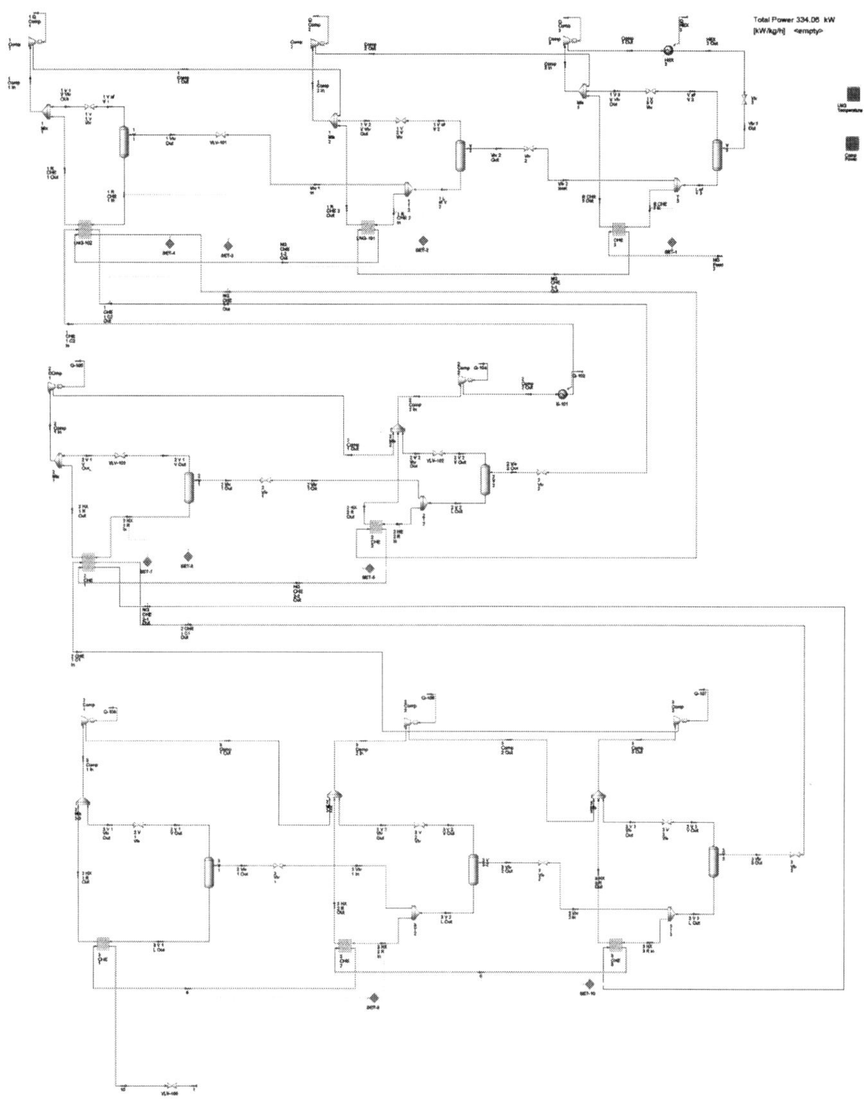

그림 4-10. Optimized Cascade 공정의 프로판, 에틸렌, 메탄 냉매 압축 시스템 (확대 그림 별도 첨부)

구성된 Optimized Cascade 공정의 프로판, 에틸렌, 메탄 냉매 압축 시스템의 압력, 온도, 유량값들을 그림 4-11, 4-12, 4-13에 표시하였다.

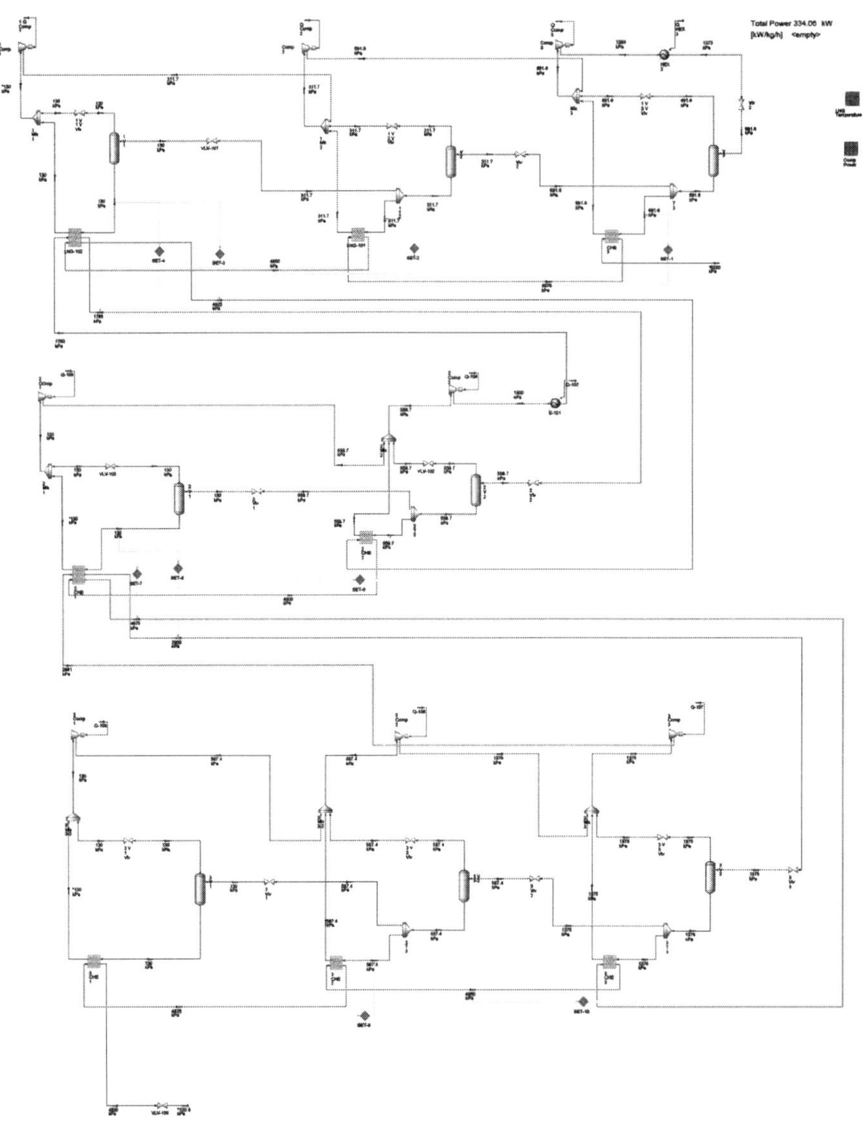

그림 4-11. Optimized Cascade 공정의 프로판, 에틸렌, 메탄 냉매 압축 시스템에 대한 압력 값 (확대 그림 별도 첨부)

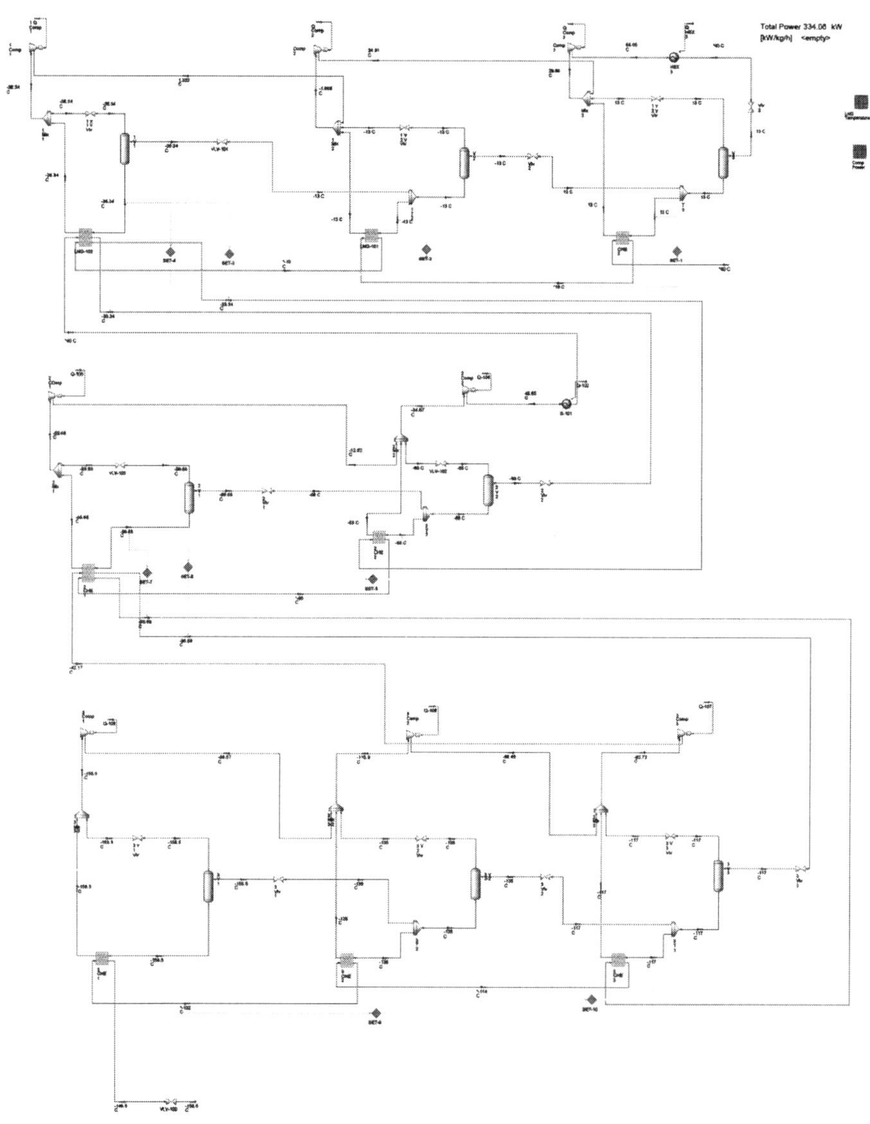

그림 4-12. Optimized Cascade 공정의 프로판, 에틸렌, 메탄 냉매 압축 시스템에 대한 온도 값 (확대 그림 별도 첨부)

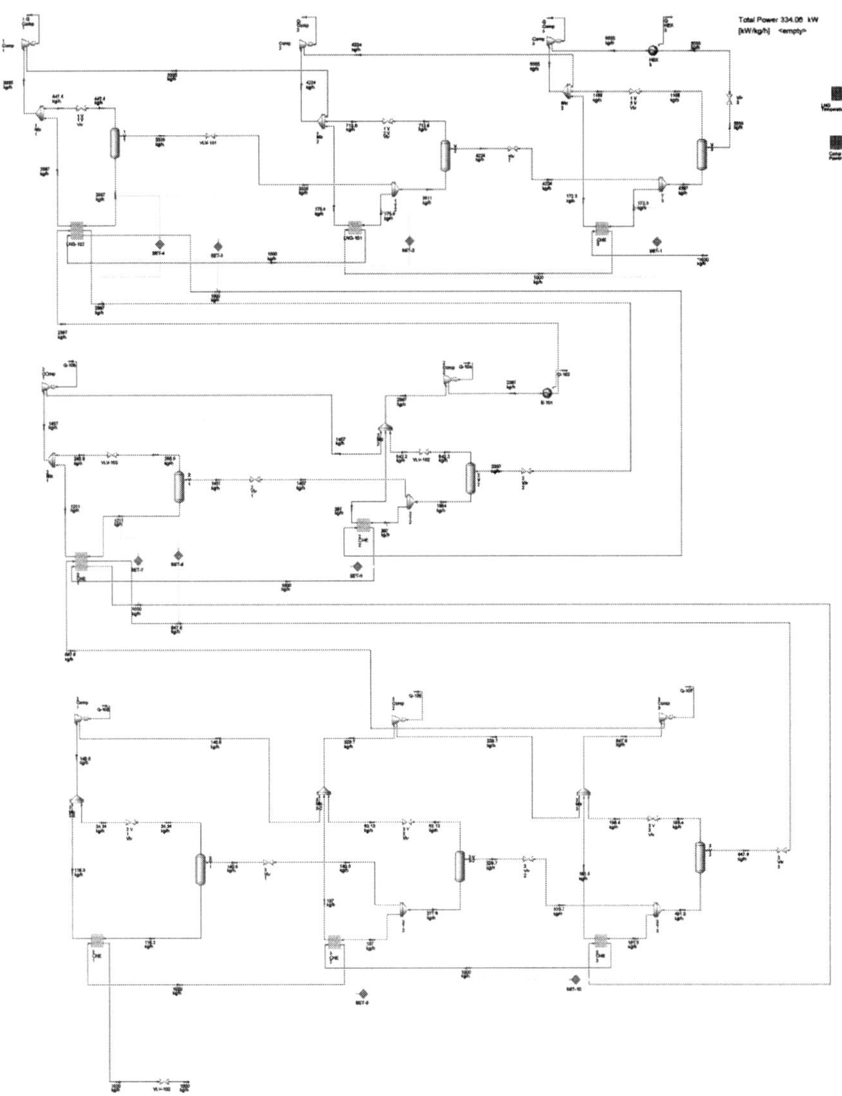

그림 4-13. Optimized Cascade 공정의 프로판, 에틸렌, 메탄 냉매 압축 시스템에 대한 유량 값 (확대 그림 별도 첨부)

Optimized Cascade 공정의 메탄 냉매의 가장 마지막 냉동 사이클인 메탄 사이클의 온도를 공정상 가장 낮은 압력인 1.3bar의 -158.5℃(흐름 "3 HX 1 R Out")로 결정하기에는 천연가스의 온도가 다소 높은 편인 -149.5℃(흐름 "10")이기에, 흐름 "3 HX 1 R Out" (실제적으로 구현은 흐름 "3 V 1 L Out" 에서 결정하였음)의 압력 결정을 지우고, 온도를 흐름 “10” 보다 3℃ 낮게 SET-6를 이용하여 결정한다.

액화된 천연가스를 기체와 액체로 분리하여 액체는 LNG 저장탱크로 보낼 수 있도록 공정을 구성하면 그림 4-14와 같이 Optimized Cascade 공정이 완성된다. 여기서, 분리된 기체는 LNG플랜트에서 연료로 사용된다.

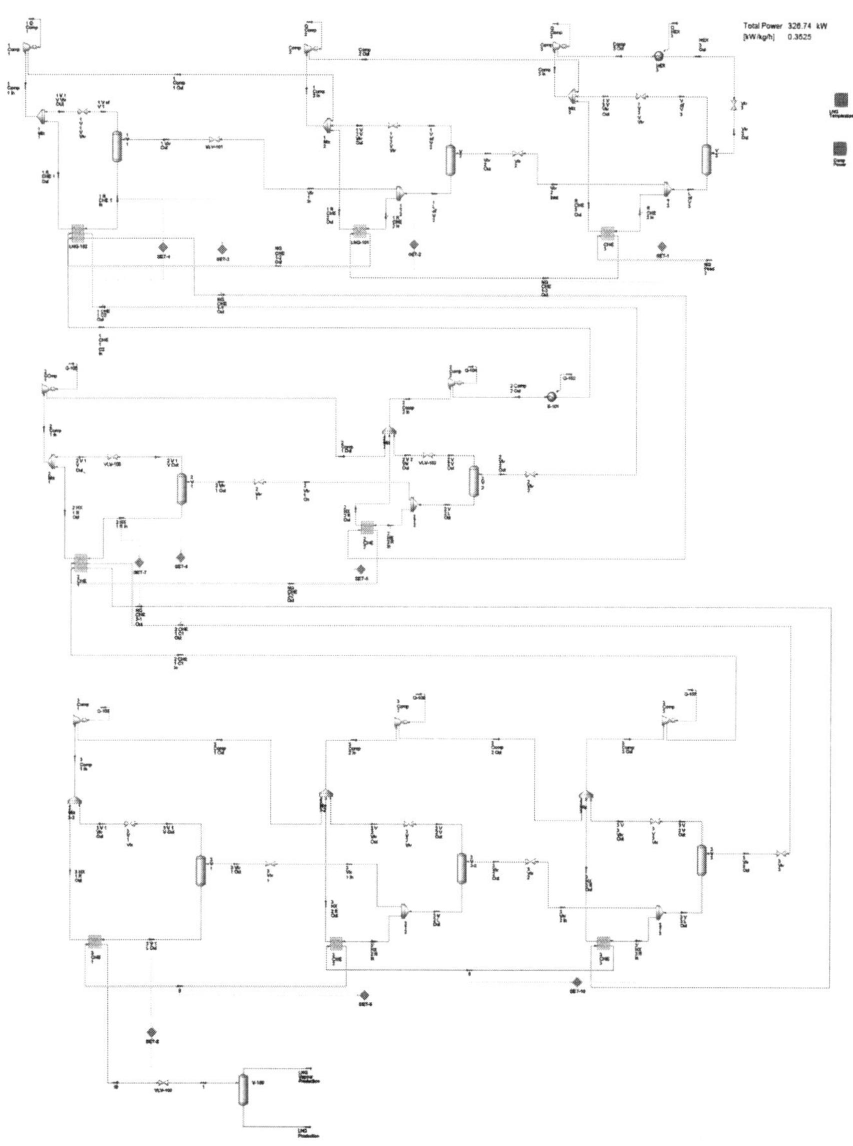

그림 4-14. 완성된 Optimized Cascade 공정 (확대 그림 별도 첨부)

그림 4-14와 같이 Optimized Cascade 공정의 구조는 완성되었지만, 아직 메탄, 에틸렌, 프로판 냉매 공정 안에 있는 각 압축단의 최적화는 완성되지 않은 상태이다. Optimized Cascade 공정을 구성하면서 설정하였던 천연가스의 중간 온도값들을 변동시키며 압축기 소요동력이 최소가 되는 값으로 찾아야 한다.

Optimized Cascade 공정의 소요동력 최적화를 위해서는 목적 값인 소요동력을 계산해야 한다. 소요동력은 메탄, 에틸렌, 프로판 냉매의 압축기 동력 값들을 합해야 하며, 메탄에는 3개의 압축기가 있으며, 에틸렌과 프로판에는 각각 2개 그리고 3개의 압축기가 있기에 총 8개의 압축기가 Optimized Cascade 공정에 있다. 이들 압축기의 소요동력의 총합을 계산하기 위해서는 Spreadsheet를 준비하고 그림 4-15와 같이 각 압축기들의 소요동력들을 Link 시키고, 그 합을 계산한다.

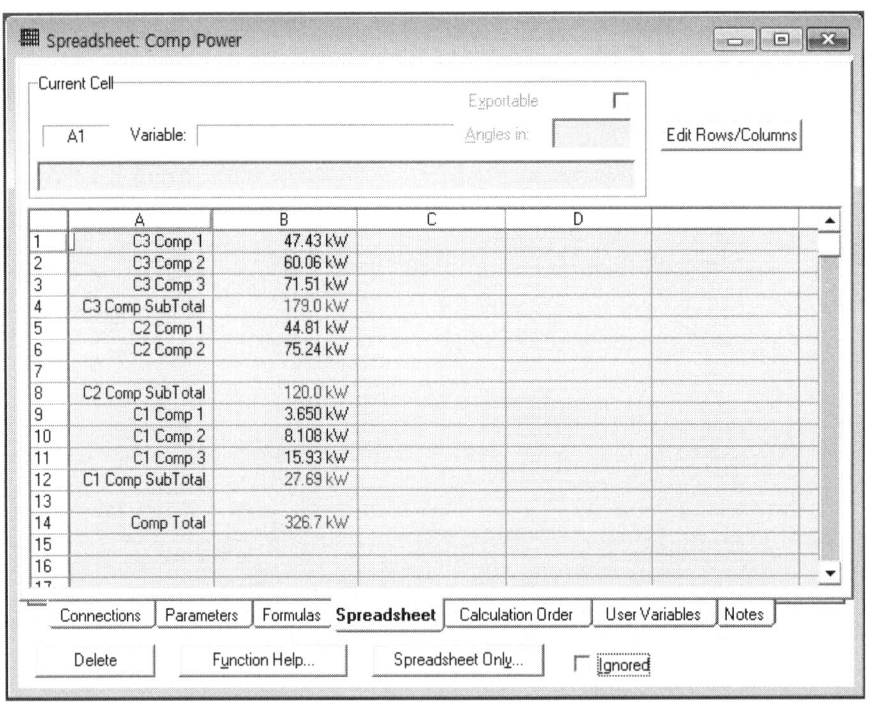

	A	B	C	D
1	C3 Comp 1	47.43 kW		
2	C3 Comp 2	60.06 kW		
3	C3 Comp 3	71.51 kW		
4	C3 Comp SubTotal	179.0 kW		
5	C2 Comp 1	44.81 kW		
6	C2 Comp 2	75.24 kW		
7				
8	C2 Comp SubTotal	120.0 kW		
9	C1 Comp 1	3.650 kW		
10	C1 Comp 2	8.108 kW		
11	C1 Comp 3	15.93 kW		
12	C1 Comp SubTotal	27.69 kW		
13				
14	Comp Total	326.7 kW		
15				
16				

그림 4-15. Optimized Cascade 공정의 프로판, 에틸렌, 메탄 냉매 압축 시스템에 대한 압축기 소요동력 값 계산을 위한 Spreadsheet

Optimized Cascade 공정의 최적화는 소요동력 대비 액화량을 최대화하는 방법인데, 주어진 액화량이 천연가스의 Feed 대비 92%로 고정한 상태이므로, 현 상태에서는 소요동력을 줄이는 것이 소요동력 대비 액화량을 최대화하는 방법이 된다. Optimized Cascade 공정에서는 압축기 전체 소요동력이 줄어드는 양을 검토하면서 천연가스 냉각 온도들을 조정하는 방법이다.

그림 4-16에서와 같이 새로운 Spreadsheet를 만들어서 천연가스 냉각 온도들을 연결시킨다. 우선 천연가스의 인입 온도로 "NG Feed 2" 의 온도를 B1에 연결하면 40℃로 표현된다. 다음으로 "NG CHE 1-3 Out" , "NG CHE 1-2 Out" , 그리고 "NG CHE 1-1 Out" 흐름 온도를 Spreadsheet에 연결하면 그림 4-16의 B2, B3, B4와 같이 표현된다.

계속해서 에틸렌과 메탄 냉매의 냉동 사이클에서의 천연가스 온도들을 연결하면 그림 4-16의 B12까지 완성된다. B14에 천연가스가 액화된 "LNG Production" 의 양을 연결하고, B15에는 전체 압축기 소요 동력량을 표시하는데, 이 값은 앞에서 만든 그림 4-15의 전체 압축기 소요 동력 값인 B14의 값을 연결한다. 또한, B16에는 전체 압축기 동력을 생산되는 LNG양으로 나눈 값, 즉 단위 LNG 생산(kg/h)을 위한 필요 동력 값을 표기한다.

그림 4-16과 같이 만들어진 온도 Spreadsheet에서 사용될 수 있는 최적화 변수는 B2, B3, B7, B10, B11인 5개이며, 이러한 온도를 변경하여 얻으려는 목적 함수는 B16의 최소값이며, 이는 B15의 최소값이기도 하다.

Optimized Cascade 공정은 쉽게 손으로 최적화할 수 있다. 그림 4-16의 Spreadsheet를 사용하여 최적화를 수행하는데, 우선 프로판 냉매의 중간 온도 2개인 B2와 B3의 값을 구하도록 한다. B2 값을 B15의 값이 최소값이 되도록 바꿔 본다. B2 값은 16℃~19℃에서 B15가 비슷한 최소값인 326.7kW를 보이며, 이중 가운데 값인 17℃를 선택해 본다. 계속해서 B3, B7, B10, B11 값을 찾으면 그림 4-17과 같이 최적의 온도 상태를 찾을 수 있다.

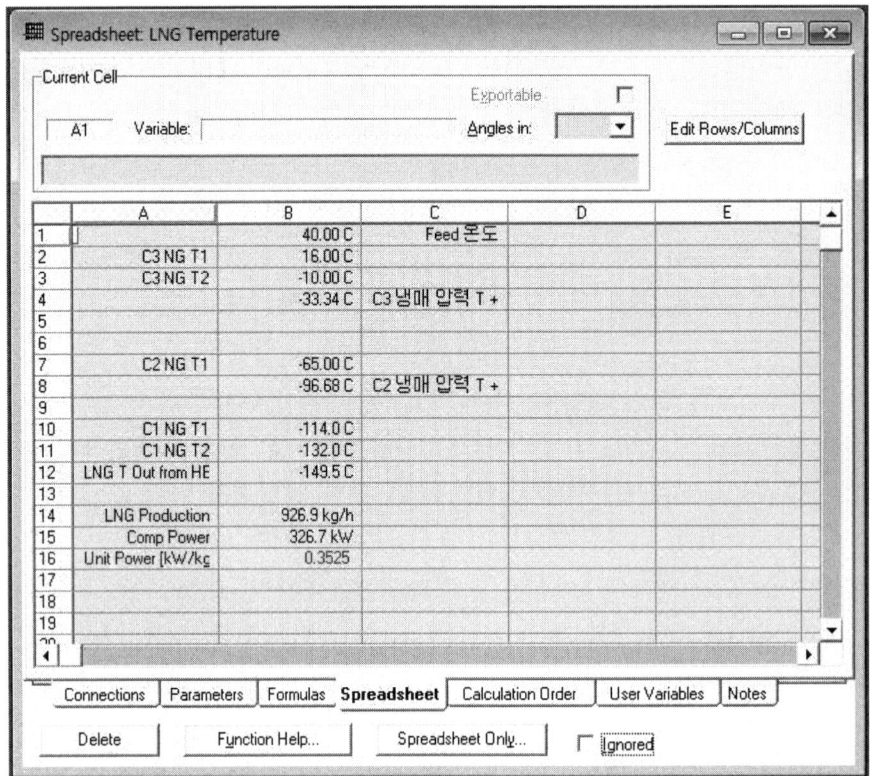

	A	B	C	D	E
1		40.00 C	Feed 온도		
2	C3 NG T1	16.00 C			
3	C3 NG T2	-10.00 C			
4		-33.34 C	C3 냉매 압력 T +		
5					
6					
7	C2 NG T1	-65.00 C			
8		-96.68 C	C2 냉매 압력 T +		
9					
10	C1 NG T1	-114.0 C			
11	C1 NG T2	-132.0 C			
12	LNG T Out from HE	-149.5 C			
13					
14	LNG Production	926.9 kg/h			
15	Comp Power	326.7 kW			
16	Unit Power [kW/kg	0.3525			
17					
18					
19					

그림 4-16. Optimized Cascade 공정의 공정 최적화를 위한 프로판, 에틸렌, 메탄 냉매의 온도 값 Spreadsheet

최적화된 Optimized Cascade 공정에서 프로판 냉매에 의하여 냉각되는 천연가스의 온도는 40℃에서부터 17℃, -9℃, -33.34℃로 되며, 에틸렌 냉매를 이용하면 천연가스는 이 온도로 부터 -75℃, 그리고 -96.68℃로 된다. 계속해서 메탄 냉매로는 -113℃, -132℃로 되며, 최종적으로 -149.5℃로 액화된다. 이러한 온도 구배를 갖는 Optimized Cascade 공정은 1kg의 LNG를 액화시키는데 344.2Wh의 소요동력이 필요한 것이다.

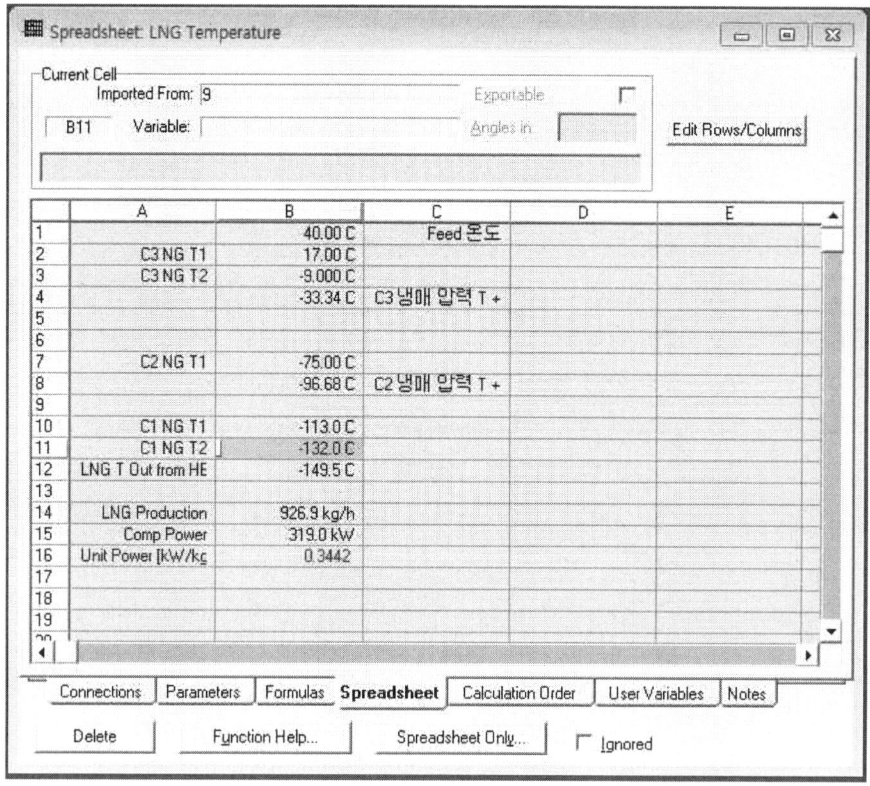

	A	B	C	D	E
1		40.00 C	Feed 온도		
2	C3 NG T1	17.00 C			
3	C3 NG T2	-9.000 C			
4		-33.34 C	C3 냉매 압력 T +		
5					
6					
7	C2 NG T1	-75.00 C			
8		-96.68 C	C2 냉매 압력 T +		
9					
10	C1 NG T1	-113.0 C			
11	C1 NG T2	-132.0 C			
12	LNG T Out from HE	-149.5 C			
13					
14	LNG Production	926.9 kg/h			
15	Comp Power	319.0 kW			
16	Unit Power [kW/kg	0.3442			
17					
18					
19					

그림 4-17. Optimized Cascade 공정에서 최적화된 프로판, 에틸렌, 메탄 냉매의 온도 값

4-2. 기액분리기가 있는 SMR 공정

4-2-1. 기액분리기가 있는 SMR 공정 기본

혼합냉매를 사용하는 천연가스 액화공정 중에서, 단 하나의 혼합냉매를 사용하는 공정을 SMR (Single Mixed Refrigerant) 공정이라 한다. 앞장의 그림 3-33에 아주 단순화된 기본적인 SMR 공정 구조를 나타내었다. 또한, 공정의 효율을 위하여 이러한 기본적 SMR 공정에 그림 4-18과 같이 기액분리기를 설치할 수도 있다(특허 p-1). 그림에서 압축된 MR (혼합냉매: Mixed Refrigerant)은 냉각기를 거쳐서 기체와 액체로 분리되는데, 기체 냉매는 상대적으로 가벼운 조성을 더 갖고 있고, 액체 냉매는 상대적으로 무거운 조성을 더 갖고 있게 된다. 액화공정의 효율을

위하여 냉매가 기체와 액체로 분리되는 공정은 많이 있으며, 이때 분리되는 액체 냉매를 HK (Heavy Key), 그리고 기체 냉매를 LK(Light Key)라 부르게 된다 (a-1). 냉동시스템은 냉매의 현열 혹은 잠열에 의하여 공정은 냉각되며, 보통 잠열을 이용하는 경우에 더 많은 열의 이동이 있게 된다.

기액분리기에서 분리된 상대적으로 무거운 HK 냉매는 LK 냉매에 비하여 상대적으로 더 높은 끓는점을 갖고 있으며, 냉매의 잠열에 의하여 천연가스가 냉각이 된다면, 상변화가 발생되는 상대적으로 높은 온도에서 HK 냉매가 사용돼야 한다. 이와는 반대인 상대적으로 가벼운 LK 냉매는 상대적으로 낮은 온도에서 사용된다고 할 수 있다.

그림 4-18에서도 기액분리기에서 분리된 HK 냉매는 상대적으로 고온인 첫 번째 열교환기 (SMR HX-1)에서 사용된다. 기액분리기에서 분리된 LK 냉매는 상대적으로 저온인 두 번째 열교환기 (SMR HX-2)에서 천연가스를 액화시키고 과냉시키는데 사용된다. 두 번째 열교환기에서 냉매 자신과 천연가스를 냉각시키고 돌아오는 냉매는, 첫 번째 열교환기에서 냉각되고 팽창하여 저온이된 HK 냉매와 혼합되어, 첫 번째 열교환기에서 LK와 HK 냉매 그리고 천연가스를 냉각시키는데 사용되고 나서, 냉매 압축기로 유입된다.

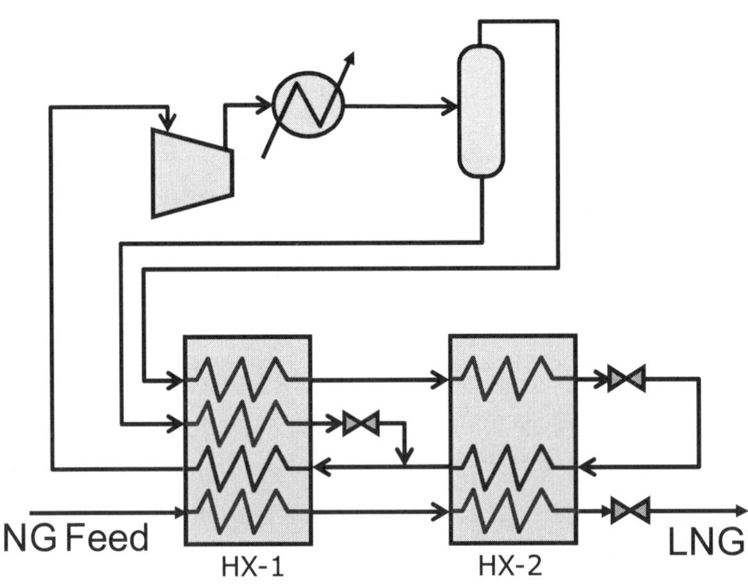

그림 4-18. 기액분리기가 있는 SMR 공정 흐름도

그림 4-18과 같은 기액분리기가 있는 SMR 공정의 Simulation은 기본적 SMR 공정을 기반으로 구성할 수 있다. 앞장에서 SMR 공정을 그림 3-46 공정 구성에 표 3-5의 Final 형태까지 냉매 조성을 최적화하였고, 여기에서는 이러한 SMR 공정을 기반으로 기액분리기가 있는 SMR 공정을 구성하고 최적화하겠다.

SMR 공정에서 기액분리기가 있는 SMR공정으로 하기 위해서는 그림 4-18과 같이 MCHE (주열교환기)가 두 개 필요한데, 상대적 고온과 상대적 저온의 열교환기 두 개이다. SMR 공정에서 사용한 열교환기를 SMR HX-2라 명명하고, SMR HX-2 이후의 냉매 JT Valve와 천연가스가 LNG로 되는 연결, 즉 SMR HX-2의 오른쪽 부분을 남겨 놓고, 왼쪽의 연결을 모두 끊는다. 끊어진 부분과 SMR HX-2 사이에 SMR HX-1 열교환기를 새로 만들기 위하여, 끊어진 부분과 오른쪽 부분을 약간 오른쪽으로 이동한다. 끊어진 이곳에 SMR HX-1 열교환기를 놓고 그림 4-18에서와 같이 열교환기 내 흐름을 4개로 만든다.

그림 4-19와 같이 기액분리기 "MR Sep" 을 마지막 MR 압축기의 MR 냉각기 이후에 연결하고 기액분리기로부터 나온 LK를 "LK HP HT" 라 한다. 여기서, 명명한 LK는 Light Key를, HP는 High Pressure를, 또한 HT는 High Temperature를 의미한다. 또한, HK를 "HK HP HT" 로 명명하였다. 새로 만들어진 SMR HX-1 열교환기 내의 4개 흐름은 그림 4-19에 나타난 것처럼 3개의 Hot 흐름과 1개의 Cold 흐름으로 설정하였고, 모든 흐름의 압력손실은 50kPascal로 설정하였다. SMR HX-2 흐름의 모든 압력손실 역시 50kPascal로 설정한다.

새로 만들어진 SMR HX-1 열교환기의 왼쪽 흐름을 먼저 연결하는데, 그림 4-19와 같이 우선 기액분리기로부터 나온 "LK HP HT" 와 "HK HP HT" 를 각각 Hot 흐름 입구에 연결하고, 천연가스 Feed의 흐름 역시 Hot 흐름으로 연결한다. 계속해서, 열교환기로부터의 Cold 흐름을 냉매 압축기 입구 흐름인 "Out of MR from HE" 에 연결한다.

계속해서 SMR HX-1과 SMR HX-2 사이의 흐름을 연결해야 한다. 우선, 명확한 연결인 천연가스가 액화되는 흐름을 연결하고, 고온의 LK가 냉각되는 연결을 LK 냉매의 흐름에 연결한다. HK 냉매가 냉각되고 JT Valve를 통과하는 흐름을 만들고, 이러한 흐름이 SMR HX-2에서 냉매로써의 역할을 끝낸 LK와 합쳐지는 "MR Mix" 까지 구성하면 그림 4-19와 같이 기액분리기가 있는 SMR 공정의 기본구성이 완성된다.

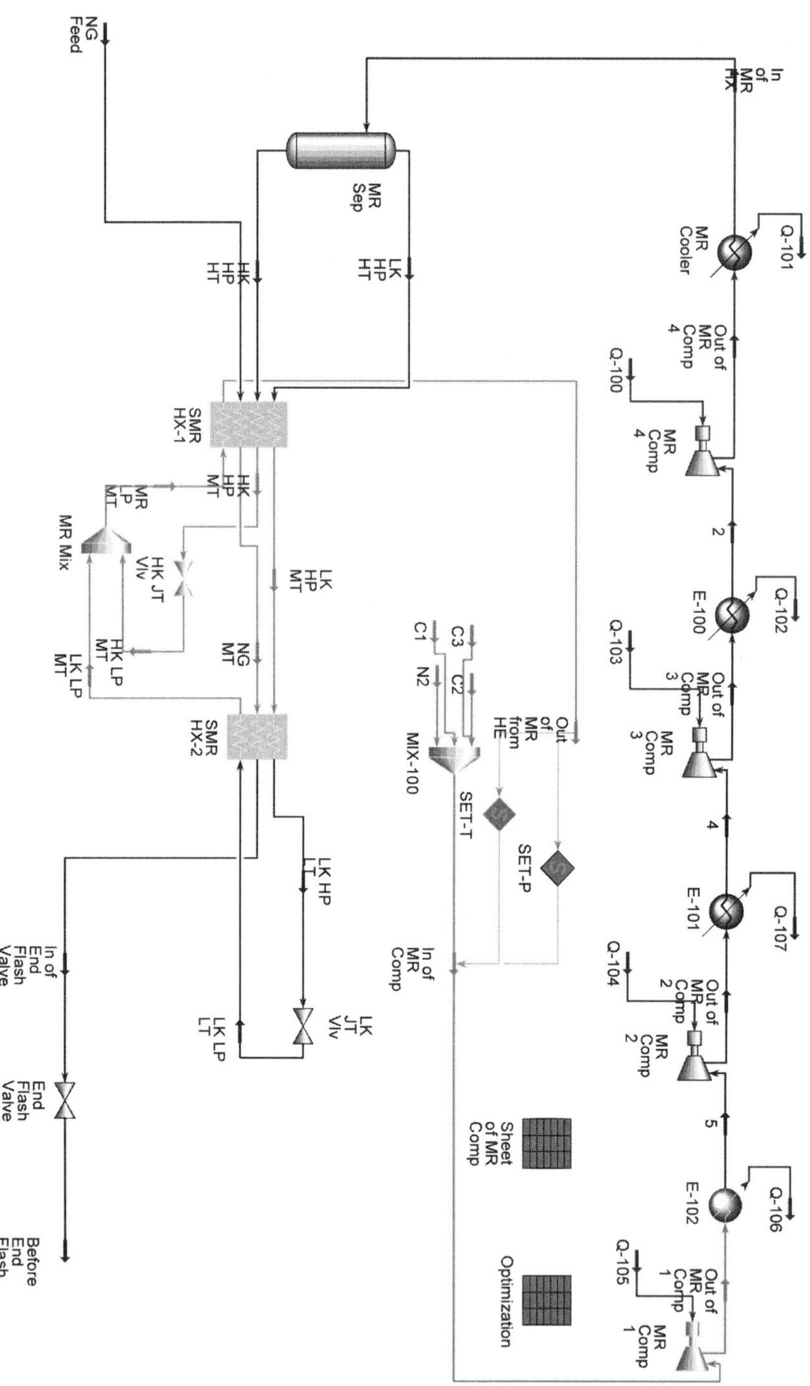

그림 4-19. 기액분리기가 있는 SMR 공정 기본구성 완성

완성된 기액분리기가 있는 SMR 공정에서의 각 흐름에 대한 이름을 그림 4-19와 같이 넣어주고, “MR Mix"에서 이에 연결된 각 압력을 동일하게 설정한다. 그러면 그림 4-20과 같이 각 흐름의 압력을 결정할 수 있게 되고, 그렇다면 MR의 조성과 몇몇의 온도를 결정함으로써 기액분리기가 있는 SMR 공정의 최적화를 할 수 있게 된다는 것이다.

기액분리기가 있는 SMR 공정은 그림 4-19와 같은 형태로 그 기본 구조를 완성하였으나, 아직 공정의 흐름이 전부 결정된 것은 아니다. 각 흐름의 압력은 그림 4-20에서처럼 결정되고 각 흐름의 유량도 결정되었기에 온도만 결정된다면 전체 공정의 조건이 결정될 수 있다.

그림 4-19와 그림 4-20에서 보면 열교환기 사이, 즉 SMR HX-1 과 HX-2 사이의 온도를 결정해야 함을 알 수 있다. 일단, 두 개의 열교환기 사이를 -60℃로 결정해 보자. 물론, 이 −60℃는 나중에 최적화를 통하여 다시 결정하게 된다. 우선, “LK HP MT” 의 온도를 -60℃로 결정하고, 이에 따라 “NG MT” 의 온도 역시 −60℃로 결정할 수 있다. HK가 SMR HX-1에서 나와서 HK JT Vlv에서 온도가 떨어지기 이전의 온도 역시 -60℃ 근처로 되지만, 보통의 열교환기 설계에 있어서 각 열교환기 끝의 온도 분포는 같은 것으로 설계한다고 볼 수 있기에, 설계상으로는 -60℃로 결정하는 것으로 한다.

앞에서 설명한 것과 같이 두 열교환기 SMR HX-1과 HX-2 사이의 온도인 “LK HP MT” 를 결정하면, 이를 통하여 “NG MT” 와 “HK HP MT” 의 온도를 결정할 수 있게 되며, 이들을 “LK HP MT” 이라는 하나의 값으로 SET을 이용하여 연결하면 그림 4-21과 같이 표현할 수 있다.

두 열교환기 사이의 온도를 -60℃로 결정을 하더라도 그림 4-21에 나타난 것처럼 SMR HX-1의 온도 분포는 정상적인 상태로 표시되나, HX-2에서는 문제가 있는 것으로 표시됨을 알 수 있다.

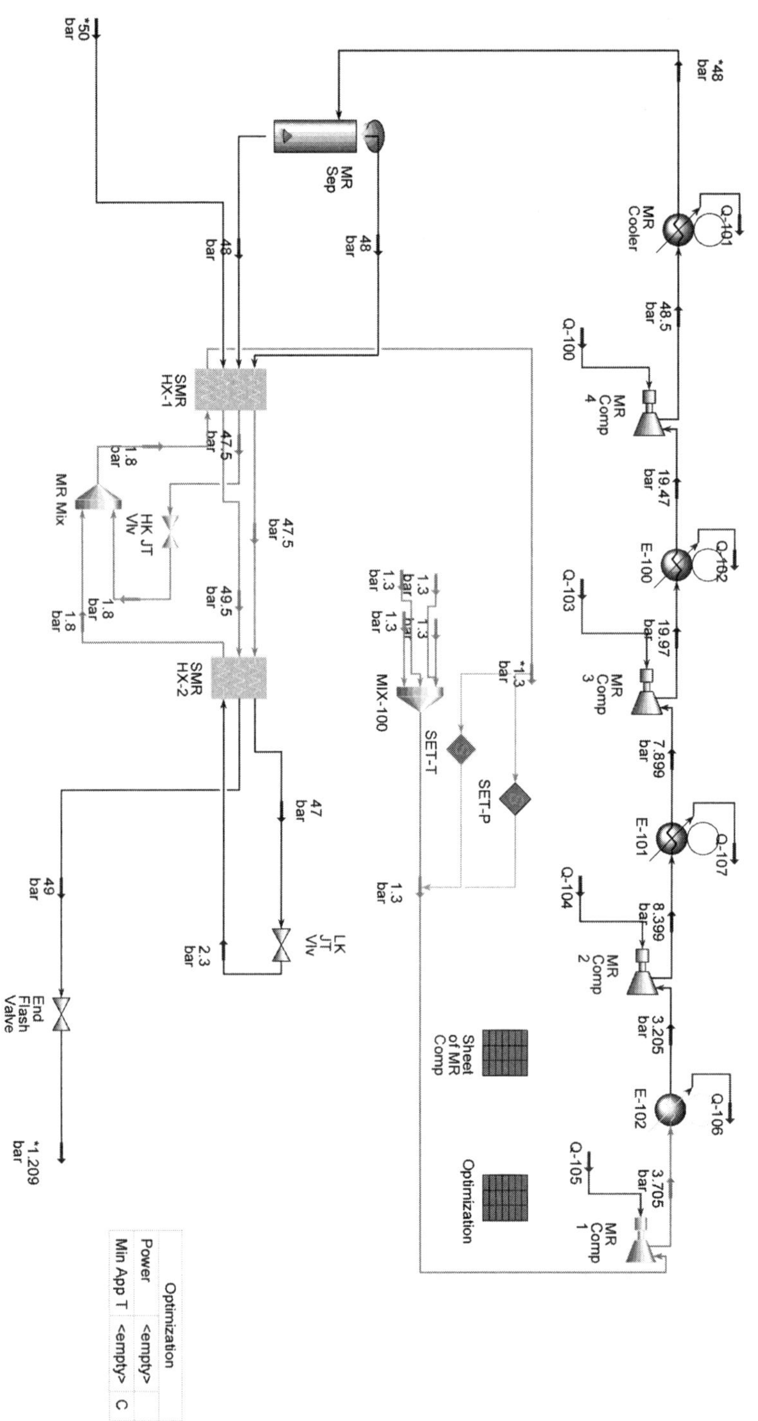

그림 4-20. 기액분리기가 있는 SMR 공정 기본구성에서 각각 압력값들

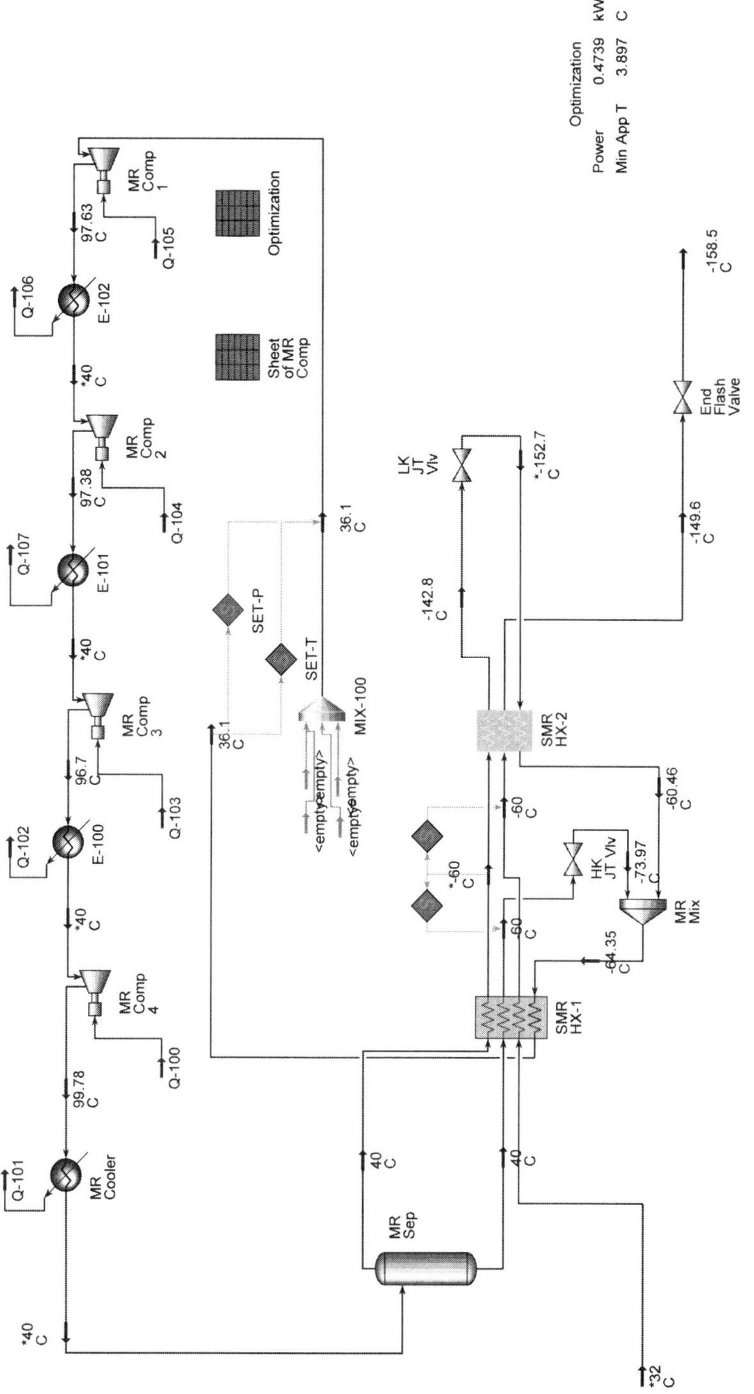

그림 4-21. 기액분리기가 있는 SMR 공정

기액분리기가 있는 SMR 공정을 정상적인 공정 조건으로 만들고 계속해서 최적화를 수행하기 위해서는 각 공정 변수들을 조정할 수 있는 Spreadsheet가 필요한데, 그림 4-22와 같이 최적화를 위한 Spreadsheet를 구성해 보았다. 그림 4-22 Spreadsheet의 기본 구성은 앞장의 그림 3-45의 SMR 공정과 같으며, 여기에 몇몇을 추가하였다.
Optimization Spreadsheet 완성 후, 우선 열교환기 사이의 온도인 "T of LK HP MT" 의 값을 -90℃ 하였더니, 두 개 열교환기의 최소 접근 온도 값들이 3.221℃와 3.150℃로 3℃ 이상을 만족하였다.

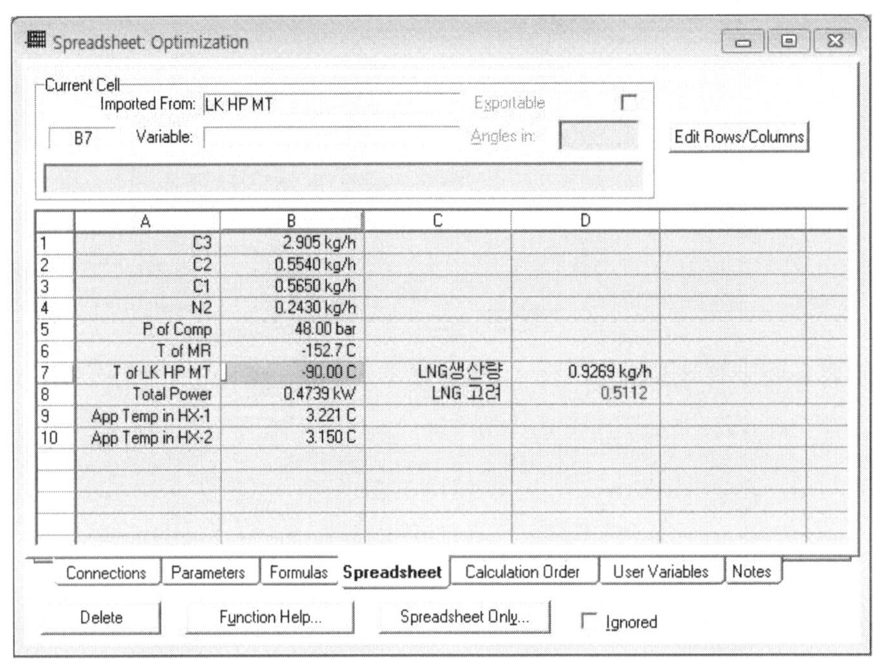
Spreadsheet: Optimization

Current Cell — Imported From: LK HP MT; B7; Variable:

	A	B	C	D
1	C3	2.905 kg/h		
2	C2	0.5540 kg/h		
3	C1	0.5650 kg/h		
4	N2	0.2430 kg/h		
5	P of Comp	48.00 bar		
6	T of MR	-152.7 C		
7	T of LK HP MT	-90.00 C	LNG생산량	0.9269 kg/h
8	Total Power	0.4739 kW	LNG 고려	0.5112
9	App Temp in HX-1	3.221 C		
10	App Temp in HX-2	3.150 C		

Connections | Parameters | Formulas | Spreadsheet | Calculation Order | User Variables | Notes

Delete | Function Help... | Spreadsheet Only... | Ignored

그림 4-22. 기액분리기가 있는 SMR 공정의 최적화를 위한 Optimization Spreadsheet

열교환기 사이의 온도를 -90℃로 설정한 기액분리기가 있는 SMR 공정의 각 열교환기의 온도분포도를 그림 4-23과 그림 4-24에 나타내었다. 그림 4-23은 상대적으로 저온 열교환기인 SMR HX-2의 온도분포도를 나타내는데, 냉매의 JT Valve 이후인 가장 낮은 온도 이외에는 고온 흐름과 저온 흐름에 적절하지 않은 과도한 온도 차이가 지속적으로 보임을 알 수 있었으며, 이들 온도차이를 고르게 3℃를 유지시키는 것이 최적화라 할 수 있다. 또한, 그림 4-24는 상대적으로 고온 교환기인 SMR

HX-1의 온도분포도를 나타내는데, 앞의 SMR 열교환기 온도분포도인 그림 3-54에서와 같이 -70℃에서 상온 쪽으로 벌어진다. 즉, 이 두 개의 온도분포도를 연결하여 그리면 SMR의 온도분포도인 그림 3-54와 같지는 않지만 그것과 비슷한 형태가 됨을 알 수 있다.

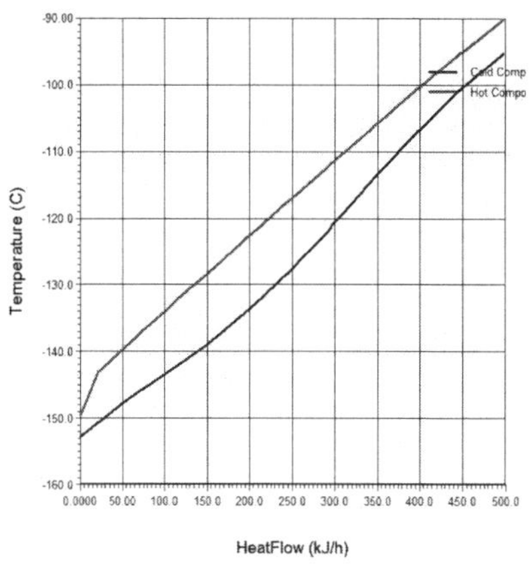

그림 4-23. SMR HX-2

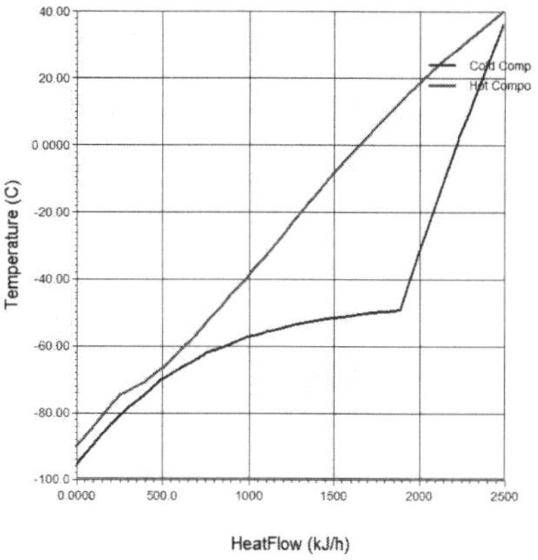

그림 4-24. SMR HX-1

최적화를 수행하려면, 열교환기 내의 고온 흐름과 저온 흐름의 온도차를 일정온도차 이상으로 유지해야 하는데, 이를 위하여 그림 4-23과 그림 4-24의 온도분포도를, SMR 공정에서 수행하였던 것처럼, 그림 4-25과 그림 4-26와 같이 온도차 형태로 변형하여 사용하도록 한다.

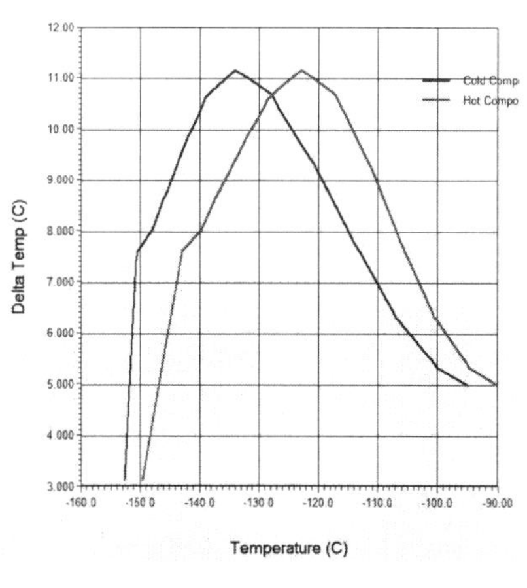

그림 4-25. SMR HX-2의 온도차 분포도

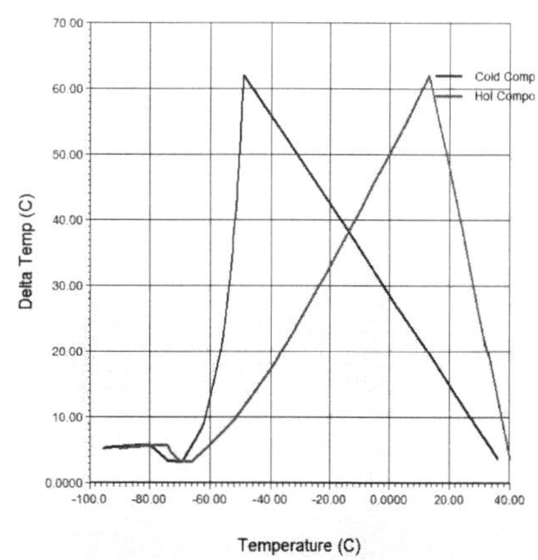

그림 4-26. SMR HX-1의 온도차 분포도

상대적으로 저온부분의 온도분포 형태가 액화공정의 소모동력에 많은 영향을 주기에 최적화작업은 상대적으로 저온부분 (HX-2 열교환기)의 온도분포에 먼저 적용한다. 그림 4-25를 분석하면 저온 부분의 온도차가 많아 보이는데, 이를 통하여 상대적으로 저온 역할을 하는 냉매의 양이 필요 이상으로 많다고 판단된다.

기존의 SMR 조성에서 우선, 질소의 양을 0.1kg/hr로 바꾸면 SMR HX-2가 온도차 분포도는 그림 4-27과 같이 변경된다.

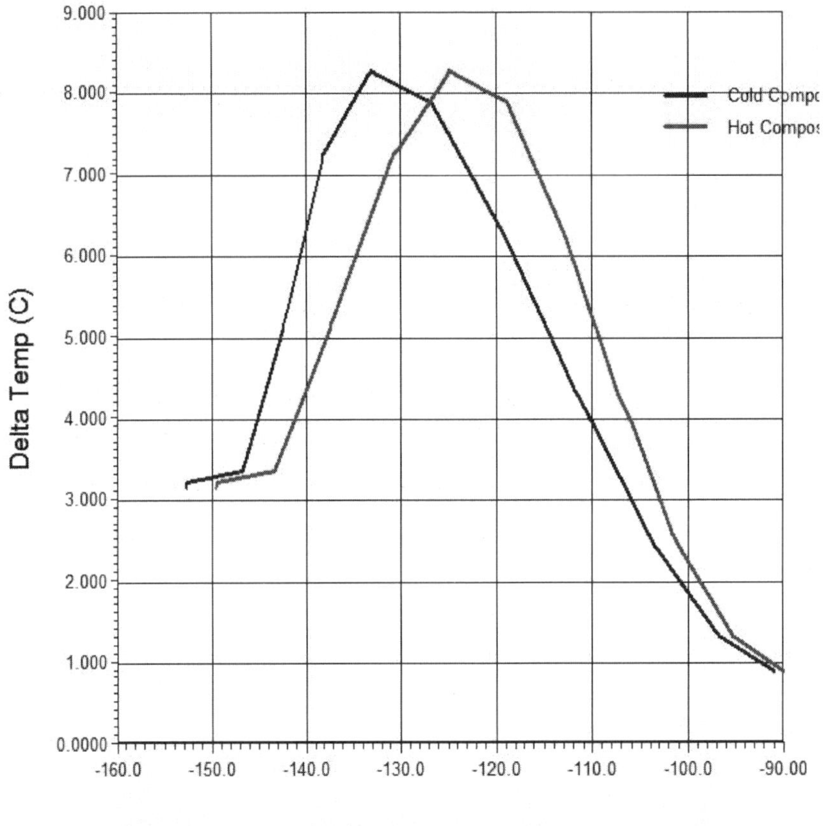

그림 4-27. SMR HX-2의 온도차 분포도 (MR N_2 = 0.1kg/h 상태)

앞의 SMR 공정에서 최적화를 수행한 것처럼, SMR HX-1과 SMR HX-2에 대한 두 개의 온도차 분포도를 보면서 계속해서 냉매 조성의 최적화를 수행한다. 그 결과, 열교환기 사이의 온도는 -90℃인 상태에서 최적의 냉매 조성은 N_2=0.109kg/h, C1=0.566kg/h, C2=0.605kg/h, C3=2.7kg/h 이 되며, 이때 각각의 열교환기 최소접근 온도는 3.056℃와 3.07℃로, 이때 필요한 최소 압축기 동력은 0.444kW로 나타났다.
계속해서 두 열교환기 사이의 온도를 -100℃, -105℃, -110℃ 변경하며 최적의 냉매 조성을 나타내면 표 4-1과 같이 나타난다.

표 4-1. 기액분리기가 있는 SMR 공정의 최적화 작업

열교환기 사이 온도 [℃]	-90	-100	-105	-110
냉매 C3 [kg/hr]	2.7	2.64	2.68	2.57
냉매 C2 [kg/hr]	0.605	0.65	0.602	0.75
냉매 C1 [kg/hr]	0.566	0.537	0.53	0.493
냉매 N_2 [kg/hr]	0.109	0.11	0.102	0.118
열교환기내 최소온도차 HX-1 [℃]	3.059	3.076	3.010	3.082
열교환기내 최소온도차 HX-2 [℃]	3.074	3.008	3.004	3.007
압축기 동력 [kW]	0.444	0.438	0.431	0.434

표 4-1 의 결과에 따라 기액분리기가 있는 SMR 공정은 두 개의 열교환기 사이의 온도를 -105℃로 설계하고, 냉매의 흐름을 N_2=0.102kg/h, C1=0.53kg/h, C2=0.602kg/h, C3=2.68kg/h로 설정하면, 압축기 소모동력이 0.431kW가 됨을 알 수 있다.
기액분리기가 있는 SMR 공정의 최적화 작업 결과는 표 4-1과 같이 표현되었지만, 압축기 압력에 대한 최적화는 수행하지 않았기에 완벽한 최적화를 위해서는 압축기 압력에 대한 추가적인 최적화가 요구된다고 할 수 있다. 또한, 상용으로 사용되는 SMR공정에는 C4, C5 계열도 냉매에 혼합되기에 냉매의 최적화를 통한 압축기 소모동력 결과는 이 값보다 많이 적어 질 수도 있다.

4-2-2. 다단의 기액분리기가 있는 SMR 공정

앞의 그림 4-18은 하나의 기액분리기가 있는 SMR 공정이지만, 이러한 기액분리기를 여러 단으로 구성할 수도 있다. 우선 상온에서 분리를 하고, 계속해서 LK 부분을 더 낮은 온도에서 다시 기·액 분리하면 더 가벼운 성분으로 구성된 혼합 냉매를 얻을 수 있으며, 이를 이용하여 천연가스를 액화 및 과냉시킬 수 있다.

그림 4-28에 기액분리기가 2단으로 있는 SMR 공정을 나타내었다. 혼합 냉매는 압축된 이후에 상온의 응축기를 통해 일부 응축이 되고, 응축된 일부의 냉매는 기액분리기에서 HK로 분리되어 상대적으로 고온의 열교환기에서 냉매의 역할을 수행한다. 분리된 LK는 첫 번째 열교환기에서 온도를 낮춘 이후에 다시 기액분리기를 이용하여 액체 냉매와 기체 냉매로 분리된다. 분리된 액체 냉매는 다음의 열교환기에서 냉매로써의 역할을 수행하며, 기체 냉매는 상대적으로 가장 저온의 열교환기에서 천연가스를 액화하고 과냉각시킨다.

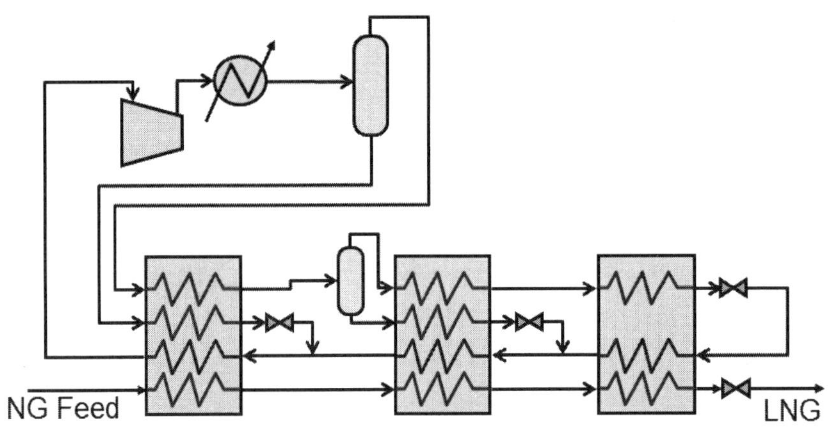

그림 4-28. 2단 기액분리기가 있는 SMR 공정

4-2-3. LIMUM® 공정

SMR 공정 중의 하나인 LIMUM® (LInde MUltistage Mixed refrigerant, I-1) 공정은 Linde가 라이선스를 갖고 있는 공정이다. LIMUM®은 SMR 공정으로 하나의 혼합 냉매를 사용하는데, 혼합 냉매의 구성에 있어서 일반적으로 사용되는 프로판은 사용되지 않고 질소, 메탄, 에탄, 부탄의 혼합물로 구성하였다.
그림 4-29는 LIMUM® 공정의 흐름도를 보여주는데, 아주 소형이 아닌 이상 LIMUM® 공정은 일반적으로 SWHE를 사용한다.

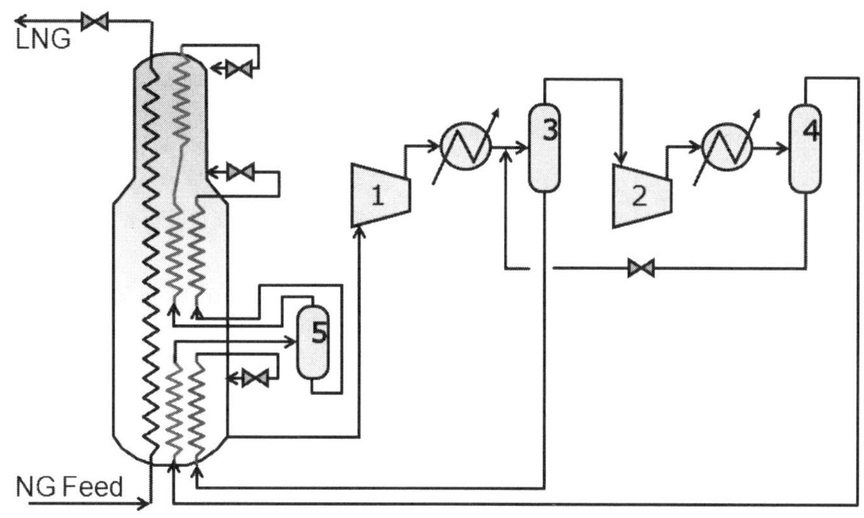

그림 4-29. LIMUM® 공정의 흐름도

앞의 일반적인 SMR 공정과 달리, 열교환기도 다소 복잡하고, 여러 개의 기액분리기가 사용된다. 열교환기에서 사용된 혼합 냉매는 1번 압축기에서 압축을 하고 냉각시키면 기·액이 발생된다. 특히 혼합 냉매의 한 성분인 부탄 냉매는 대기압에서 끓는점이 -0.7℃(nC4의 경우)로 다른 성분인 질소나 메탄, 그리고 에탄 보다 끓는점이 매우 높기 때문에 약간의 압축만으로도 대기 온도에서 액체성분이 발생될 수 있다. 발생된 액체 냉매부분은 일단 냉동사이클의 예냉부분에서 사용된다.
기액분리기 3번에서 발생된 기체 냉매부분은 계속적으로 압축 및 냉각되는데, 냉각된 이후에 다시 부분적 액체가 발생된다. 분리된 액체와 기체 냉매 중에서 기체 부분은 냉매로 사용되기 위하여 주 열교환기로 송부된다. 하지만, 4번 기액분리기에서 분리된 액체 냉매는 천연가스나 냉매 자신의 냉각에 사용되지 않고, 대신 압축 이전 압력으로 압력을 낮춘 다음에 이전 압축기 출구에 연결된 3번 기액분리기의 입구에 혼입된다.
에너지를 사용하여 2번 압축기에서 가압하고 4번 기액분리기에서 분리된 액체 냉매를 다시 압축이전의 압력으로 떨어뜨려서 냉매에 혼합하는 것이 에너지의 낭비로 생각될 수 있으나, 일단 압축된 유체를 팽창하면 온도가 떨어지기에, 이와 혼합되는 냉매는 더 낮은 온도가 될 수 있다. 이러한 방법은 기존의 냉각기를 사용하는 것 이상으로 2번 압축기의 입구 온도를 더 떨어뜨리게 되고, 그러한 이유로 상대적으로 압축기의 동력 에너지를 낮출 수 있게 된다는 장점이 있을 수 있다.
중간압력에서의 분리된 액체냉매 (분리기 3번에서 분리된)는 주열교환기에서 천연가스와 혼합냉매를 예냉하는데 사용되고, 이렇게 예냉단계를 거친 혼합냉매 (4번 기액분리기에서 분리된 기체 냉매)는 5번 분리기에서 기·액으로 분리되어 기체냉매는 천연가스를 액화 및 과냉각시키는데 사용되고, 액체냉매는 기체냉매보다 상대적으로 높은 온도에서 천연가스를 액화시키고, 기체냉매를 냉각시키는데 사용되는데 이 부분은 기액분리기가 있는 SMR 공정과 거의 같은 형태이다.
그림 4-29과 같은 LIMUM® 공정을 Simulation하기 위해서는 냉매의 성분을 결정한 위치가 있어야 하는데, 다음의 4가지의 경우가 가능하다:

- 1번 압축기 입구 조성
- 3번 기액분리기 입구 조성
- 2번 압축기 입구 조성
- 4번 기액분리기 기체 조성

우선, 1번 압축기 입구 조성을 결정하는 경우, 4번 기액분리기에서 오는 액체 냉매의 조성과 유량을 가정해야 3번 기액분리기 입구에서의 혼합상태를 결정할 수 있다. 하지만, 이 방법은 4번 기액분리기의 평형 액체 조성 및 흐름 값을 사용하는 방법으로 그 가정이 쉽지 않고 지속적인 Recycle 계산을 수행하여야 한다는 단점이 있다.
다음인, 3번 기액분리기 입구 조성 및 유량 결정 방법은 다른 부분들의 조성 및 유량을 가정 없이 해결할 수 있으나, 단지 결정하여야 할 흐름의 온도를 결정할 수 없다는 단점이 있다. 즉, 1번 압축 냉각기에서 나오는 혼합 냉매의 온도는 알 수 있으나, 4번 기액분리기 액체와 혼합된 이후의 온도를 알 수 없기에, Simulation에서 일단 온도를 가정하고 계산을 수행하여야 한다. 최적화를 수행함에 있어서, 그 온도에 따라서 액체 냉매의 조성과 양이 결정되기에 온도에 따른 전체 냉동사이클에의 영향은 적다고 할 수 없으나, 냉매 흐름을 결정함에 있어서 온도만을 가정으로 전체 냉매 흐름을 결정할 수 있기에 다른 방법에 비하여 단순하다고 할 수 있다.

다음인, 2번 압축기 입구 조성은 3번 기액분리기의 기상 조성 및 흐름으로, 입력되는 조성이 항상 평형상태의 조성이어야 하며, 이는 우리가 임으로 넣을 수 있는 값이 아니기에 최적화를 수행하기 부적절하다고 할 수 있다.

마지막으로 4번 기액분리기 기체 조성은 주 열교환기로 가는 냉매의 특성을 잘 반영하기에 냉매 최적화의 성능에 정확히 영향을 줄 수 있는 중요한 성분임에도, 입력되는 조성이 항상 기·액 평형상태 조성에서 기성 조성이어야 하기에 이 값 역시 냉매 조성 최적화를 위한 성분 결정 위치가 되기에는 적절하지 않다.

앞의 4가지 경우 중에서 2번째 방법인 3번 기액분리기 입구 조성 및 흐름 결정 방법이 가장 합리적이기에 그 위치를 혼합냉매 성분 결정 위치로 하고 Simulation을 수행하기로 한다.

Simulation의 기본인 천연가스의 흐름은 앞장과 동일하게 하고, 냉매 성분은 N_2, C1, C2, iC4 (편의상 nC4는 제외)로 구성하였다.

LIMUM® 공정을 Simulation 하기 위해서, 우선 그림 4-29의 1번 압축기를 구성해 보겠다. 그림 4-30와 같이 그림 4-29의 1번 압축기 시스템을 구성해 보자. 그림 4-29에서 1번 압축기는 1단으로 구성하였지만, 승압의 여유를 위하여 2단으로 구성해 보았다.

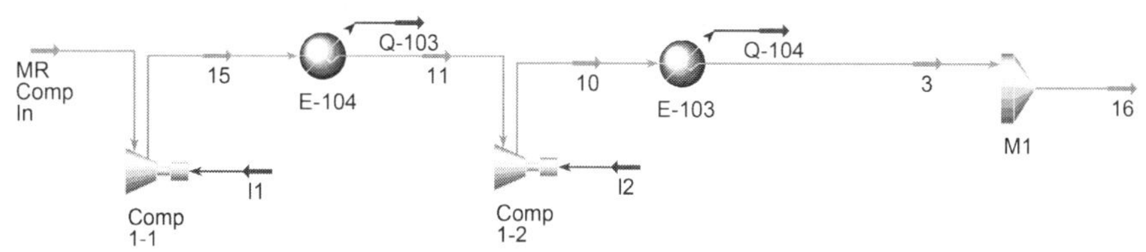

그림 4-30. 초기 냉매 압축기 구성 (그림 4-29의 1번 압축기)

그림 4-30과 같이 압축기 시스템을 구성한 다음에 "MR Comp In" 의 초기압력 결정에 있어서, 부탄 성분이 예냉으로 사용되었기에 저압으로는 다소 높은 5.5bar를 초기값으로 설정하였다. 또한, 본 액화사이클의 압축시스템 전체 압력을 56 bar로 선정한다면, 전체 압축시스템의 중간압 압력으로 28bar를 초기 값으로 선정할 수 있다. 이는 그림 1의 두 번째 압축기의 냉각기 이후인 "16" 흐름은 전체 압축시스템의 중간압 압력이며,

이의 압력을 28bar로 결정하게 된다는 것이다. 이에 대한 중간 압력인 흐름 "11" 은 동일 압축비로 계산이 가능하지만, 이를 Spreadsheet로 계산하기로 하고 압력을 아직은 결정하지 않도록 하자.

압축기 이후의 각각 냉각기 압력강하량은 25kPascal로 결정하고, 냉각기 이후 공정 온도는 40℃로 설정한다. Simulation에서 사용되는 모든 혼합기의 모든 흐름에 대하여 동일 압력 옵션 (Automatic Pressure Assignment := Equalize All)을 선택하는데, 여기서는 혼합기 "M1" 에 동일 압력 옵션을 선택하도록 한다.

앞에서 설명하였듯이 최적화를 위하여 1번 압축기의 냉각기 이후의 냉매 흐름 (그림 4-30에서의 "16" 흐름)의 조성 및 유량을 결정할 수 있도록 앞의 SMR 공정처럼 일단 구성하도록 하지만, 여기서는 그 혼합된 온도를 결정할 수 없다. 이는 앞에서 설명하였듯이 1번 압축기의 냉각기 이후의 냉매 흐름과 4번 기액분리기의 액체 냉매 부분이 만난 이후의 온도를 결정 혹은 계산할 수 없기에, 그림 4-31과 같이 이 부분에 특별히 〈R〉 Recycle을 사용하여, Simulation을 수행하는 동안에 Simulator가 온도를 계산할 수 있도록 하였다.

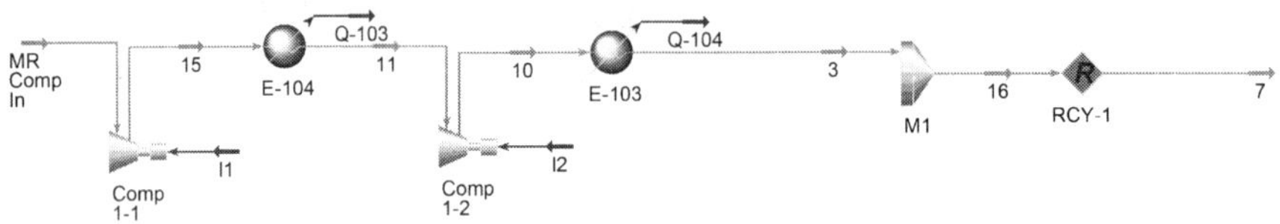

그림 4-31. 냉매 혼합 부분의 온도결정을 위한 〈R〉 Recycle 사용

혼합 냉매를 사용하는 냉동사이클에서 냉매의 조성 및 그 양을 결정하기 위해서는 앞의 SMR 공정 그림 3-37에서와 같이 각각의 순수 냉매를 혼합하는 부분이 필요하며, 이러한 냉매 흐름을 그림 4-32와 같이 구성한다.

그림 4-32와 같이 냉매의 혼합부분을 구성하고 나면, 혼합 냉매를 만들기 위하여 기본적 값을 넣는데, SMR 공정의 냉매 흐름은 일반적으로 Feed 흐름의 약 4배로 생각할 수 있다. 천연가스의 흐름이 1kg/hr일 경우 최적화된 냉매 흐름은 약 4kg/hr 정도로 추측할 수 있으나, 전혀 최적화되지 않았다면 그에 대한 약 2배의 흐름이 필요하다고 할 수도 있으며, 그에 따라 냉매 조성의 초기 값으로 N_2 = 0.5kg/hr, C1 = 1kg/hr, C2 = 2kg/hr, C4 = 4kg/hr 로 결정하기로 한다.

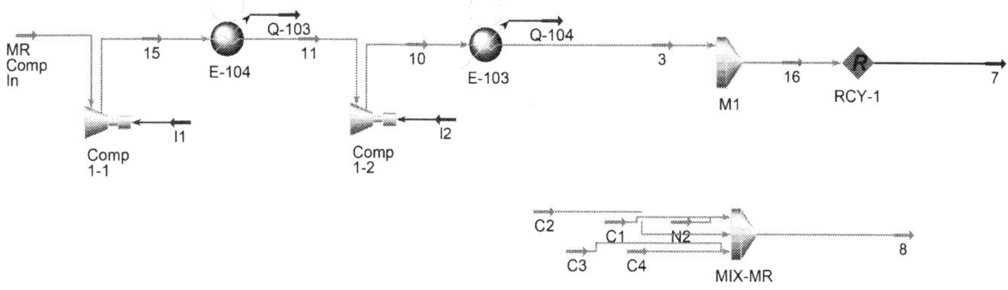

그림 4-32. 냉매의 조성 및 유량을 결정하기 위한 가상의 냉매 혼합 부분 구성

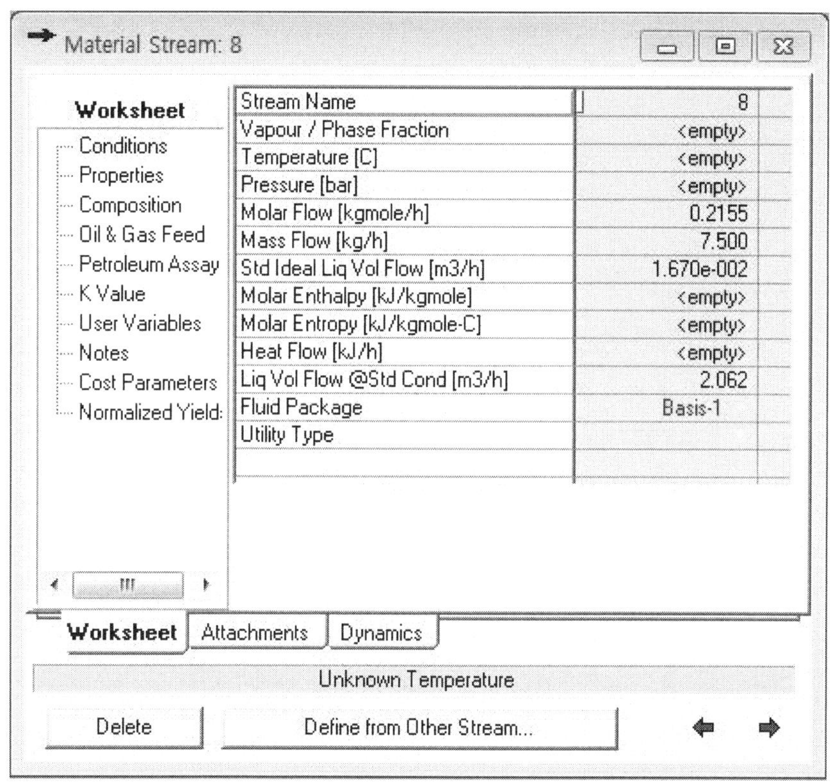

그림 4-33. 혼합 냉매의 조성 및 유량이 결정된 흐름 예

흐름 “16” 은 Recycle 이후의 흐름 “7” 과 같은 조건이 되며, 또한 흐름 “8” 과도 같은 조건이 되는데, 냉매 조성과 그 양은 흐름 “8” 에서 결정된다면, 혼합된 이후의 온도는 흐름 “16” 에서 결정되며, Recycle 이후의 상태인 흐름 “7” 에서는 압력을 결정하기로 하는데, Recycle의

초기 값 결정을 위하여 흐름 "7" 의 초기 압력을 28 bar로, 또한 초기 온도를 일단 35℃로 결정하기로 하며, 이에 대한 압력과 온도의 연결을 위하여 그림 4-34와 같이 Set을 두 개로 연결한다.

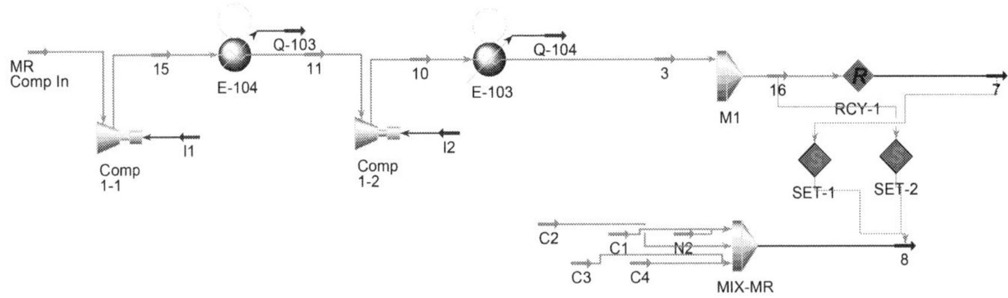

그림 4-34. 냉매의 혼합 부분에서 〈R〉 Recycle을 이용한 온도 및 압력 결정

그림 4-34에서 SET-1은 흐름 16에 대한 온도값을 흐름 8로 전달하는 기능을 수행하며, SET-2는 흐름 7에 대한 압력값을 흐름 8로 전달하는 기능을 수행한다. 그림 4-34와 같이 첫 번째 압축단과 냉매 조성설정 부분을 완성하였으면, 첫 번째 압축단의 중간압을 결정하도록 한다. 중간압은 첫 번째 압축기의 2단 압축기가 동일 압축비라는 가정으로 계산한다. 즉, 입구측의 압력이 P_0, 그리고 출구측의 압력이 P_2이며 중간단의 압력이 P_1이라고 가정하고 압축비를 r 이라고 정의한다면, 중간 압인 P_1은 다음과 같이 계산 된다.

$$P_2 = r P_1 = r^2 P_0$$
$$r = \sqrt{(P_2/P_0)}$$
$$P_1 = r P_0 = P_0 \sqrt{(P_2/P_0)}$$

위의 식을 Spreadsheet에 넣고 자동으로 P_1이 계산되도록 하고, 이 값을 첫 번째 압축기 출구에 연결된 냉각기 후단 압력인 흐름 "11" 의 압력으로 연결한다. 냉매 압축기 입구측 압력 (흐름 "MR Comp In")을 5.5bar로하고, 앞에서도 설명하였듯이 흐름 "7" 이 압력을 28bar로 하면 중간 압인 흐름 "11" 은 12.41bar로 계산된다. 또한, 각 압축 후 냉각기들의 압력강하량은 25kPascal 이기에 첫 번째 압축단의 전체 흐름의 압력값들은 계산되어진다.

계속해서 그림 4-35와 같이 흐름 "8" 뒤에 기액분리기를 구성하고 냉매 압축기 "Comp 2" 를 연결하고, 앞에서 결정하였듯이 최종 압력인 흐름

“4” 의 압력을 56bar로 설정한다. 계속해서 3개 압축기의 동력 값을 합하는 계산식을 압축기 Spreadsheet에 구성한다.

천연가스 열교환기인 다중 흐름 열교환기를 넣고 열교환기 흐름은 8개로 설정하는데, 표 4-2에 8개 각 흐름에 대한 설명을 표현하였다. LIMUM® 공정의 Main 열교환기에서 냉각된 실제 냉매의 흐름은 하나이지만, 이러한 차가운 냉매는 2번 혼합되어서 사용되기에 열교환기에서 3개로 표현하였고, 이러한 열교환 영역은 아래에서부터 3개로 나누어서 표기된다.

천연가스 Feed의 흐름을 앞의 3.2장 SMR 공정에서와 같이 설정하고, LNG가 되는 조건도 앞의 공정에서와 같이 "Before End Flash" 상태에서 절대압 1.209bar이고 전체 흐름에 대한 기체양의 비(Vapour/Phase Fraction)도 0.08이 되도록 설정하였다.

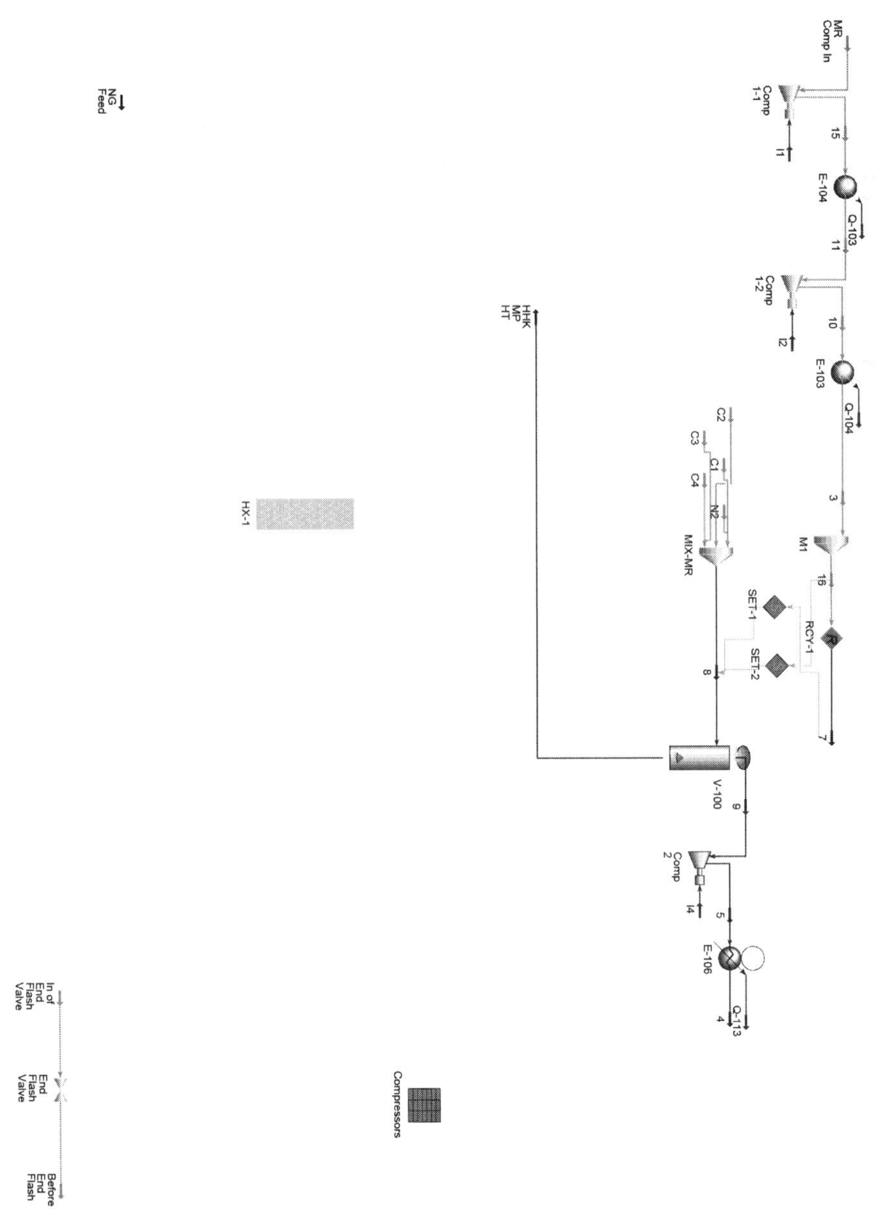

그림 4-35. 냉매 압축기 흐름 완성 및 천연가스 입구측 흐름 및 출구측 흐름 구성

표 4-2. LIMUM® 공정 Main 열교환기 흐름 구성

번호	열교환 분류	설명	압력 강하 [kPascal]
1	HOT	천연가스가 LNG로 되는 흐름	100
2	HOT	3번 기액분리기의 액체 냉매가 열교환기 영역 1에서 저온으로 떨어지는 흐름	33.3
3	HOT	4번 기액분리기의 기체 냉매가 열교환기 영역 1에서 저온으로 떨어지는 흐름	33.3
4	COLD	열교환기 영역 1에서의 차가운 냉매 흐름	5
5	HOT	5번 기액분리기의 액체 냉매가 열교환기 영역 2에서 저온으로 떨어지는 흐름	33.3
6	HOT	5번 기액분리기의 기체 냉매가 열교환기 영역 2와 3에서 초저온으로 떨어지는 흐름	66.7
7	COLD	열교환기 영역 2에서의 차가운 냉매 흐름	5
8	COLD	열교환기 영역 3에서의 차가운 냉매 흐름	5

그림 4-36은 LIMUM® 공정의 압축기 구성이 완성된 형태를 보여주는데, 그림에서 기액분리기 "Sep 1" 에서 분리된 고압의 액체 냉매인 흐름 "2" 는 중단 압력으로 감압한 이후에 저압에서 승압된 냉매인 흐름 "3" 과 합쳐진다. 또한, 중간 압에서 액체로 분리된 "HHK MP HT" , 그리고 고압에서 기체로 분리된 "MRK HP HT" 는 Main 열교환기로 송부되어 천연가스를 액화시키는데 사용된다.

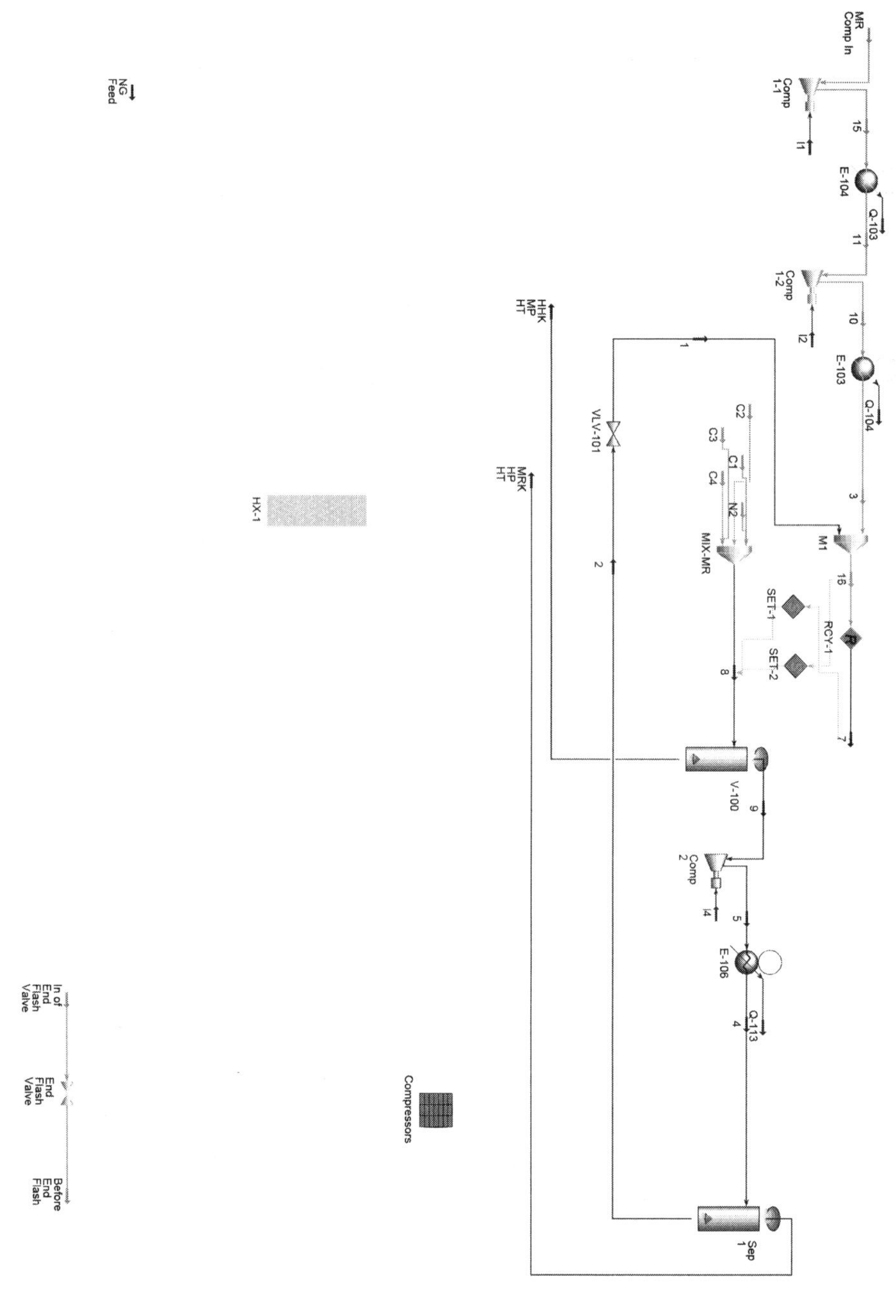

그림 4-36. LIMUM® 공정에서 냉매 압축기 구성 완료 상태

냉매 압축기 부분의 구성이 완료되면 다음으로 Main 열교환기를 그림 4-37과 같이 연결한다. 각 흐름의 이름은 그림 4-39를 참고하여 결정한다. Main 열교환기의 영역 1부분은 냉매압축기 중간압, 즉 그림 4-29에서 보면 3번 기액분리기에서 액체로 분리되는 냉매 "HHK MR" 로 냉각된다. 이때 "HHK MR" 역시 자신의 냉매로 냉각한 이후에 JT Valve로 온도를 낮추는데, 이 부분의 최적화를 위한 초기값 온도를 -35℃로 하고 최적화 수행에서 변경하도록 한다. 이렇게 결정된 온도를 참조하여 Main 열교환기의 영역 1부분의 저온측 출구 온도를 결정할 수 있는데, 그림 4-29의 5번 기액분리기의 입구 온도 역시 이를 기반으로 -35℃로 결정될 수 있게 해야 한다. 최적화 수행에 있어서 하나의 온도를 결정할 때 다른 종속 변수가 같이 변경되면, 최적화 작업이 쉽게 진행되기에 두 개의 온도를 그림 4-37에서와 같이 연결시키는 것이다.

그림 4-29의 5번 기액분리기인 "V-101" 에서 분리된 액체 냉매는 Main 열교환기의 영역 2부분을 주로 냉각시키고, 기체 냉매는 영역 3부분을 주로 냉각시킨다. 영역 2부분의 열교환기 온도 역시 초기값을 결정해야 하는데, 일단 -110℃로 결정한다.

영역 3부분은 LK 냉매가 JT Valve 이후에 -152.8℃가 되도록 설정하였는데, 이 값은 Main 열교환기가 만들어야 할 최저 온도와 관련이 있다. 본 공정에 있어서 천연가스가 LNG가 되기 위해서 필요한 온도는 "In of End Flash Valve" 의 온도인 -149.6℃인데, 냉매는 이보다 3℃ 정도 낮아야 하며, 최적화 작업시 이 온도를 보면서 공정 상태 값들을 바꿔야 하기에 우선 이보다 0.2℃ 더 낮은 값으로 정의해 보았다.

그림 4-38과 같이 최적화를 하기 위한 Spreadsheet를 만든다. 각 MR의 흐름은 SMR 공정과 같이 만들고, 냉매 압축기의 입구 압력, 중간 압력, 마지막 최고 압력까지 연결하고, Main 열교환기의 영역 1에서의 냉각 온도 (현재 -35℃)와 영역 2에서의 냉각 온도 (현재 -110℃)를 최적화 변수로 설정한다. 또한, 최적화를 할 목적 함수인 전체 냉매 압축기 소모 동력을 압축기 Spreadsheet와 연결하고, 제한 조건인 Main 열교환기 최소 접근 온도(Minimum Approach Temperature) "HX-1 MAT" 역시 Spreadsheet에 연결시킨다.

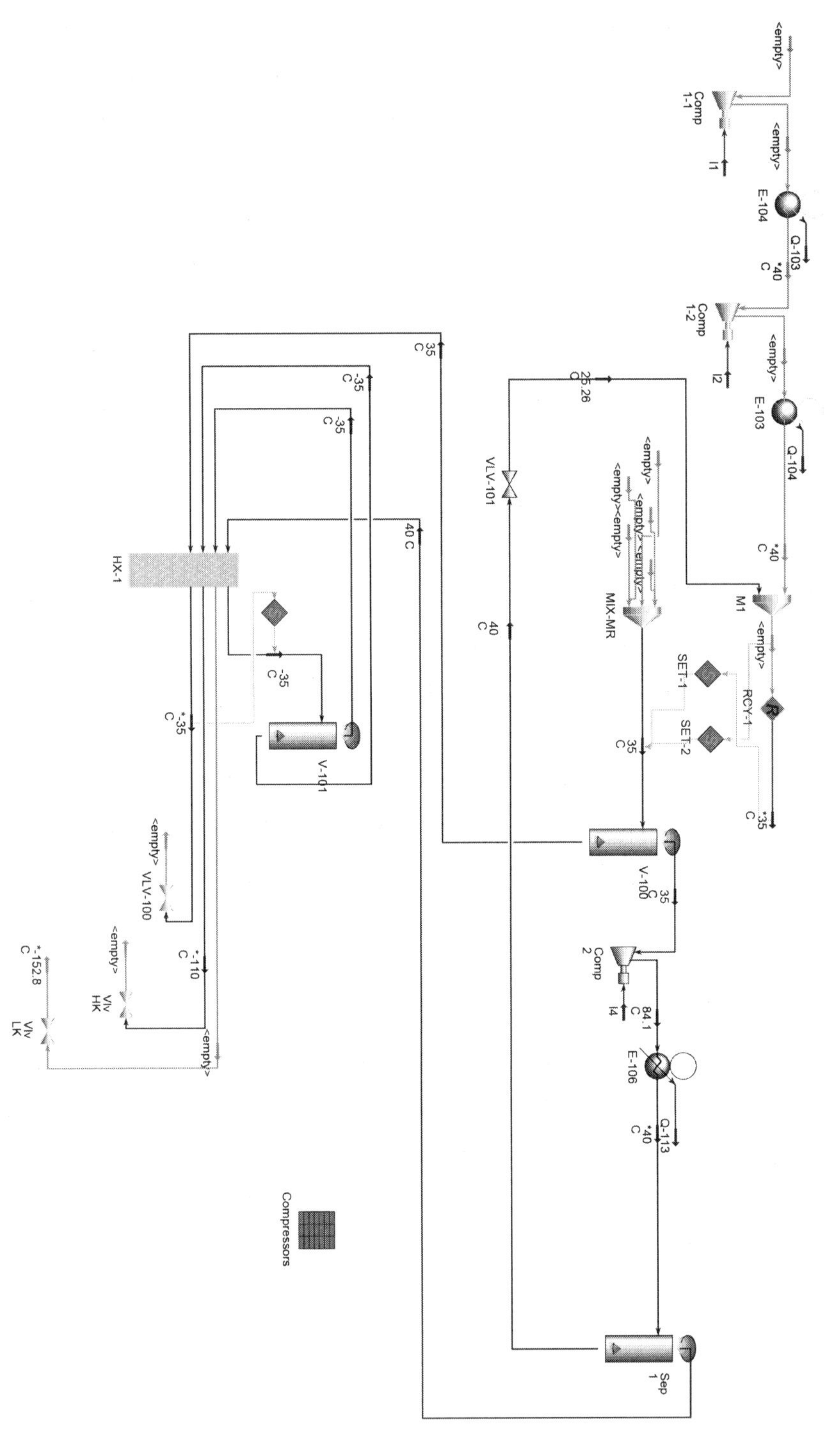

그림 4-37. LIMUM® 공정 Main 열교환기의 영역 1 부분과 JT Valve들의 연결

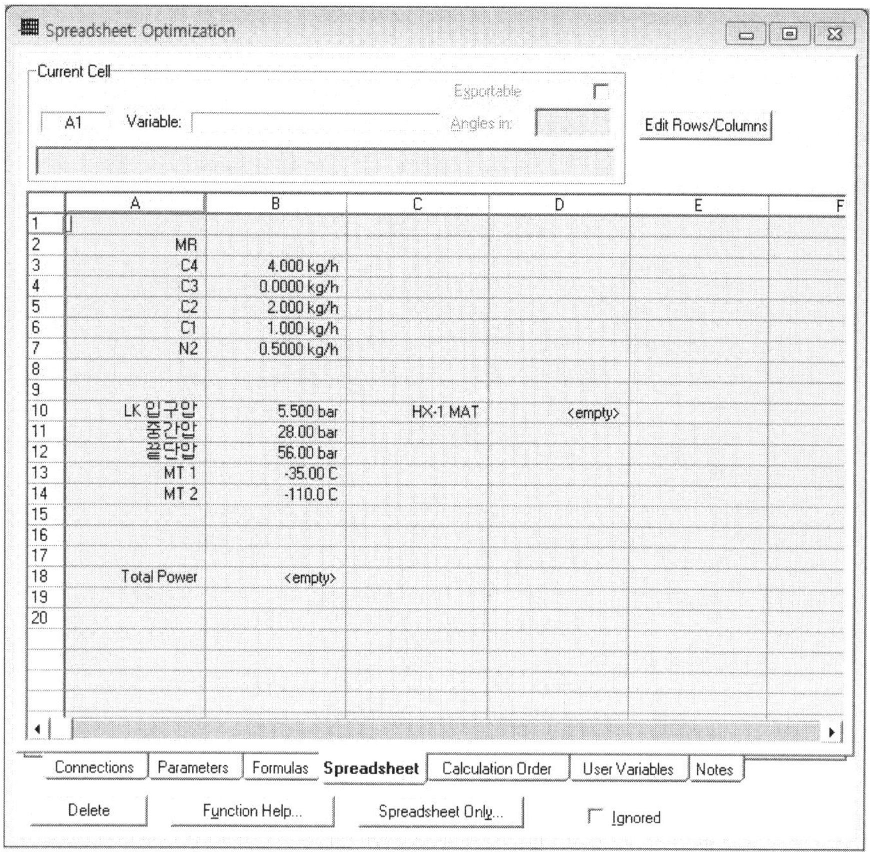

그림 4-38. LIMUM® 공정의 최적화를 위한 Spreadsheet

Main 열교환기에서 냉매 흐름의 완성을 위하여, 각 냉매의 JT Valve 이후의 연결을 그림 4-39와 같이 완성한다. 그림에서 Main 열교환기의 영역 3에 해당하는 차가운 냉매는 LK 하나로 "Vlv LK" 이후의 흐름으로 형성되며, 영역 2에서의 차가운 냉매는 "Vlv HK" 이후의 흐름과 Main 열교환기의 영역 3에서 나온 LK 가 혼합되어 영역 2를 냉각시킨다. 계속해서, 영역 1에서의 차가운 냉매는 영역 2에서 냉각에 사용된 냉매와 "VLV-100" 이후의 HHK 흐름이 혼합되어 Main 열교환기의 영역 1을 냉각시킨다.

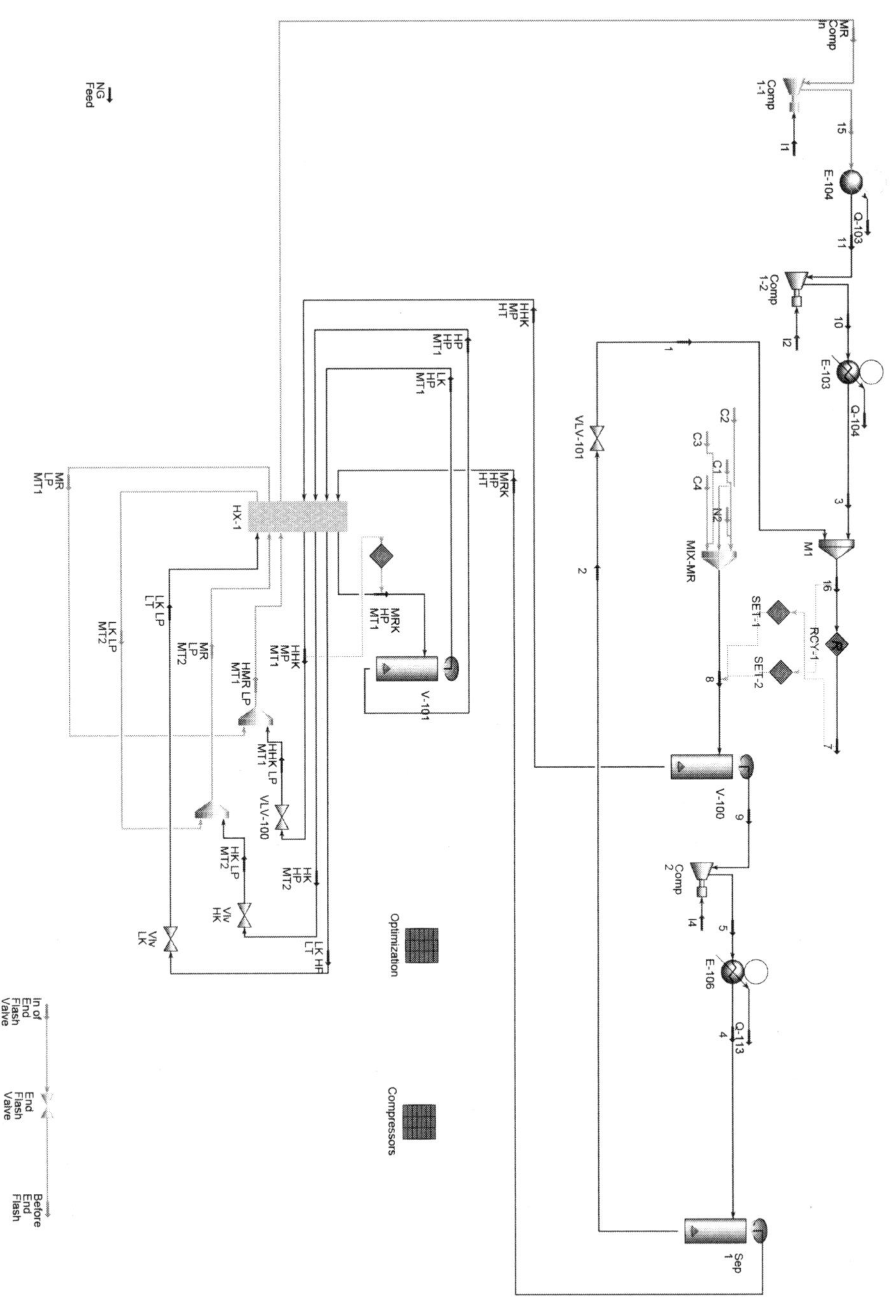

그림 4-39. LIMUM® 공정의 Main 열교환기에서 냉매 흐름에 대한 연결 완성

그림 4-40과 같이 천연가스가 LNG가 되는 흐름을 연결한다.

Main 열교환기의 온도 분포가 아직 완성되지 않았는데, 영역 3에서 사용된 냉매 (LK 냉매)와 영역 2에서 JT Valve를 통과한 이후에 혼합되는 냉매의 온도를 동일하게 놓을 수가 있다. 즉, "HK LP MT2" 흐름의 온도와 "LK LP MT2" 흐름의 온도를 동일하게 하고, 같은 이유로 "HHK LP MT1" 흐름의 온도와 "MR LP MT1" 흐름의 온도를 동일하게 할 수 있다. 여기까지 설정하면 설계를 위한 LIMUM® 공정의 Simulation이 완성되며, 계속해서 최적화를 수행할 수 있게 된다.

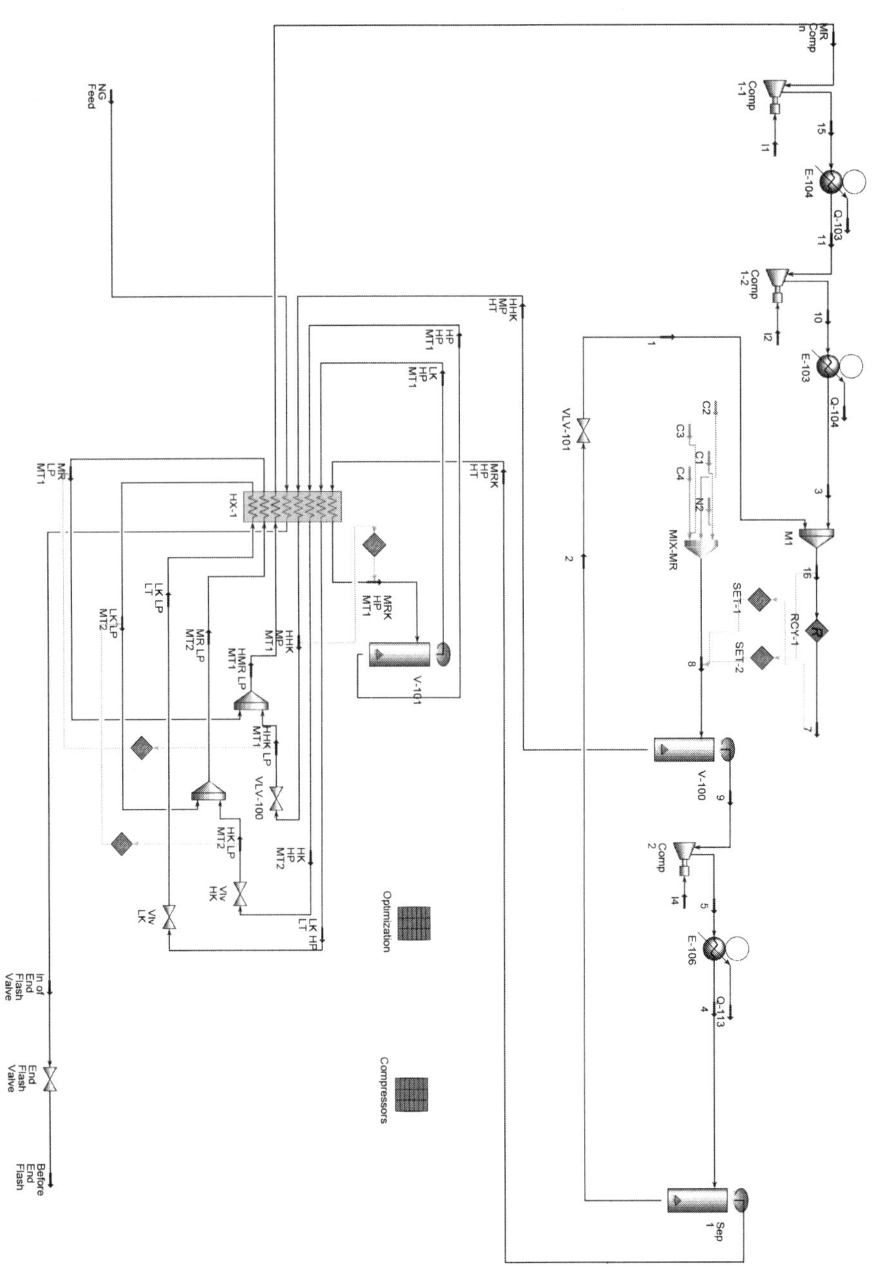

그림 4-40. 완성된 LIMUM® 공정 (최적화 이전) (확대 그림 별도 첨부)

그림 4-41에 아직 최적화를 수행하지 않았으나 일단 완성된 LIMUM® 공정의 압력값들을 나타내었다. 현재 구성된 LIMUM® 공정의 압력값과 관련하여 앞에서 설명하였듯이, 주어진 적절한 압력에서 냉매 조성과 중간 온도들로 최적화를 수행한 이후에, 약간의 압력 변화로는 최적화 결과에 많은 영향을 주지 않기에 현재 압력값들을 일단 그냥 사용하기로 한다. 이러한 의미는, 주어진 압력을 기반으로 냉매 조성을 변경하여 수행한 최적화 결과에는 이미 주어진 압력의 영향을 내포하고 있기에, 현재 주어진 압력값으로 천연가스 액화공정의 최적화를 수행한 결과만으로도 상당부분 최적화된 값으로 간주할 수 있다는 것이다. 물론, 더욱 정확한 최적화를 위해서는 압력 역시 변수로 포함된 최적화를 수행해야 하지만, 적절한 압력값의 영역에서 수행된 최적화의 결과는 서로 비슷한 결과를 보인다. 이러한 이유들로 압력을 변수로 최적화를 수행하기보다는 공정의 안전과 기계적 제작 한계 등 물리적 제약 조건에 따른 설계 조건에 따라 압력값들을 결정하는 편이 더 현실적이라 할 수 있다. 그림 4-42와 그림 4-43에 완성된 LIMUM® 공정의 온도와 유량값들을 표기하였고, 이러한 LIMUM® 공정을 기반으로 최적화를 수행한다.

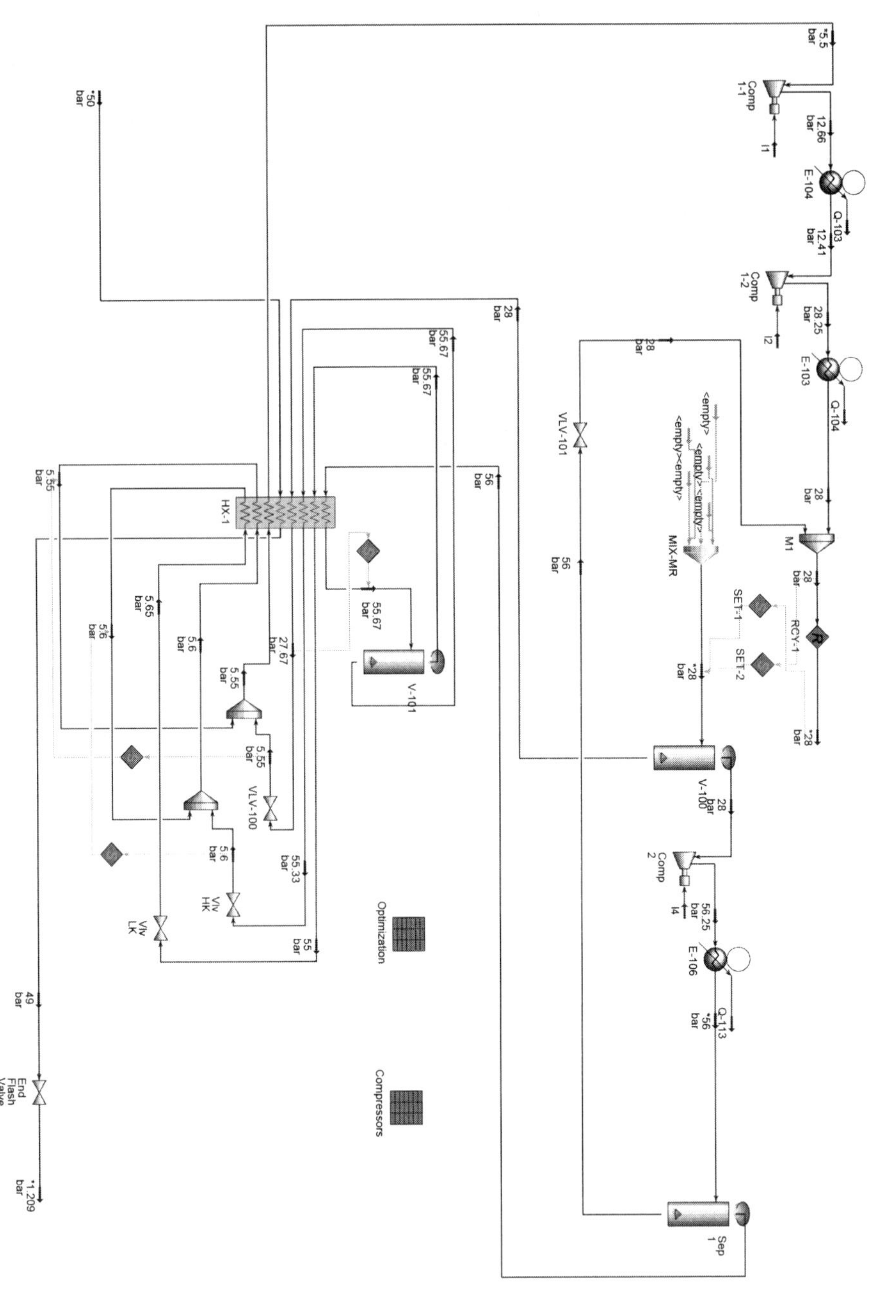

그림 4-41. 완성된 LIMUM® 공정의 압력값들 (최적화 이전)
(확대 그림 별도 첨부)

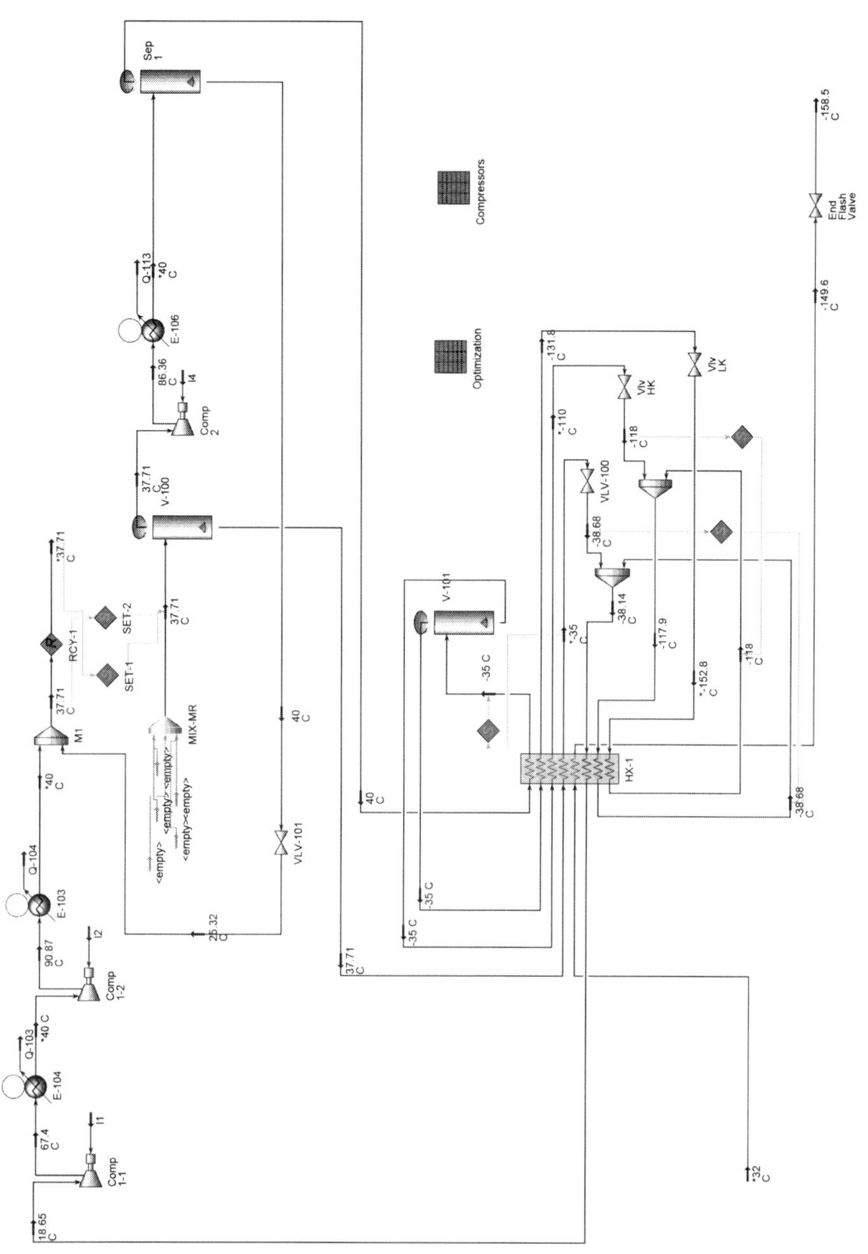

그림 4-42. 완성된 LIMUM® 공정의 온도값들 (최적화 이전)
(확대 그림 별도 첨부)

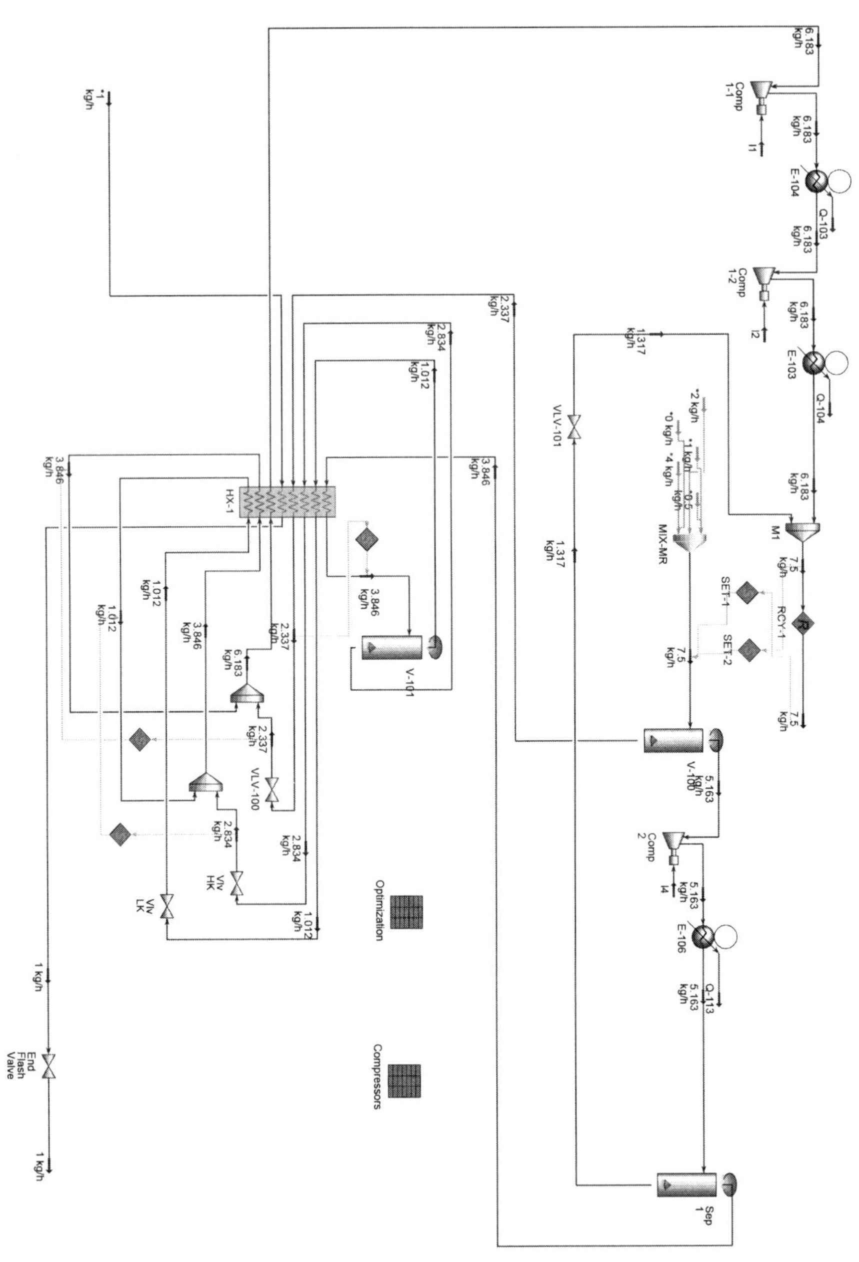

그림 4-43. 완성된 LIMUM® 공정의 유량값들 (최적화 이전)
(확대 그림 별도 첨부)

혼합 냉매를 사용하는 냉동사이클의 최적화를 수행하는데 있어서 가장 중요한 참고 자료는 열교환기의 온도 Profile이다. 열교환기 내에서 열교환을 하는 고온부 흐름과 저온부 흐름의 최소 접근 온도 기준을 3℃로 하였다면, 이 온도를 반드시 유지해야 한다. 즉, 열교환을 하는 이러한 고온부 흐름과 저온부 흐름의 온도 Profile을 보면서 최적화 전략을 구상하는 것이다.

최적화 초기에는 온도 Profile을 보지만, 최적화의 마지막에서 정교한 전략을 구성하기 위해서는 단지 두 흐름의 온도를 보는 것 보단, 온도차를 보는 것이 더 효과적이라고 할 수 있다. LIMUM® 공정의 예를 들면, 그림 4-44와 그림 4-45는 LIMUM® 공정 Main 열교환기의 고온부와 저온부 흐름의 온도차 Profile을 보여주는데, 그림 4-44는 최적화 이전의 온도차 Profile을 보여주고 그림 4-45는 최적화된 Profile을 보여준다.

그림 4-44의 Profile에 4개의 원을 추가하였는데, 이 4개의 원의 의미는 왼쪽의 저온에서부터 설명을 하면, 각각이 혼합 냉매 성분의 Boiling Point 순서로 질소, 메탄, 에탄, 부탄이 된다. 각각의 부분이 냉매 양에 대하여 반응을 한다. 즉, 메탄을 줄이면 두 번째 원의 온도차가 떨어진다. 메탄 냉매의 양을 줄일 때 바로 그 온도차가 3℃가 될 때까지만 그 양을 줄이는 것이다. 하지만, 특정 냉매의 변화로 해당 온도의 차가 변하는 것은 당연하지만, 그 해당 온도의 변화뿐만이 아니라 다른 냉매 영역의 온도차에도 영향을 줄 수 있다. 특정 냉매의 흐름양의 변화에 따라 해당 온도의 차가 우선적으로 변화하며, 이에 따라 근처의 온도차들도 같은 방향으로 변화하지만, 해당 냉매에서 멀리 떨어진 온도차들은 반대 방향으로 변화하는 경향이 보인다. 예를 들어, 질소 냉매의 감소는 질소 온도 영역의 온도 차이는 줄이며 이는 메탄 온도 영역의 온도 차이 역시 줄이는 효과를 보이지만, 그 보다 먼 온도 영역인 부탄 온도 영역에서는 온도 차를 늘이는 효과가 보이기도 한다는 것이다. 이러한 상호 관계 패턴을 고려하고 최적화를 수행하여야 만이 더 빠르고 효율적인 최적화를 수행할 수 있다. 여기서, 냉매 조성을 이용한 최적화란 그림 4-44의 온도차 Profile을 그림 4-45의 온도차 Profile로 만든다는 것이다.

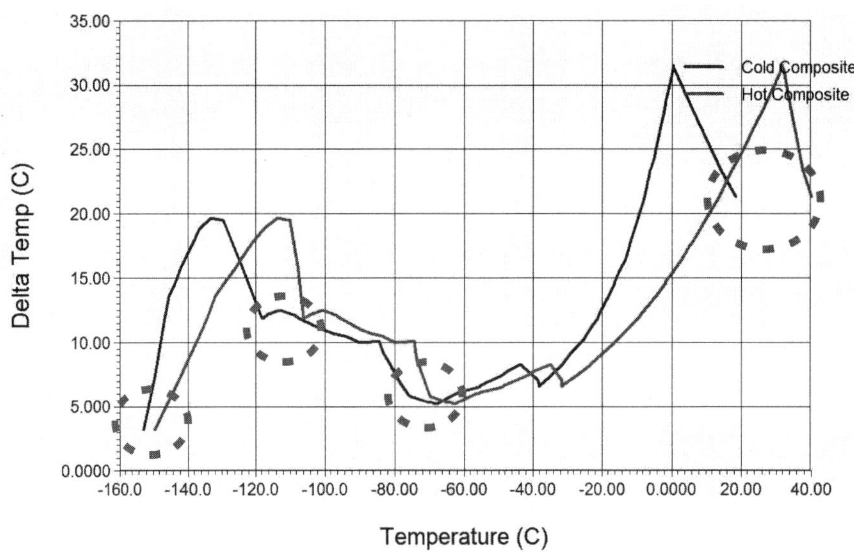

그림 4-44. LIMUM® 공정 Main 열교환기의 고온부와 저온부 흐름의 온도차 Profile (최적화 이전)

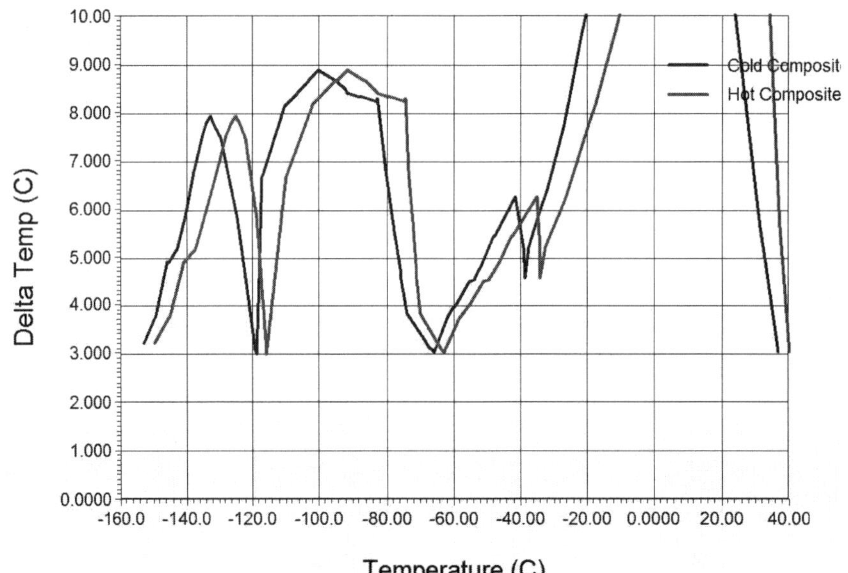

그림 4-45. LIMUM® 공정 Main 열교환기의 고온부와 저온부 흐름의 온도차 Profile (최적화 이후)

그림 4-44인 주 열교환기의 온도차 Profile을 자세히 보면서, 표 4-3에 표현한 것과 같이 최적화 작업을 따라해 본다. 최적화는 주로 Boiling Point가 낮은 성분부터 시작한다. 질소의 냉매 흐름은 0.5kg/hr인데, 이를 주 열교환기의 최소접근 온도를 보면서 줄여 본다. 계속해서 표 4-3에 나타난 것과 같이 메탄, 에탄, 프로판을 최소접근 온도를 보면서 줄여 본다. 프로판까지 줄였다면, 다시 질소부터 시작한다 (a-2). 계속해서 수행을 하면 표 4-3의 최종 최적화 값을 얻을 수 있다.
그림 4-46은 최적화된 LIMUM® 공정 Main 열교환기의 고온부 와 저온부 흐름의 온도 Profile로 두 개의 흐름이 매우 근접되어 있음으로 최적화가 잘 수행되었음을 알 수 있다.

표 4-3. LIMUM® 공정의 최적화 작업

	1	2	3	4	5	final
iC4 [kg/hr]	4	4	4	4 ⇨	3.16 ⇨	3.11
C2 [kg/hr]	2	2	2 ⇨	1.89	1.89 ⇨	1.815
C1 [kg/hr]	1	1 ⇨	0.925	0.925	0.925 ⇨	0.866
N_2 [kg/hr]	0.5 ⇨	0.25	0.25	0.25	0.25 ⇨	0.258
소요동력 [kW]	0.3759	0.3470	0.3340	0.3287	0.3268	0.3138
MCHE 최소접근 온도 [℃]	3.250	3.250	3.098	3.060	3.151	3.008

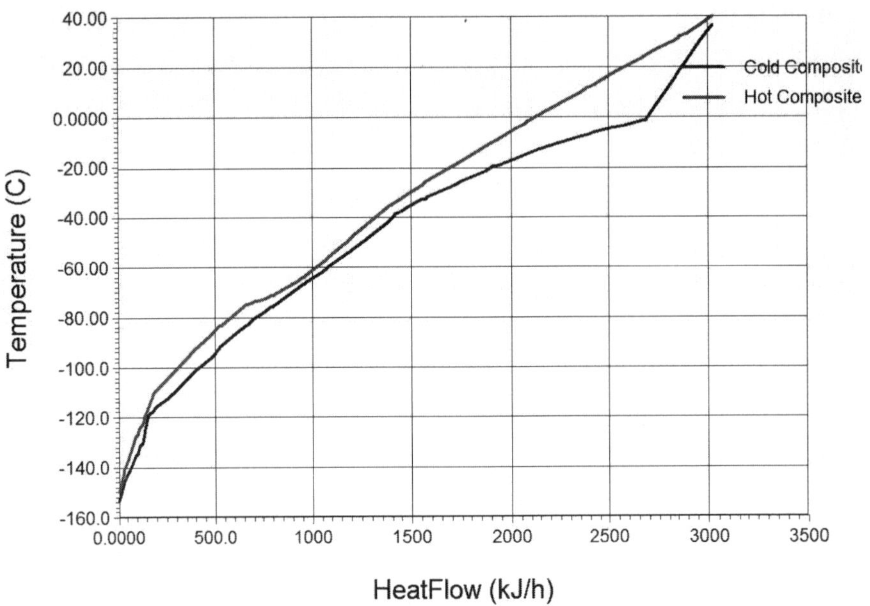

그림 4-47. 최적화된 LIMUM® 공정 Main 열교환기의 고온부 와 저온부 흐름의 온도 Profile

4.3 C3MR 공정

혼합 냉매를 사용하는 천연가스 액화사이클의 효율은 열교환기 내의 Hot Composite과 Cold Composite의 온도 분포도와 깊은 관련이 있다. SMR 공정의 열교환기 온도 분포도인 그림 3-54를 보면 -60℃ 이하의 저온 영역에서는 Hot Composite과 Cold Composite의 온도차가 작으나, -60℃ 이상의 경우에는 온도차가 벌어지는 것을 알 수 있으며, 이를 단순한 숫자만의 최적화 결과로 보기에는 생각할 부분이 많다.

최적화의 결과에 따라 구성된 SMR 공정을 살펴보면, 상대적으로 고온부에서 Hot과 Cold 흐름에 대한 온도차가 크기에 저온부와의 비교에 있어서 그 고온부의 효율이 나쁘다고 할 수 있다. 또한, 이러한 근본적인 문제를 해결하는 방법은 그 온도 영역에 대한 냉매를 다른 냉매 수단으로 대체하는 것이다. SMR 공정의 고온 영역을 대체하는 냉매가 프로판 (C3) 순수 냉매이면 C3MR 방법이고, 그 대체 냉매가 혼합 냉매(MR: Mixed Refrigerant)이면 MR-MR인 DMR (Dual Mixed Refrigerant) 방법이 된다 (p-3).

C3MR 공정은 Propane Pre-cooled Mixed Refrigerant 액화공정이라고도 하는데, 이는 그림 4-47에 나타나듯이 프로판으로 천연가스와 혼합냉매를 예냉한 이후에, 이 혼합냉매를 이용하여 열교환기 내에서 천연가스를 액화하기 때문에 붙여진 이름인 것이다.

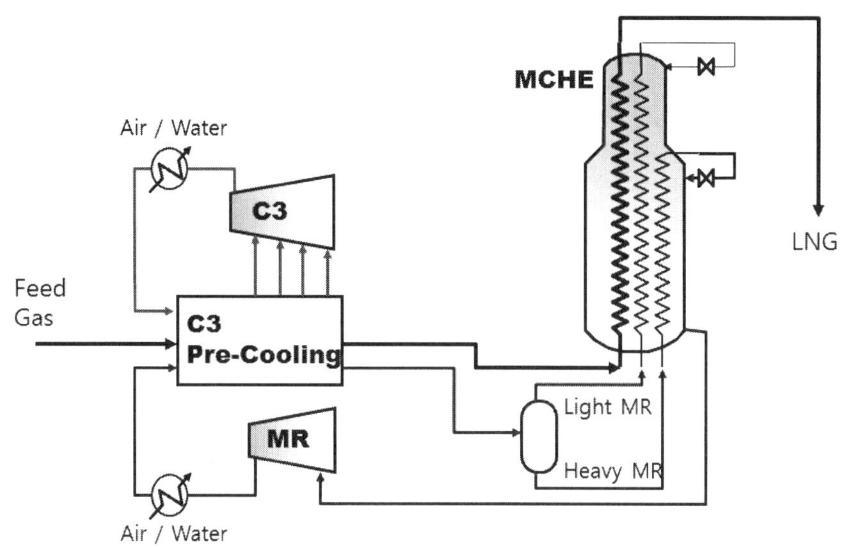

그림 4-47. C3MR (Propane Pre-cooled Mixed Refrigerant) 액화공정 개략 흐름도

그림 4-47의 개략도에 나타나듯이 C3MR 액화공정에서 MR 공정은 기액분리기가 있는 SMR공정과 같으나, 이러한 MR을 C3 냉매로 예냉한 이후에 MCHE에서 사용한다는 것에 차이가 있다. 또한, 이러한 이유로 그림 4-48에 나타나듯이 천연가스가 액화되는 온도 분포도에서 냉매의 온도 분포도가 2개로 나타난다.

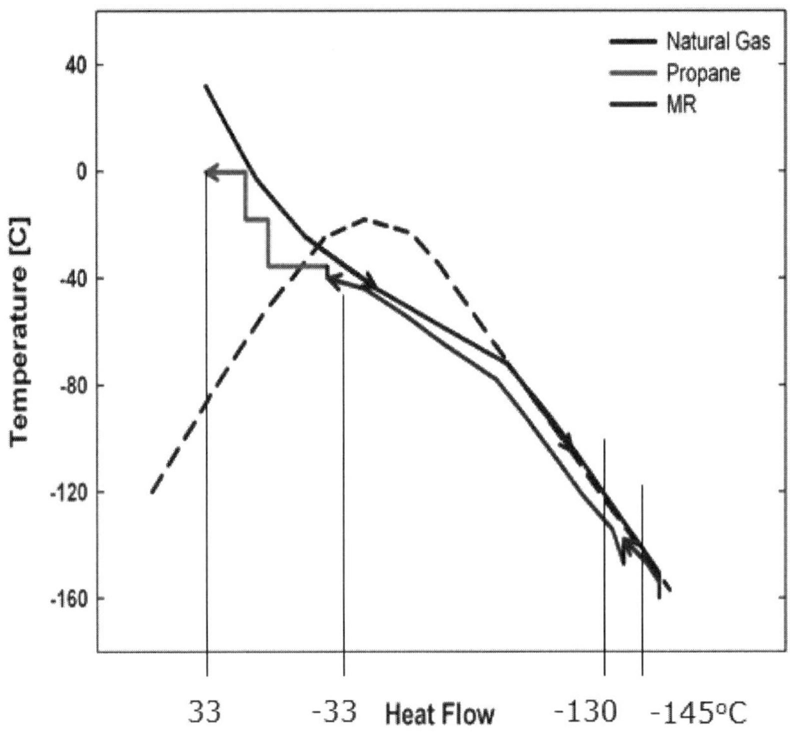

그림 4-48. C3MR 공정의 열교환기 안의 온도분포도

C3MR 공정의 열교환기 내의 온도분포도인 그림 4-48을 보면, 저온부분은 SMR 공정인 그림 3-54와 거의 같고, 상대적으로 고온부분은 Optimized Cascade 공정의 프로판 냉매 온도분포도와 같음을 알 수 있으며, 이로 인하여 C3MR 공정은 혼합 냉매와 순수 냉매의 장점을 결합한 형태임을 알 수 있다.

그림 4-49에 프로판 예냉 공정에 대한 구조를 자세히 나타내었다. C3(프로판) 순수 냉매이기에 기본 이론은 Optimized Cascade와 같으며, 천연가스와 혼합 냉매(MR)를 동시에 병렬구조로 냉각한다는 구조는 Cascade 공정에서 C3 냉매 공정인 그림 3-17과 유사하다. 그림 4-49에서 C3 냉매는 압축기 냉각 후 액체가 될 수 있는 압력까지 가압을 한 이후에 냉각하고, 이 냉매를 필요한 온도로 만큼 적절하게 감압하여 냉매로 사용한다. 사용된 냉매는 다시 압축하는 형태로 각 열교환기는 Optimized Cascade 공정의 프로판 순수 냉매사이클의 열교환기와 같은 구조이다.

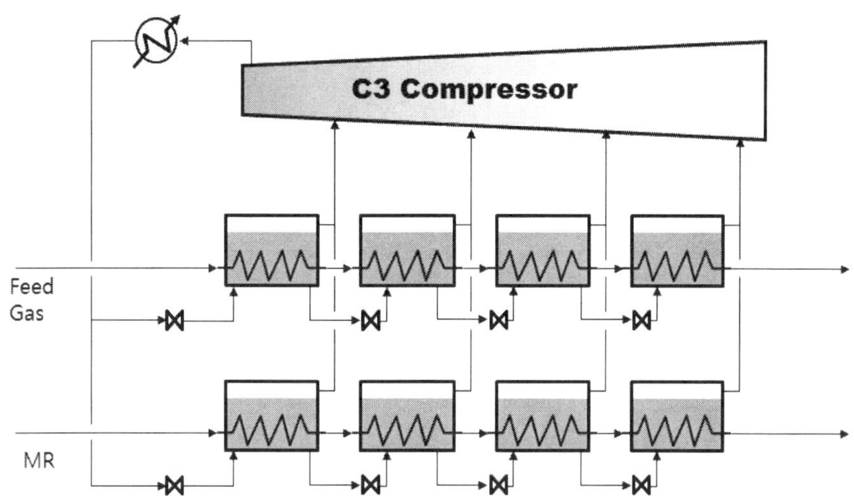

그림 4-49. C3MR에서 C3 냉매 공정 흐름도

각 열교환기의 냉매 액위는 냉매가 열교환기로 들어오는 밸브를 이용하여 조절하는데, 이 밸브가 온도를 떨어뜨리는 JT 밸브 역할도 한다. 각 열교환기의 온도는 해당 열교환기의 냉매 압력에 의하여 결정되는데, 이는 주어진 압력에 대한 기•액 평형 온도가 된다는 것이다. 또한, 각 열교환기의 압력은 압축기 입구 압력으로 결정된다. 공정을 설계할 때 아주 낮은 압력을 설정하더라도 보통 대기압 보다 조금 높게 설정을 해야 하는데, 이는 기밀에 문제가 있을 때 외부로부터 공기가 유입돼서 폭발로 이어지는 것을 방지하기 위하여 대기보다 높은 압력을 유지하려는 것이다. 이로 인하여, C3 냉매의 최저압은 1.2 혹은 1.3bar로 설정하며, 1.3bar로 설정하면 이에 대한 기•액 평형 온도는 -36.34℃ 이기에 C3 냉매의 최저 온도는 -36.34℃가 되며, 열교환기의 최소 온도차를 3℃이라 하면 C3 냉매로 낮출 수 있는 공정의 최저 온도는 -33.34℃가 된다.
HYSYS®를 이용하여 그림 4-50과 같이 냉동사이클 기본 구조를 구성한다. 그림 4-50의 구조는 C3MR 공정에서 C3 냉매 냉동사이클을 구성하기 위한 첫 번째 냉동사이클의 구성이다. C3 냉매 냉동사이클을 4단으로 구성할 때, 그림 4-50의 냉동사이클은 압축의 맨 마지막 단이며, C3 냉매사이클에서 가장 고압의 압축단이기에 관련 열교한기인 "HE C3-NG 4" 의 온도도 C3 열교환기 중에 가장 높다.

그림 4-50에서 기액분리기인 "SV C3 4" 는 온도가 떨어진 냉매 중에서 액체 냉매만을 열교환기에서 사용하고 나머지 기체 냉매는 다시 압축기로 송부할 수 있도록 기·액을 분리하는 기능을 수행하고, 흐름 "8" 은 이전 압축단에서 올라오는 냉매를 이어 받아서 압축하기 위한 흐름이다. 또한, 흐름 "14" 는 더 압력을 낮춰서 더 낮은 온도를 만들어 사용하기 위하여 다음단의 압축 냉동사이클로 송부하는 냉매 흐름이다.

그림 4-50에서 흐름 "NG Feed" 는 앞의 2-3-1장에서 설정한 것과 같으며, 열교환기 "HE C3-NG 4" 에서 냉매 흐름 쪽의 압력강하는 Shell&Tube 형 열교환기에서 Shell 쪽이기에 압력강하가 없는 것으로 가정하였으며, Tube 쪽은 25kPascal로 하였고, 이 압력강하 값을 C3 냉동사이클에 있는 같은 형태의 모든 열교환기에 동일하게 적용하였다.

전체 C3 압축기는 4단으로 구성되기에 열교환기 역시 4단의 온도 구성을 하게 되며, 이를 통하여 40℃의 NG Feed가 -33.34℃가 되며, 그 중간 온도는 대략적으로 40℃, 15℃, -5℃, -25℃, -33.34℃로 하였고, 나중에 다시 최적화하여 중간 온도를 다시 설정하게 된다. 즉, 첫 C3 액화사이클을 나오는 천연가스 흐름 "NG C3 4" 의 온도는 15℃, 압력은 59.75bar로 결정 된다.

C3 냉매의 상태는 흐름 "C3 HP HT" 에서 결정되어 질 수 있다. 흐름 "C3 HP HT" 에 조성은 C3 = 1로 넣고, 액체 100% 상태에 온도는 냉각기 출구 조건인 40℃로 할 수 있는데, 이로 인하여 압력이 13.73bar로 계산되어 진다. 흐름 "8" , "C3 V4" , "7" 이 합쳐지는 Mixer의 선택 사항 중에서 압력을 동일 압력으로 설정한다. 열교환기는 Shell&Tube 형태로 Shell의 액체 상태에서 기화되는 냉매를 모아서 C3 압축기에서 압축시키는 것이다. 즉, 열교환기를 떠나는 냉매는 기·액 평형상태이기에 흐름 "C3V4" 의 Vapor Fraction = 1로 설정되며, 이로 인하여 "C3V4" 의 온도가 결정되면 해당 압력이 결정될 수 있도록 한다.

C3 냉매는 천연가스뿐만 아니라 MR도 냉각시켜야 한다. 그림 4-51에 그림 4-50의 "HE C3-NG 4" 에 연장하여 "HE C3-MR 4" 를 연결한 공정 구성을 나타내었다. 혼합 냉매는 3.2.2장의 그림 3-37 관련하여 설명한 것처럼 각 냉매의 유량 흐름으로 구성하였고, N_2 = 0.5kg/h, C1 = 1kg/h, C2 = 1kg/h, C3 = 0.5kg/h로 초기 값을 설정해 보았다.

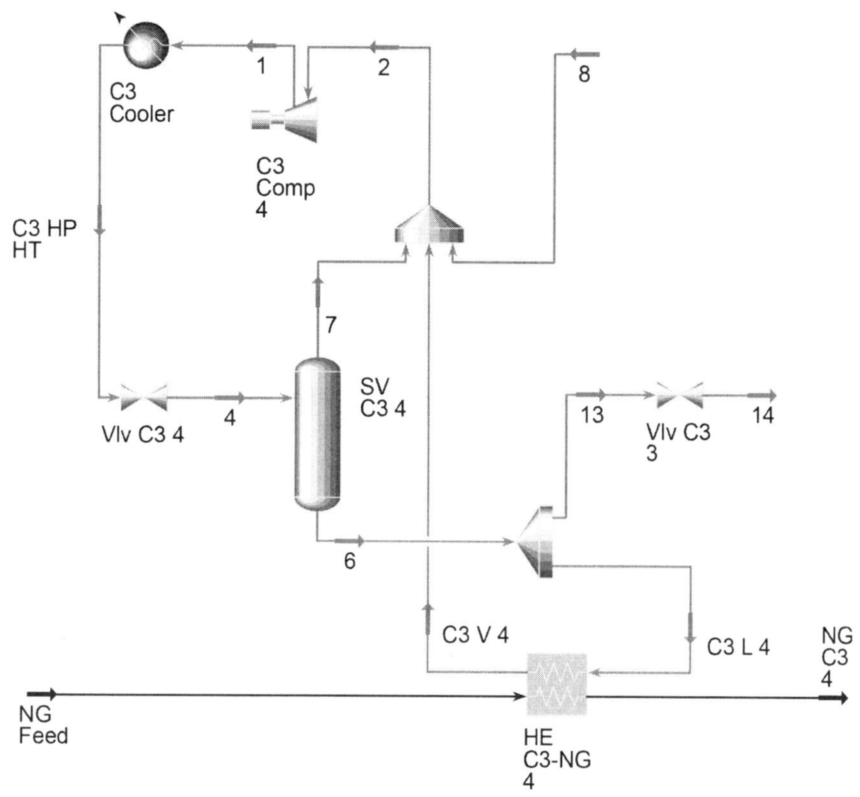

그림 4-50. C3 냉동사이클 기본구조

앞의 SMR 공정과는 달리 C3 양을 적게 하였는데, 이는 C3 냉매의 역할에 해당하는 온도에 대하여 이미 C3 냉매로 예냉을 하기에 이로 인하여 C3의 역할이 줄어들었기 때문이다.

혼합 냉매의 온도는 압축기 냉각기 온도인 40℃로 하였고, 압력은 60bar로 설정한다. 열교환기 "HE C3-MR 4" 의 MR 출구 온도는 C3 냉매 온도보다 3℃ 높게 설정하며, 이는 "HE C3-NG 4" 의 천연가스 출구 온도와 같으며, 이를 그림 5에서처럼 Set을 이용하여 설정하면, 열교환기 "HE C3-NG 4" 와 "HE C3-MR 4" 의 공정 상태를 결정할 수 있게 된다. 앞의 천연가스 열교환기에서와 같이 "C3 V 4_" 에 Vapor Fraction = 1을 설정한다.

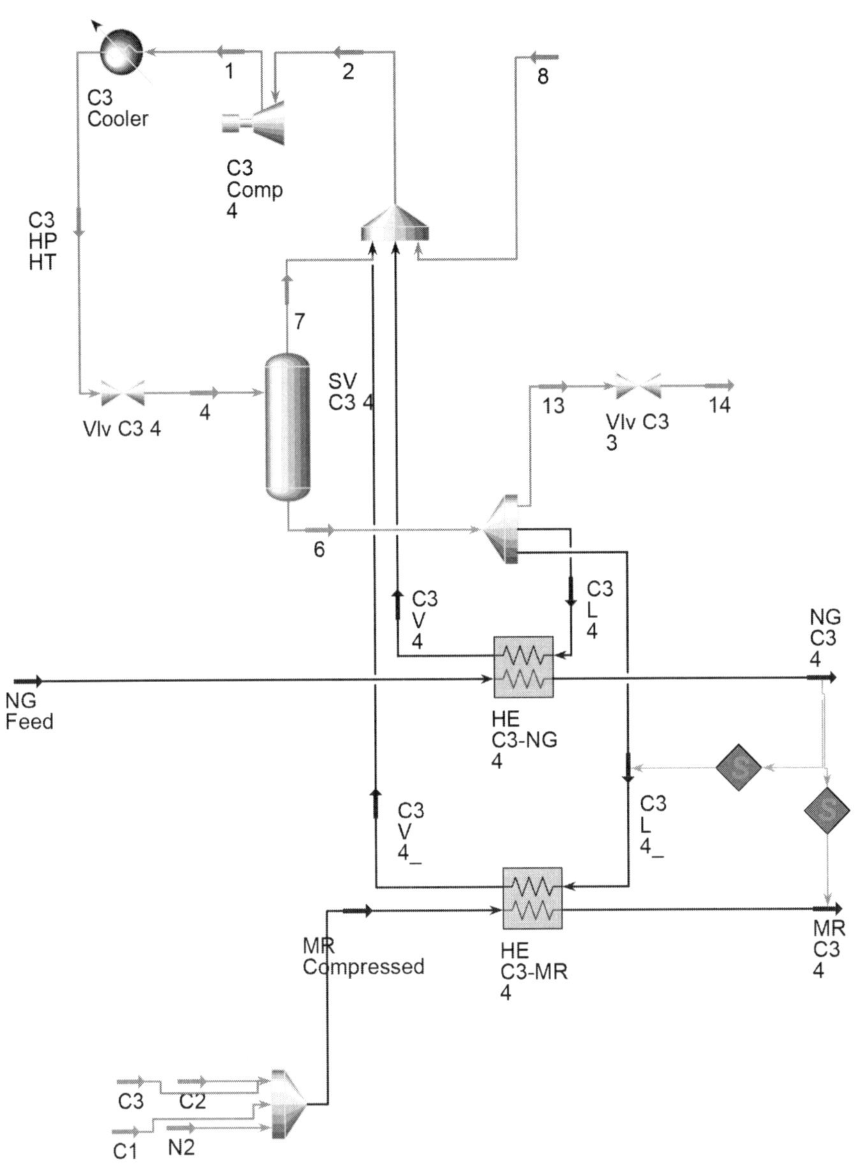

그림 4-51. C3 냉매를 이용하여 MR을 냉각하는 냉동사이클 기본구조

다음은 같은 구조의 연장으로 그림 4-52와 같이 C3MR 공정의 C3 예냉 공정을 완성한다. 각 열교환기는 Shell&Tube 형태로 Shell 측인 C3 냉매는 압력강하가 0kPascal이고 Tube 측인 천연가스 흐름과 혼합 냉매 흐름은 25kPascal로 한다.

공정에서 결정해야 할 압력값은 C3 압축기 흐름 중 최저압이며, 이는 흐름 "34" 의 압력값인 1.3bar로 한다. 이에 따라 흐름 "34" 의 온도가 결정되는데, 이로 인하여 C3 냉매사이클 맨 마지막의 온도가 결정되고, 이를 통하여 천연가스와 혼합 냉매의 온도를 결정하게 된다. 앞에서 Set을 이용하는 것과 같이 냉매 보다 3℃ 높게 천연가스와 혼합 냉매의 온도를 결정한다.

천연가스가 냉각되는 중간 온도를 앞에서 설명하였듯이 15℃, -5℃, -25℃로 설정하고, C3 냉매의 마지막 온도는 -36.34℃ (1.3bar의 평형 온도)가 되며, 이로 인하여 천연가스와 혼합 냉매는 C3 냉매에 의하여 -33.34℃까지 냉각되게 구성된다.

C3 예냉 사이클은 그 구조가 다소 복잡해 보이지만, 실제로는 몇 개의 설계 변수로 전체 공정이 결정된다고 할 수 있다.

C3MR 공정에서 C3 예냉 공정이 그림 4-52와 같이 완성되었다면, 그림 4-53과 같이 MCHE 열교환기, 천연가스 흐름 공정, 그리고 혼합 냉매 기액분리기를 구성한다. MCHE는 5개 흐름으로 구성하며, 5개의 흐름에는 (1)천연가스, (2)분리된 혼합냉매의 LK, (3)분리된 혼합냉매의 HK, (4)차가운 LK 흐름 및 (5)LK와 HK가 혼합된 차가운 냉매 흐름이 있다. MCHE 내에 5개 흐름에 대한 압력 강하를 설정해야하는데, 전체 열교환기에 걸리는 압력강하를 1bar 로 한다면, (1)천연가스와 (2)분리된 혼합냉매의 LK 는 전체 열교환기 처음부터 끝까지 연결되므로 1bar로 결정되고, (3)분리된 혼합냉매의 HK, (4)차가운 LK 흐름 및 (5)LK와 HK가 혼합된 차가운 냉매 흐름들은 처음에서 끝까지 연결되지 않기에 0.5bar로 설정된다. 본 압력구배 방법은 PFHE (Plate Fin Heat Exchanger)에 대한 방법이며, 이 압력 강하량은 온도 구배 및 유량에 따라 달라지기에 나중에 다시 설정할 수도 있지만, 최종적으로는 열교환기 제작사가 설계하면서 결정하게 된다.

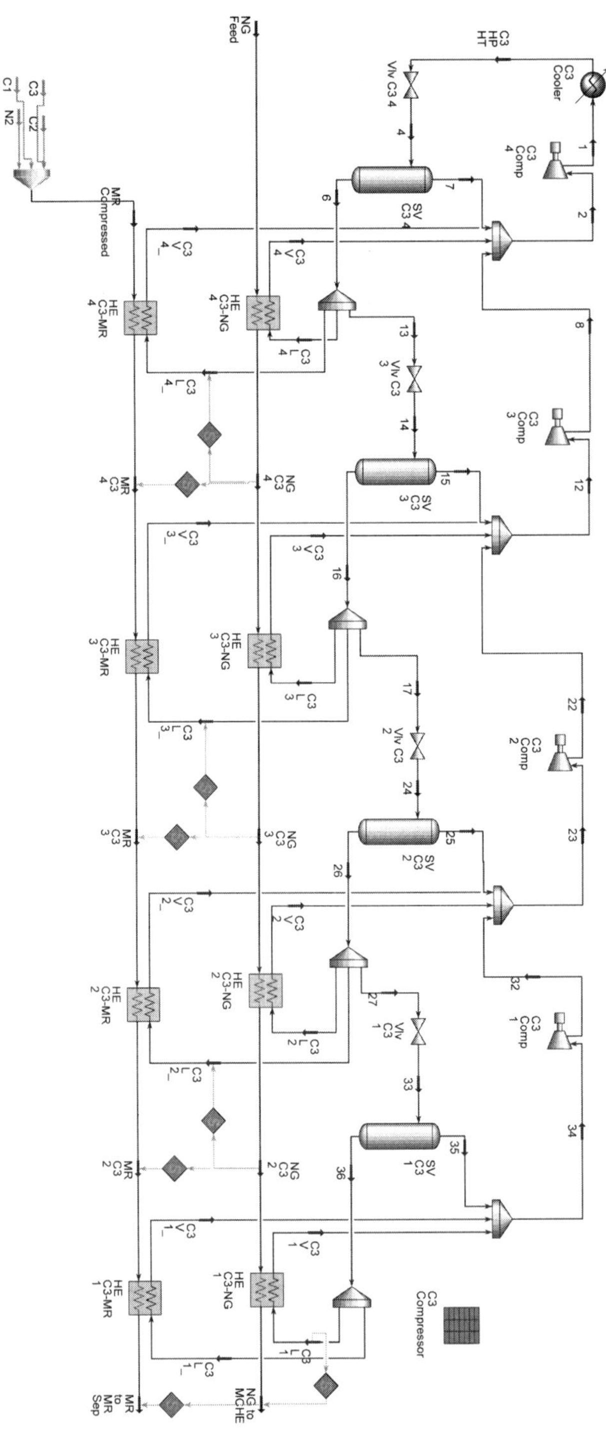

그림 4-52. C3MR 공정에서 C3 예냉 공정

C3 예냉기에서 -33.34℃까지 예냉된 천연가스는 MCHE를 통하여 액화되는데, 액화된 천연가스의 온도 및 압력은 앞의 공정들과 같으며 이에 대해서는 앞의 3.1.2장에서 설명한 것과 같다.

C3 예냉기에서 예냉된 혼합냉매는 기액분리기가 있는 SMR 공정에서와 같이 기·액이 분리된 이후에 MCHE에서 각각의 온도 범위에 맞는 냉매 역할을 수행한다. 그림 4-53과 같이 천연가스가 LNG가 되는 흐름 및 혼합냉매가 분리되어 열교환기로 유입되는 흐름을 구성한다.

계속해서 혼합 냉매 압축기를 그림 4-54와 같이 구성해 본다. 혼합냉매의 압력은 최저압 3.3bar에서 60bar로 압축하는 형태로 설계한다. 혼합냉매 압축은 4단으로 구성하고, MCHE에서 냉매가 냉각을 해야 할 대상의 온도가 천연가스 및 혼합냉매의 유입 온도인 -33.34℃이기에, 열교환기로부터의 회수된 냉매 온도인 압축기 첫 단의 입구측 온도는 이보다 높을 수 없다. 이러한 상황으로 인하여 혼합 냉매 압축기 첫 단의 출구 온도가 냉각기의 온도 보다 낮아지게 되는데, 이러한 이유로 혼합 냉매 압축시스템의 첫 단인 흐름 "44" 에는 냉각기가 없다.

4단의 혼합냉매 압축기는 일단 동일 압축비로 구성하였으며, 이 압력값을 그림 4-55와 같이 Spreadsheet를 이용하여 계산하고, 계산된 압력값은 각 압축기의 냉각기 출구측 압력값으로 연결하였다. 혼합냉매 압축기에서 압축을 한 냉매는 C3 액화공정에서 예냉을 하는데, 이는 흐름 "MR Compressed_" 와 "MR Compressed" 로 연결되며, 두 흐름은 단지 Set으로 압력값만 전달되는데, 이는 나중에 혼합냉매 압축기의 최고압을 변동할 경우에 연동되도록 연결한 것이다.

4단의 혼합냉매 압축시스템에서 각 단의 압력값을 결정하기 위해서는 그림 4-55와 같은 Spreadsheet를 사용한다. 사용된 수식은 SMR 공정의 그림 3-42의 Spreadsheet와 식 3-1과 같으며, Spreadsheet의 C6~C9 Cell에는 소요동력을 연결하고 그 합계를 C10에 표기하기로 한다.

혼합 냉매 압축시스템의 공정구성이 완성되면, 그림 4-56과 같이 각 냉매 흐름에 대한 JT 밸브를 연결한다. HK 냉매의 JT 밸브 이후 LK 흐름과의 혼합은 기액분리기가 있는 SMR 공정과 같은 형태로 구성하게 된다.

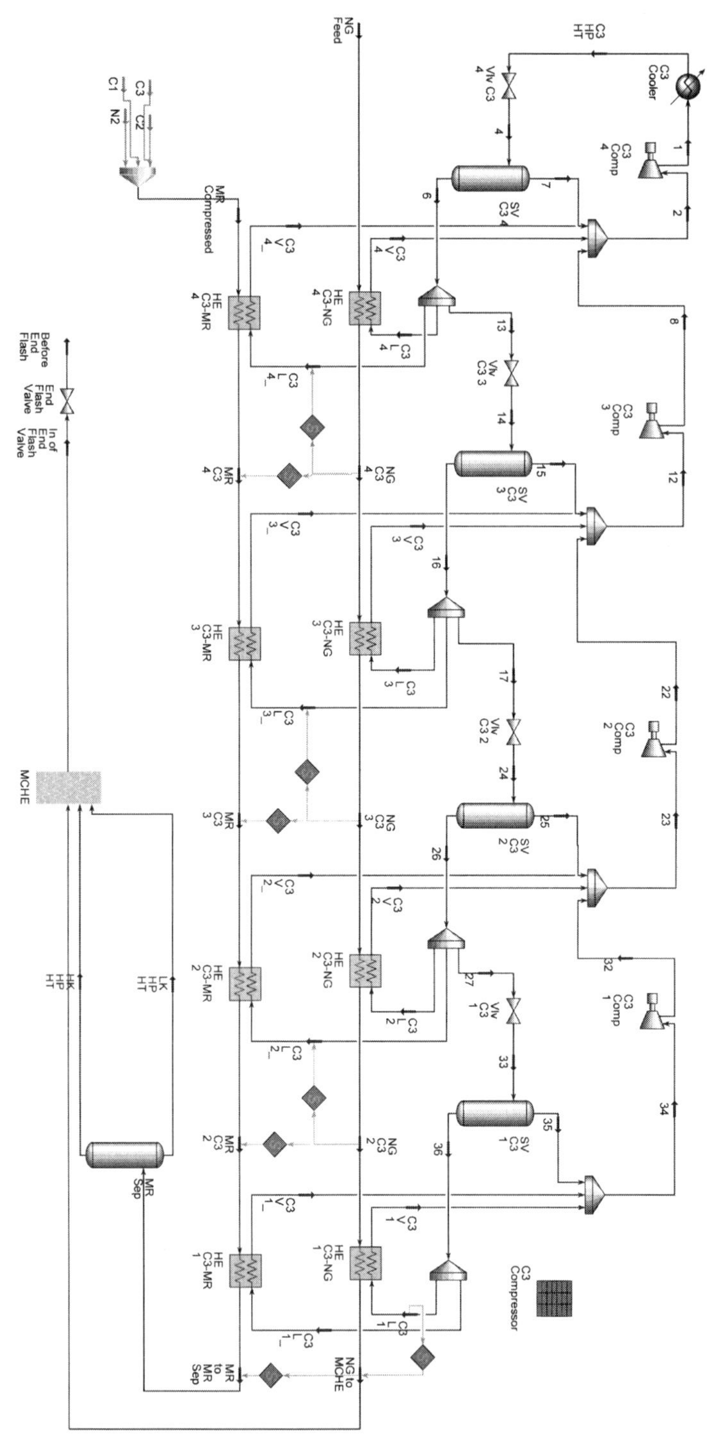

그림 4-53. C3MR 공정에서 혼합 냉매 분리기 및 LNG 흐름 구성

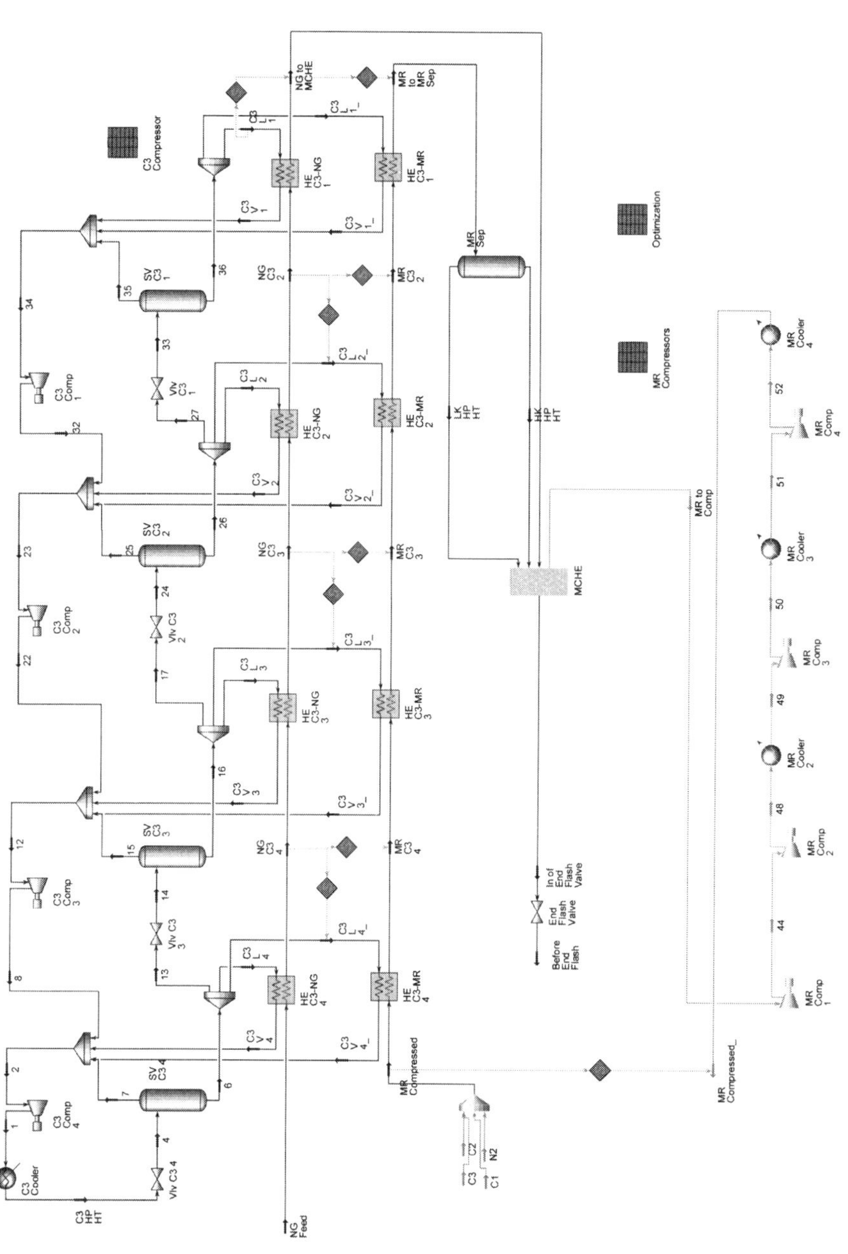

그림 4-54. C3MR 공정에서 혼합냉매 압축기 구성

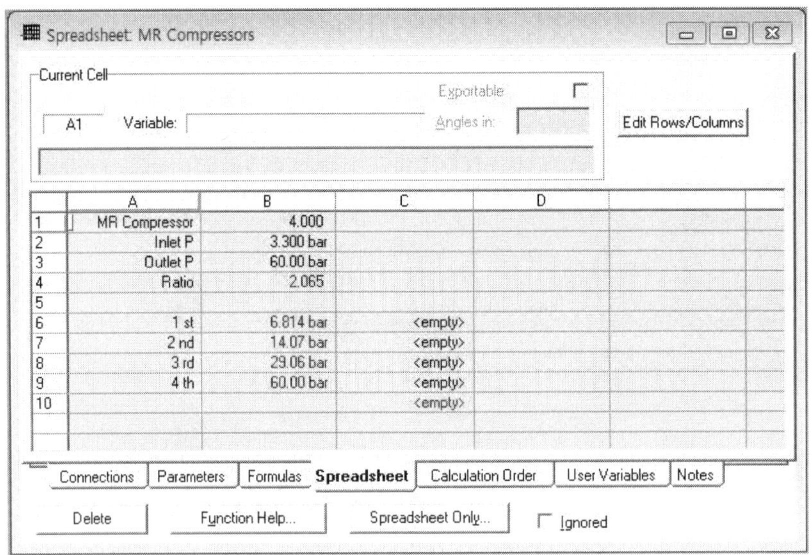

그림 4-55. 혼합냉매 압축기의 압축비 계산 Spreadsheet

공정 구성이 완성된 C3MR 공정을 최적화하려면, 그림 4-57에서처럼 주요 최적화 변수를 하나의 Spreadsheet로 모아서 최적화를 수행해야 편리하다. 그림 4-57의 Spreadsheet에는 우선 C3 예냉사이클을 최적화하기 위한 변수 3개인 4단 C3 압축기의 중간 천연가스 온도를 B2~B4 에 넣고, 해당 압축기인 C3 압축기의 소요 동력을 D1에 표시하였다.

MR 압축기 시스템을 최적화하기 위하여 혼합냉매 각 성분의 흐름을 B7~B10에 표기하였고, MR 압축기 시스템의 입구 압력과 출구 압력을 B12와 C12에 표기하였다. 계속해서, HK의 JT Valve 이후의 온도를 B13에 연결하였으며, 또한 이온도 값은 LK와 혼합되는 온도가 된다.

공정 최적화 목적 함수의 결과 값인 압축기 소모 동력을 B17에 나타내었으며, 이 값이 가장 작은 값이 되도록 공정 변수들을 결정하는 것이 최적화 작업이 된다. 또한, 최적화 작업의 제한 조건인 MCHE의 최소 접근 온도를 B16에 표기하였으며, 최적화를 수행할 때 이 값이 3℃ 이상이 되도록 해야 한다.

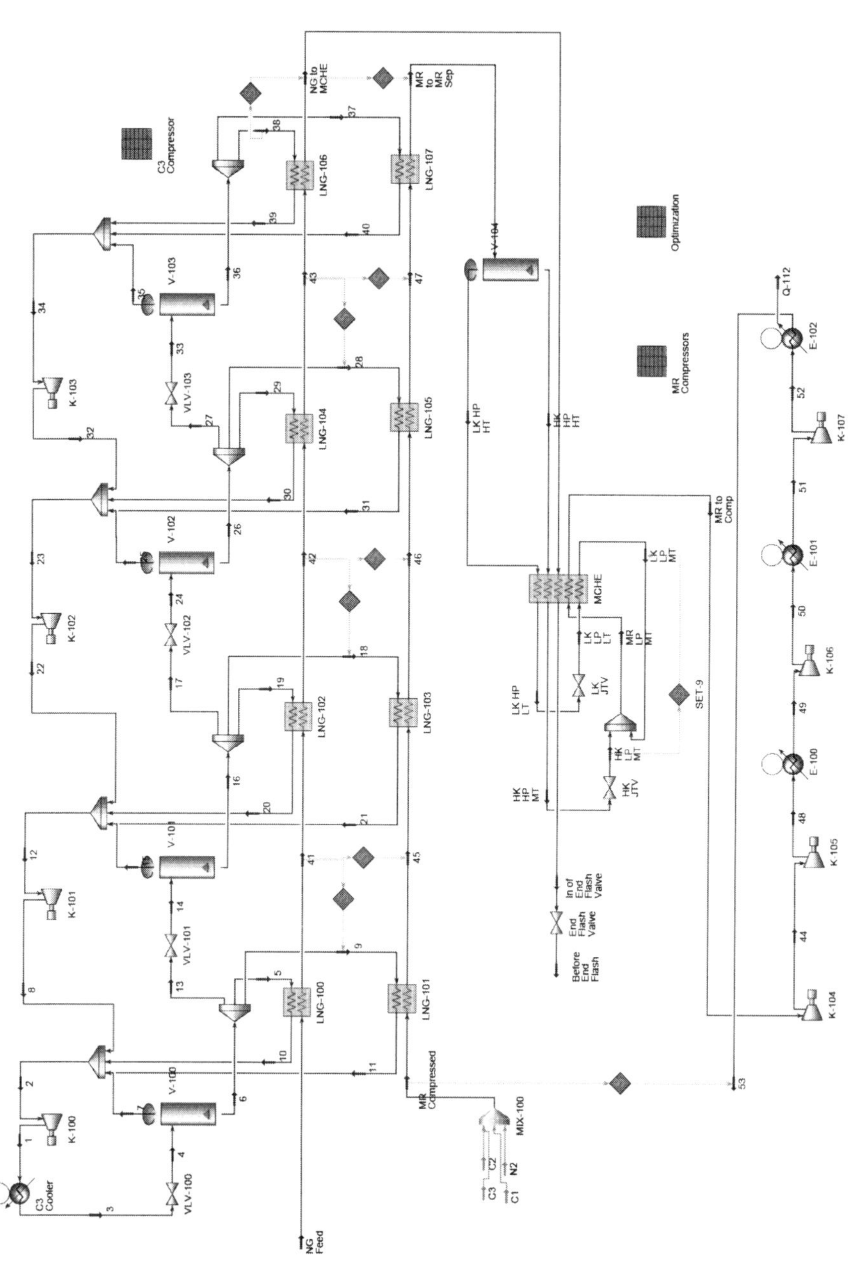

그림 4-56. 완성된 C3MR 공정 (최적화 이전) (확대 그림 별도 첨부)

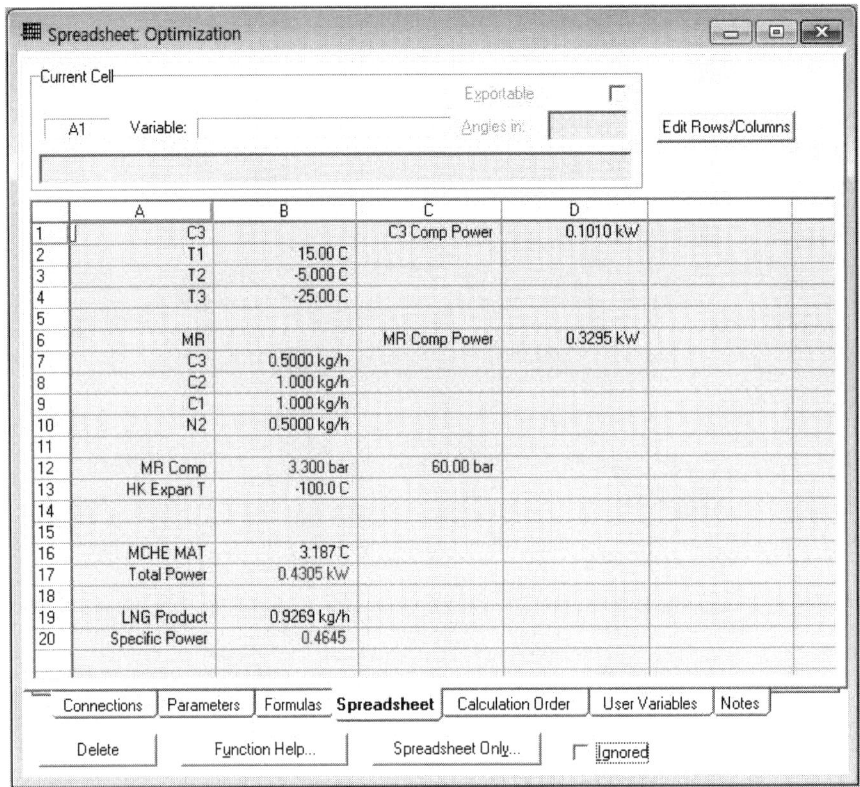

	A	B	C	D
1	C3		C3 Comp Power	0.1010 kW
2	T1	15.00 C		
3	T2	-5.000 C		
4	T3	-25.00 C		
5				
6	MR		MR Comp Power	0.3295 kW
7	C3	0.5000 kg/h		
8	C2	1.000 kg/h		
9	C1	1.000 kg/h		
10	N2	0.5000 kg/h		
11				
12	MR Comp	3.300 bar	60.00 bar	
13	HK Expan T	-100.0 C		
14				
15				
16	MCHE MAT	3.187 C		
17	Total Power	0.4305 kW		
18				
19	LNG Product	0.9269 kg/h		
20	Specific Power	0.4645		

그림 4-57. C3MR 공정을 최적화하기 위한 Spreadsheet

아직 최적화를 하지 않았지만, 완성된 C3MR 공정인 그림 4-56의 공정 구성에 대한 압력값들을 그림 4-58에 표현하였고, 온도값들을 그림 4-59에 표현하였고, 유량값들을 그림 4-60에 표현하였다.

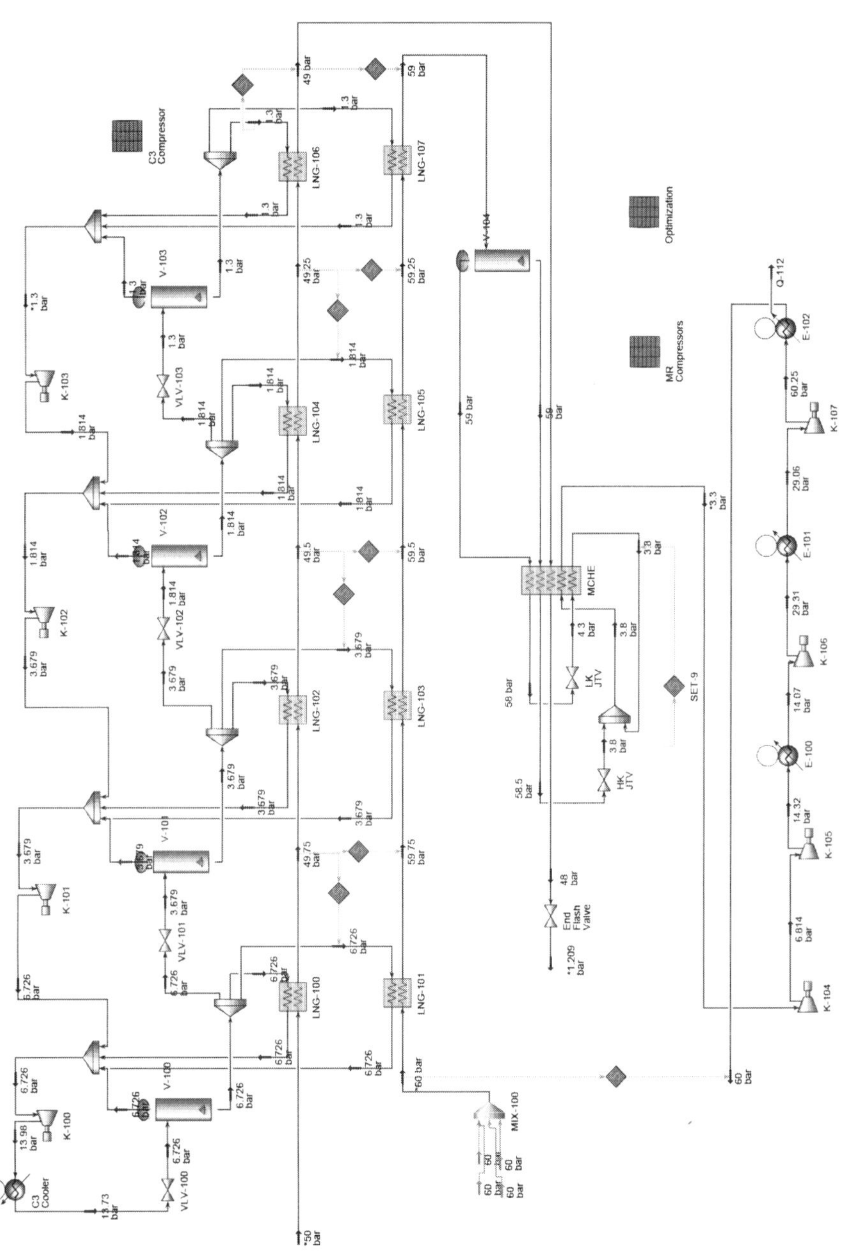

그림 4-58. 완성된 C3MR 공정에 대한 압력 값 (최적화 이전 단계)
(확대 그림 별도 첨부)

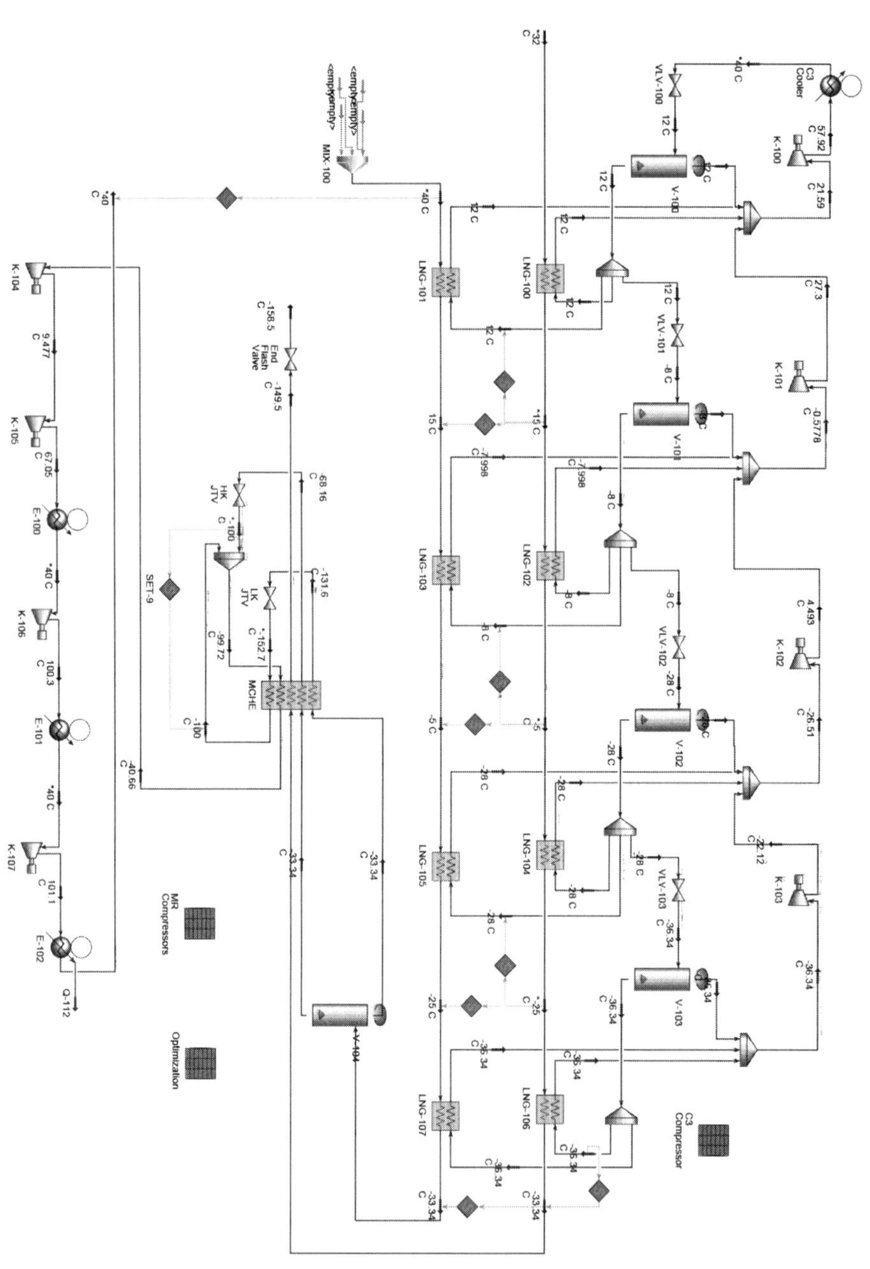

그림 4-59. 완성된 C3MR 공정에 대한 온도 값 (최적화 이전 단계)
(확대 그림 별도 첨부)

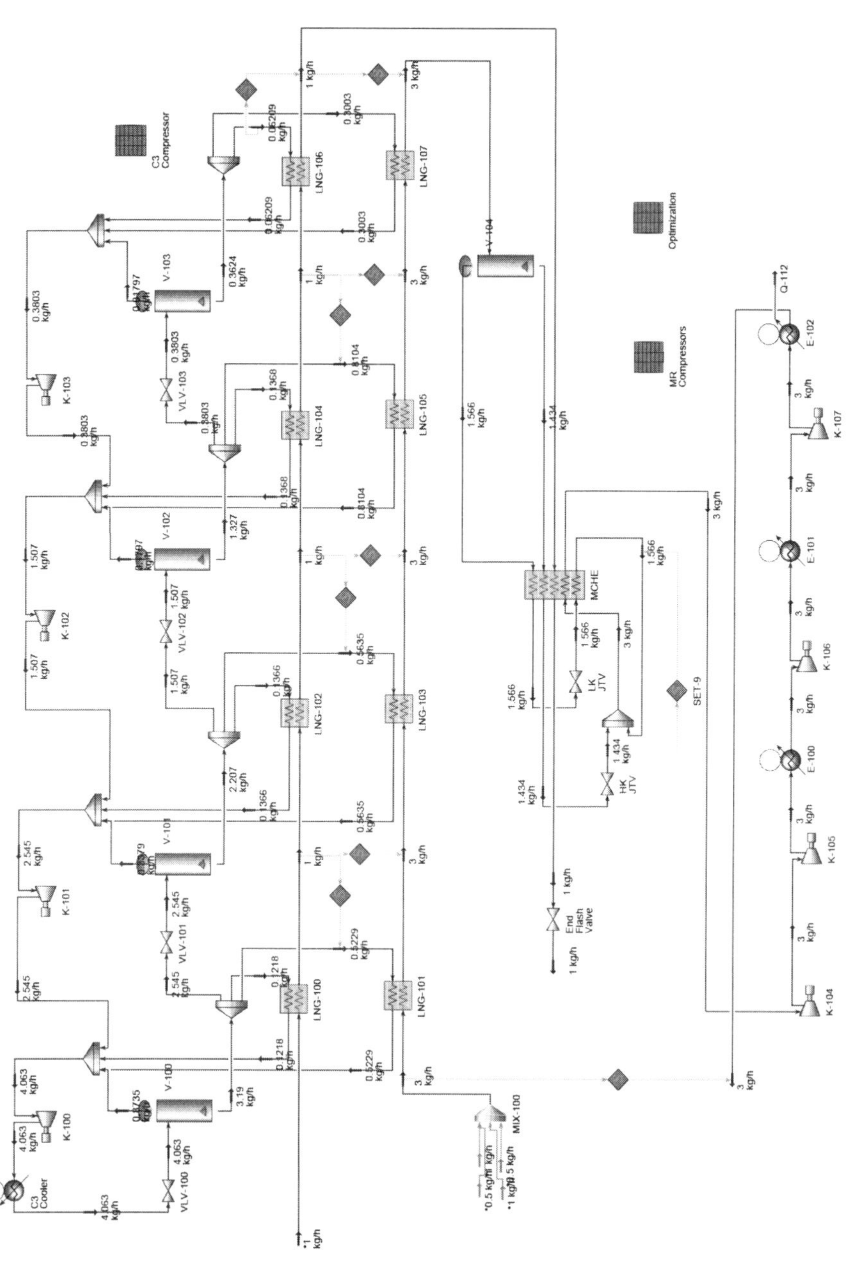

그림 4-60. 완성된 C3MR 공정에 대한 유량 값 (최적화 이전 단계)
(확대 그림 별도 첨부)

C3MR 공정에서 MR 냉동사이클에 대한 최적화를 먼저 수행한 이후에 C3 냉동사이클에 대한 최적화를 수행하도록 한다. MR 냉동사이클의 최적화는 앞에서 설명한 SMR 사이클의 최적화 방법과 같다고 말할 수 있으며, 정확하게는 기액분리기가 있는 SMR 사이클의 방법과 동일하다고 할 수 있다.

C3MR 공정에서 MR 냉동사이클의 최적화에 사용되는 변수는 우선 냉매의 조성들(N_2, C1, C2, C3)과 그 유량 (그림 4-57의 Spreadsheet에서 B7~B10), 냉매 압축기의 압력값들 (단순하게는 대표 값인 입출구 압력으로 표현할 수 있으며, 그림 4-57의 Spreadsheet에서 B12, C12), 그리고 열교환기 중간에 JT 밸브를 통과하는 HK 냉매에 대한 JT 밸브 통과 이후의 온도 (그림 4-57의 Spreadsheet에서 B13)이다.

냉매 압축기의 압력값인 MR 압축기의 입출구 압력은 현재 3.3bar에서 60bar로 설정되어 있으며, 이 값을 이용해서도 MR 냉동사이클을 최적화할 수 있으나, 우선적으로 혼합 냉매와 HK JT 밸브 통과 후의 온도만으로의 최적화를 수행한다. 이후에 다양한 압력 조건들을 기반으로 혼합 냉매와 HK JT 밸브 통과 후의 온도 최적화를 수행하여 전체 최적화를 수행한다. 즉, 냉매 압축기의 압력 변수들과 그 외의 최적화 변수들을 분리하여 최적화를 수행하는 방법이다.

혼합 냉매의 조성과 유량, 그리고 HK JT 밸브 통과 후의 온도 최적화는, 앞의 SMR 공정의 최적화 방법과 동일하게, 그림 4-61인 MR MCHE의 온도 분포도를 보면서 수행하는데, 냉동사이클의 차가운 냉매 온도들과 이로 인하여 냉각되는 냉매와 천연가스가 흐르는 상대적으로 뜨거운 흐름의 온도 분포도를 보면서 이 둘의 온도 분포가 적절한 간격 (3℃ 이상)을 이루면서 열교환이 되도록 하는데, 사용되는 변수는 냉매 조성과 흐름 그리고 HK JT 밸브 통과 후의 온도이다. 온도 분포도를 보면서 적절한 간격을 이루도록 하는 것이 최적화의 방법이기에, 그림 4-62에서와 같이 처음부터 이 둘의 온도차를 이용하는 방법이 사용되기도 한다.

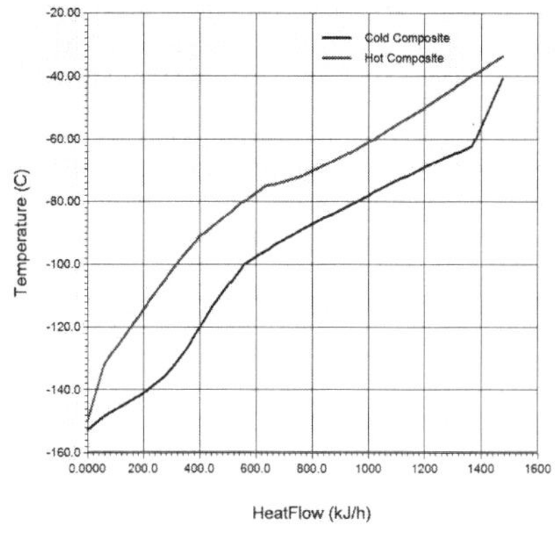

그림 4-61. C3MR에서 MR의 열교환기의 온도 분포도

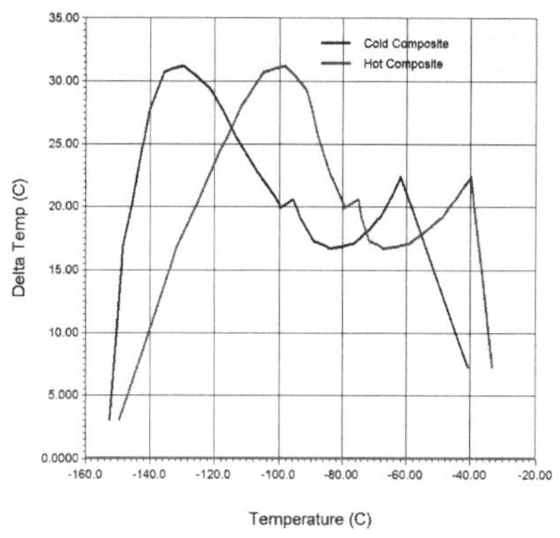

그림 4-62. C3MR에서 MR의 열교환기의 온도차 분포도

그림 4-61 혹은 그림 4-62의 온도 분포도를 보면, 최저온 부분 (약 -150℃ ~ -120℃)의 냉열 여유분이 많아 보이므로 해당 냉매인 N_2 냉매의 양부터 줄여 본다. C3MR 공정 최적화 10단계 중, 1에서 5단계를 표현한 표 4-4에서 2단계를 보면 N_2 냉매의 양을 0.5kg/h에서 그 반인 0.25kg/h로 줄인 최적화 결과를 볼 수 있는데, 압축기의 소요 동력도 많이 줄었고 MCHE의 최소 온도차에도 아직 많은 여유분이 있음을 알 수 있다.

표 4-4의 2단계 이후 MCHE의 온도차 분포도를 보면, C1 냉매의 여유분이 많이 있음을 알 수 있었으며, 이에 따라 C2 냉매의 양을 0.5, 0.75로 바꾸어 보다가 적절한 양인 0.75kg/h로 결정하였으며, 그 결과를 표 4-4의 3단계에 표현하였다. 이후 계속해서 C2 냉매의 양을 0.9kg/h로 줄였으나 아직 MCHE 최소 온도차에는 여유분이 있음을 알 수 있고, 계속해서 C3 냉매의 양도 0.4, 0.45, 0.46으로 바꾸어 보다가 적절한 양인 0.46kg/h로 결정하였다.

C3MR 공정 최적화의 10단계 중, 6단계에서부터 최종단계까지를 표 4-5에 나타내었다. 이번에는 HK 냉매의 JT 밸브 후 온도를 -130℃로 이동시켰고, 이로 인하여 저온부의 온도 분포에 다시 여유가 생겼고, 이에 따라 N_2 냉매의 흐름을 0.2kg/h로 또한 C1 냉매의 흐름을 0.52kg/h로 줄일 수 있었고, 이를 7단계와 8단계에 표시하였다. 계속해서 C2와 C3 냉매를 0.85kg/h와 0.5kg/h로 최적화 시켰다.

표 4-4. C3MR 공정 최적화중 전체 10단계 중, 1에서 5단계 공정 변수 변화

	1	2	3	4	5
C3	0.5	0.5	0.5	0.5 ⇨	0.46
C2	1	1	1 ⇨	0.9	0.9
C1	1	1 ⇨	0.75	0.75	0.75
N_2	0.5 ⇨	0.25	0.25	0.25	0.25
HK 냉매 온도	-100	-100	-100	-100	-100 ⇨
MCHE 최소온도차	3.19	3.19	3.19	3.19	3.19
압축기 소요 동력	0.431	0.399	0.350	0.344	0.343

계속해서 N_2 및 C1 냉매의 양을 조절한 이후에 C2, C3 냉매 등을 조절하고, 계속해서 HK의 JT 밸브 이후의 온도, 그리고 N_2와 C1 등의 공정 변수를 변화시켜서 표 4-5의 최종 단계까지 최적화를 수행한다.

표 4-5. C3MR 공정 최적화 전체 10단계 중, 6에서부터 최종 단계까지의 공정 변수 변화

	6	7	8	9	10
C3	0.46	0.46	0.46 ⇨	0.5	0.5
C2	0.9	0.9	0.9 ⇨	0.85 ⇨	0.858
C1	0.75	0.75 ⇨	0.52	0.52 ⇨	0.473
N_2	0.25 ⇨	0.2	0.2	0.2 ⇨	0.204
HK 냉매 온도	-130	-130	-130	-130 ⇨	-137
MCHE 최소온도차	3.19	3.19	2.94	3.19	3.01
압축기 소요 동력	0.343	0.336	0.290	0.287	0.278

최적화의 최종 결과를 얻은 공정 변수를 표 4-5의 최종단계에 표현하였고, 그 결과인 압축기 소용 동력값을 0.278kW를 얻었다. 하지만, 이 값은 MR 압축기의 입출구 압력을 3.3bar와 60bar로 고정한 결과이며, C3MR 공정의 MR 압축기 값들에 대한 여러 조건들을 시도하여 전체적인 최적화 결과를 얻어야 할 것이다.

C3MR 공정에서 MR에 대한 최적화가 끝나면, C3 예냉 냉동사이클에

대한 최적화를 수행할 수 있다. C3 예냉 사이클의 최적화에 사용되는 공정 변수는 각 압축기 단계별 압력이 될 수 있으며, 이러한 압력값은 냉동사이클의 각 압력에 해당되는 평형 온도로 표현될 수 있다. 이러한 평형 온도는 천연가스의 단계별 예냉 온도로 다시 표현될 수 있으며, 이러한 단계별 예냉 온도는 사용자가 더 쉽게 이해될 수 있는 공정 변수이기에 이러한 단계별 예냉 온도로 최적화를 수행하도록 한다.

표 4-6은 C3MR 공정에서 C3 예냉 냉동사이클을 최적화하는 방법을 단계적으로 표시한 것이다. 일단, 순서대로 수행한다면 1단 온도인 15℃를 14℃로 낮추면서 C3 압축기 소모동력의 변화를 봐야하는데 소모동력이 상승되었다면, 이 값을 16℃로 바꾸어 본다. 본 1단 온도의 변화에서는 15℃로부터 온도 변화에 의한 C3 압축기 소모동력의 줄어듦이 없기에 현 단계에서의 최적화 결과는 15℃이다. 다음인 2단 압축기의 경우에도 -5℃가 최적의 결과이기에 변화 없이 그 값을 사용한다. 3단 압축기의 경우 -25℃에서 -19℃로의 변화에서 C3 압축기 소모동력이 최소화가 되기에 그 값을 -19℃로 변화시키고, 다시 1단 온도에서부터 최적화를 수행한다. 계속해서 2단, 3단을 순환적으로 수행을 하여, 모든 변수에 대한 최적의 결과를 도출한다.

표 4-6. C3MR 공정에서 C3 예냉 냉동사이클의 최적화

	단위	초기값	1	2	3	4	5 (최종)
1단 온도	℃	15	15	15	15 ⇨	16 ⇨	17
2단 온도	℃	-5	-5 ⇨	-2	-2 ⇨	0 ⇨	1
3단 온도	℃	-25 ⇨	-19	-19 ⇨	-18	-18 ⇨	-16
C3 압축기 소모동력	kW	0.0811	0.0799	0.0795	0.0794	0.0793	0.0792

여기서 사용한 최적화 방법은 컴퓨터의 최적화 알고리즘을 사용하지 않고, 단지 사람의 직감으로만 최적화를 수행하였는데, 이는 액화사이클의 공정을 좀 더 상세히 이해하기 위함이었으며, 더욱 정확한 최적화를 수행하기 위해서는 컴퓨터의 최적화 알고리즘을 활용하는 방법이 최선이라 할 수 있다.
최적화 결과로 전체 압축기 소모동력은 0.2764kW이며, LNG 1kg을 만드는데 필요한 동력은 0.2982kw/kg_LNG라고 할 수 있다.

4-4. DMR 공정

DMR 공정은 Dual Mixed Refrigerant를 줄인 말로 독립적인 혼합 냉매 2개를 사용하는 천연가스 액화공정을 나타낸다. 사용되어지는 두 개의 혼합 냉매는 하나의 열교환기 혹은 여러 개의 열교환기에서 천연가스를 냉각하고 액화한다.

4-4-1. 단순 구조 DMR (열교환기 한 개형)

천연가스를 액화함에 있어서, 압축과 팽창이 있는 두 개의 독립적 냉동사이클을 이용하여 구성하는 방법 중에 가장 간단한 구조를 그림 4-63에 표현하였다. (p-2)
DMR 공정에는 두 개의 냉동사이클이 있으며, 천연가스가 열교환기 안에서 LNG로 액화될 때, 하나의 냉동사이클은 천연가스를 예냉하고, 다른 하나의 냉동사이클은 천연가스를 액화한다. 이러한 기본 개념을 고려하고 열교환기를 하나라고 구상하였을 때 만들 수 있는 구조는 그림 4-63과 같다.
두 개의 냉동사이클에서 액화를 담당하는 혼합 냉매의 성분은 예냉에 사용되는 냉매와 비교하였을 때 상대적으로 저온에서 사용될 수 있는 냉매 성분, 즉 끓는점이 저온인 질소나 메탄 에탄 등이 주요 성분이 될 수 있으며, 이에 비하여 예냉을 담당하는 혼합 냉매로는 프로판이나 부탄 등 상대적으로 고온에서 사용될 수 있는 냉매를 혼합하여 사용한다.

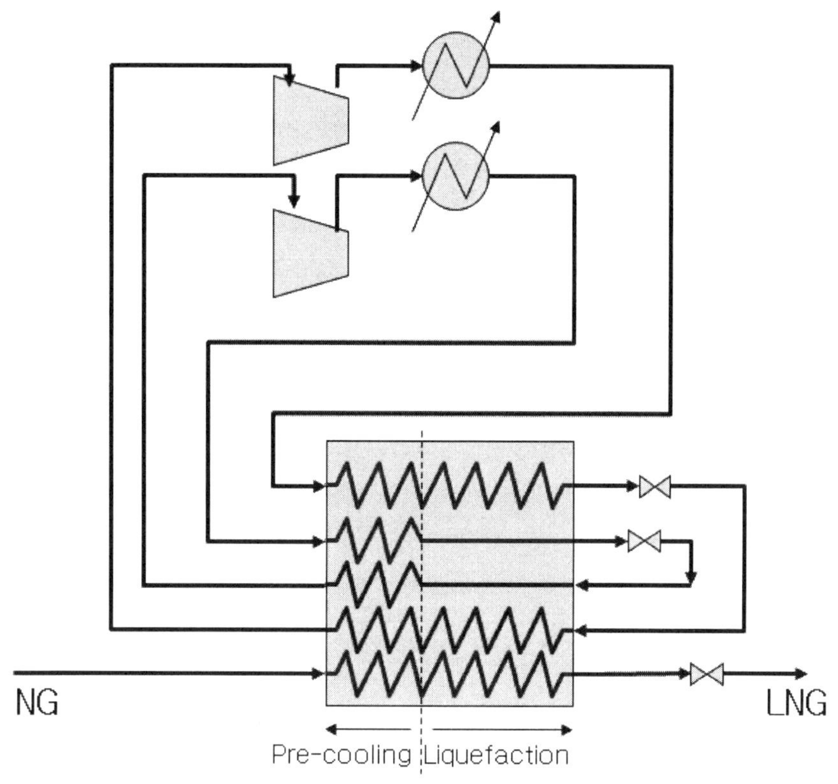

그림 4-63. 가장 단순한 구조의 DMR 공정

이에 따라, 액화에 사용되는 혼합냉매는 질소, 메탄, 에탄, 프로판의 혼합물로 구성하고, 예냉에 사용되는 혼합냉매는 에탄과 부탄만으로 하기로 한다. 또한, Simulation에서 사용된 부탄은 iC4와 nC4가 반씩 섞인 형태로 가정하여 적용하였다.

우선 그림 4-64에서처럼 기본적인 천연가스 Feed Line과 주 열교환기를 구성한다. Feed의 상태는 이전과 같이 32℃에 50bar로 하였고, 조성도 앞의 표 2-4와 같고 흐름도 기본적인 1kg/hr로 설정한다. 또한, End Flash Drum 으로 가기 이전의 상태 역시 앞과 동일하게 Vapour Fraction이 0.08로 하고 생산 압력 역시 1.209bar로 이전과 동일하게 구성하였다.

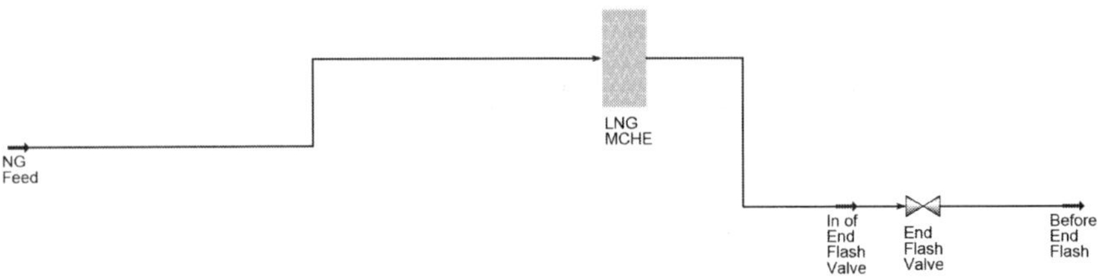

그림 4-64. DMR 공정 Simulation에서 NG Feed Line의 형성

천연가스를 액화하기 위한 주 열교환기 (그림에서 LNG MCHE)에는 총 5개의 흐름이 있는데, 하나는 천연가스가 LNG가 되는 흐름이고, 다른 4개의 흐름들은 LK (Light Key) 냉매와 HK (Heavy Key) 냉매에 대한 예냉과 냉각이다. 열교환기 안에서의 압력 강하는 이전 장의 기준에서와 같이 천연가스가 LNG로 되는 경우에는 1bar로 하며, 이와 같이 상온에서 LNG 온도까지 가는 LK의 경우에도 예냉과 냉각 모두 압력 강하량을 1bar로 하고, 중간 정도의 온도로만 가는 HK의 예냉과 냉각 경우 모두 LK의 반 정도인 0.5bar로 압력강하량을 설정하였다. 그림 4-65는 계속해서 LK 냉각싸이클을 구성한 것이다.

그림 4-65에서와 같이 냉매 혼합기를 구성하는데, 사용되는 냉매는 N_2, C1, C2, C3, C4로 구성하며, 앞에서 설명하였듯이 사용되는 C4는 nC4와 iC4가 반씩 섞인 형태를 적용하기로 한다. 계속해서 일반적인 3단 냉매 압축시스템과 이들에 대한 열교환기에의 연결, 그리고 JT Valve를 구성한다. 냉매 압축시스템의 압력구성은, 일단, 최저 압력인 냉매 압축시스템의 입구압력을 5bar, 그리고 최고 압력인 냉매 압축시스템의 출구압력 (LK Comp3 다음의 냉각기 이후의 압력)을 50bar로 초기값 설정을 한다.

각 냉각기들의 압력강하를 25kPascal로 하고 냉각기 이후의 온도를 40℃로 설정하면 압축기 시스템의 설계가 완성된다. 천연가스가 LNG로 나오는 부분을 열교환기의 최저 온도 부분이라 하고, 이를 LK 냉매가 JT Valve로 가기 이전의 온도로 설정할 수 있다. 이 부분들을 HYSYS®의 Set을 이용하여 온도가 같도록 설정한다.

LK 냉매 흐름의 초기값은 N_2, C1, C2, C3 각각 1kg/hr으로 설정한다. 또한 HYSYS® 화면의 단순성을 위하여 모든 에너지 흐름 (압축기의 동력 연결이나 냉각기의 냉각 에너지량 등)은 화면에 표시되지 않도록 하였다.

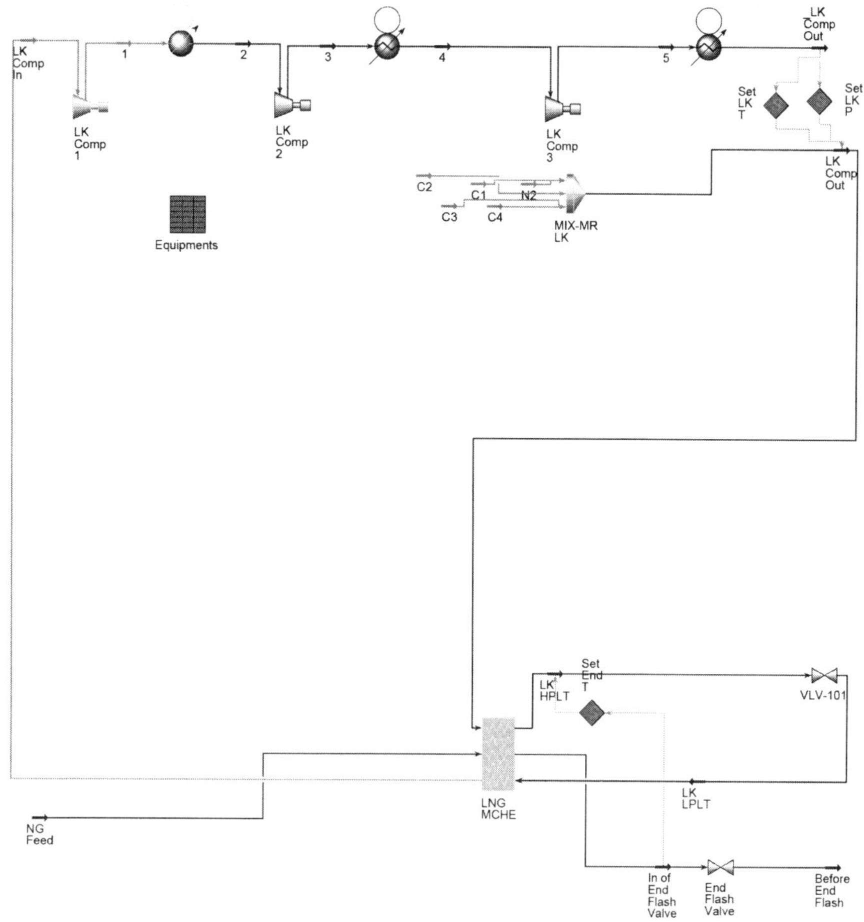

그림 4-65. DMR 공정 Simulation에서 LK 냉매사이클의 구성

즉, 그림 4-65에 보이듯이 냉각기와 압축기에 연결된 에너지 흐름을 설정을 이용하여 전부 가려지게 (hide)해서, 그림에는 보이지 않는다는 것을 알 수 있다.

다음은 냉매 압축기 시스템의 중간압 결정을 위하여 그림 4-66와 같이 Spreadsheet를 만든다. 우선 3개의 압축기에 연결된 냉각기들의 이후 온도값들을 같게 결정하는 방법을 1번 row에 설정하였다. B1에 40℃ 값을 넣고 이를 C1과 D1에 "=B1" 으로 값이 같아지도록 하고, 이들을 각각의 압축기 냉각기 이후의 온도에 연결시킨다. 즉, B1, C1, D2의 3개 Cell 값을 각각 "2" , "4" , "LK Comp Out" 의 온도에 연결시킨다. 계속해서 A6 Cell에 LK 압축기 개수를 넣고, 7열에 LK 압축기 시스템의 최저압과 최고압인 5bar와 50bar를 넣고 이 압력값을 "LK Comp In", "LK Comp Out" 의 압력값과 연동시킨다.

냉동사이클의 최적화를 통하여 얻어지는 각 압축기의 압축비가 서로 같을 확률은 거의 없으나, 본 최적화 작업에서는 일단 동일한 압축비를 적용하기로 한다. 이에 따라 계산되는 압축비를 B8 Cell에서 계산하기로 한다. 즉, B8에 "=(D7/B7)^(1/A6)" 수식을 통하여 각 압축기의 압축비를 계산한다. 이를 통하여 B9, C9, D9 의 압축값을 계산할 수 있으며, B9과 C9의 압력값을 "2" 와 "4" 흐름의 압력값에 연동시킨다.

압축기의 소모 동력값을 계산하기 위하여 "LK Comp 1", "LK Comp 2", 그리고 "LK Comp 3" 의 소모 동력값을 "B10", "C10", 그리고 "D10" 에 연결시키고, 그 세 값의 합을 "D11" 에 계산한다.

그림 4-66의 DMR 공정에서 LK 압축기 시스템의 상태를 계산하기 위한 Equipment SpreadSheet가 완성되면, 계속해서 그림 4-67과 같이 HK 냉동사이클을 구성한다.

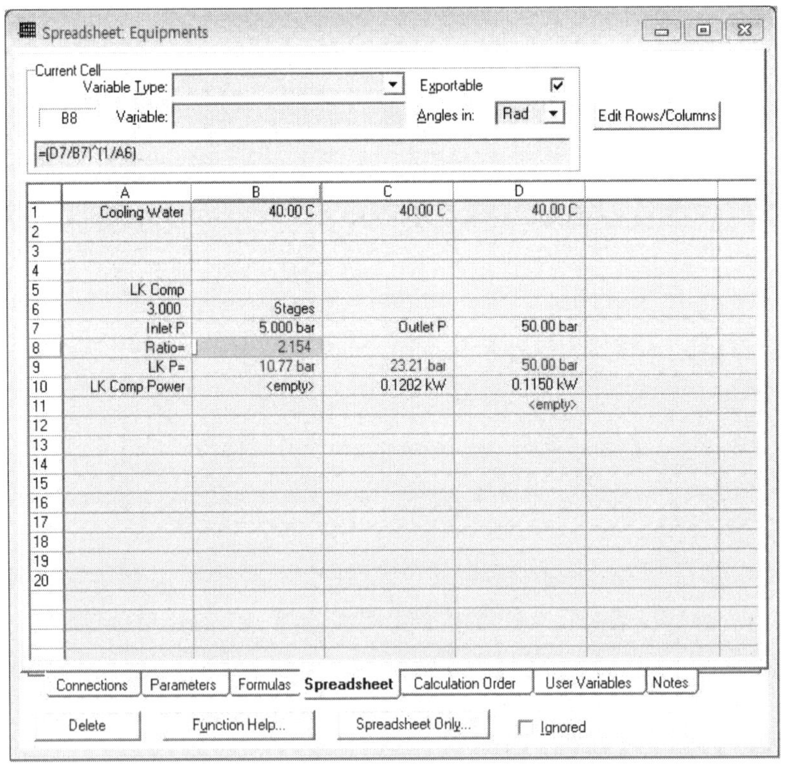

그림 4-66. DMR 공정에서 LK 압축기 시스템의 상태를 계산하기 위한 Equipment SpreadSheet

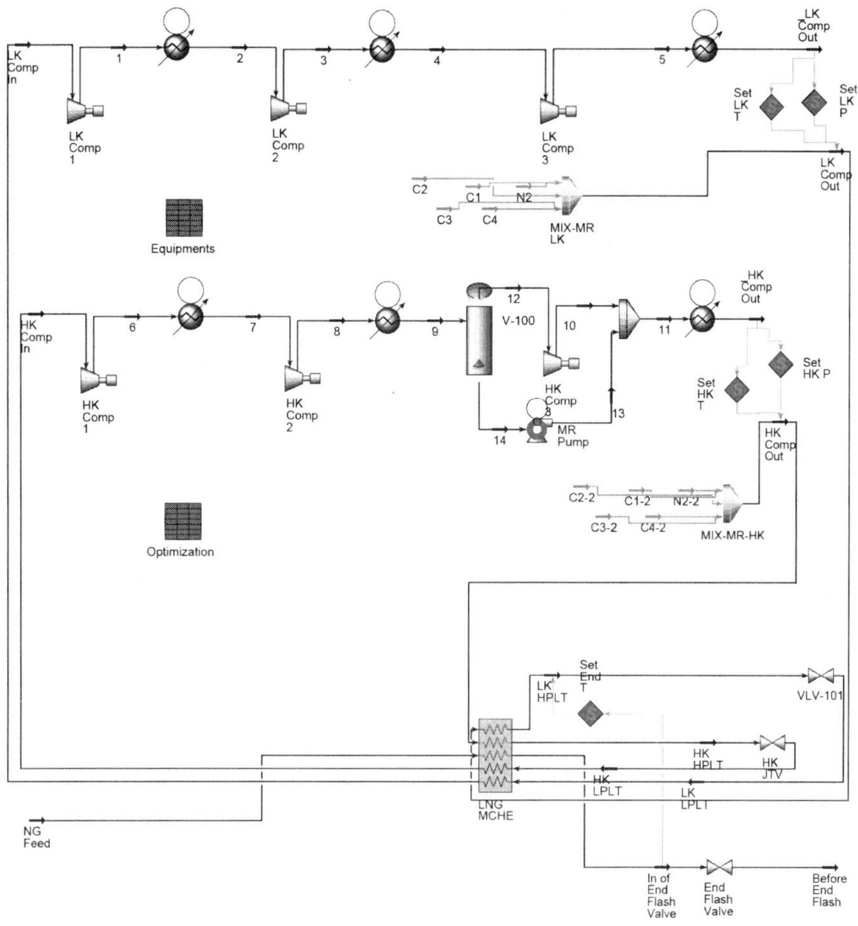

그림 4-67. DMR 공정 Simulation에서 HK 냉매사이클의 추가 구성

LK 냉매 압축기 시스템과 같이 HK 냉매 압축기 시스템을 그림 4-67과 같이 압축기 3단으로 구성한다. 우선, Simulation을 위한 냉매 혼합기를 복사해서 적용하였다. 단, HK 압축기 시스템의 경우 LK에 비하여 상대적으로 끓는점이 높은 냉매를 주로 사용하기에 상온이라도 고압에서 액화될 가능성이 높기에 마지막 압축단 이전에는 기액분리기를 이용하여 액화된 냉매를 펌프로 승압시킨다. 이러한 액체의 승압 이외에는 LK 압축기 시스템과 동일하며, 열교환기 이후의 HK JT Valve도 LK 냉매와 같은 구조로 만들면 된다.

HK 냉매는 낮은 압력에도 액화될 가능성이 높기에 압축기 시스템의 압력에 있어서 높은 압력의 초기값은 25bar 정도로만 설정하고 낮은 압력도 3.3bar로 설정한다. 예냉 온도의 최적화 시작 값도 C3MR과 유사하게 -32℃로 설정하여, 공정도의 흐름에서 "HK HPLT" 의 온도를 -32℃로 설정한다. HK가 열교환기에서 압축기로 되돌아오는 온도인 "HK Comp In" 의 온도는 36.8℃로 설정하는데, 이는 본래 냉각기의 온도인 40℃에 대하여 열교환기의 최소 온도차 3℃의 차를 뺀 37℃에서 최적화 작업을 위한 여유로 0.2℃의 차이를 더 넣은 값이다.

HK 냉매의 조성은 가장 간단한 형태로 구성하였으며, 상온에 적합한 C4와 이를 -32℃까지 끌고 가는데 필수적으로 필요한 C2만으로 구성한다. 흐름 초기값은 C2와 C4 모두 2kg/hr로 설정했다. 이로서, LK 냉매에 4kg/hr, 그리고 HK 냉매에도 4kg/hr의 흐름이 형성된다. 계속해서 그림 4-68과 같이 압축기 시스템의 압력 결정을 위한 SpreadSheet를 완성한다.

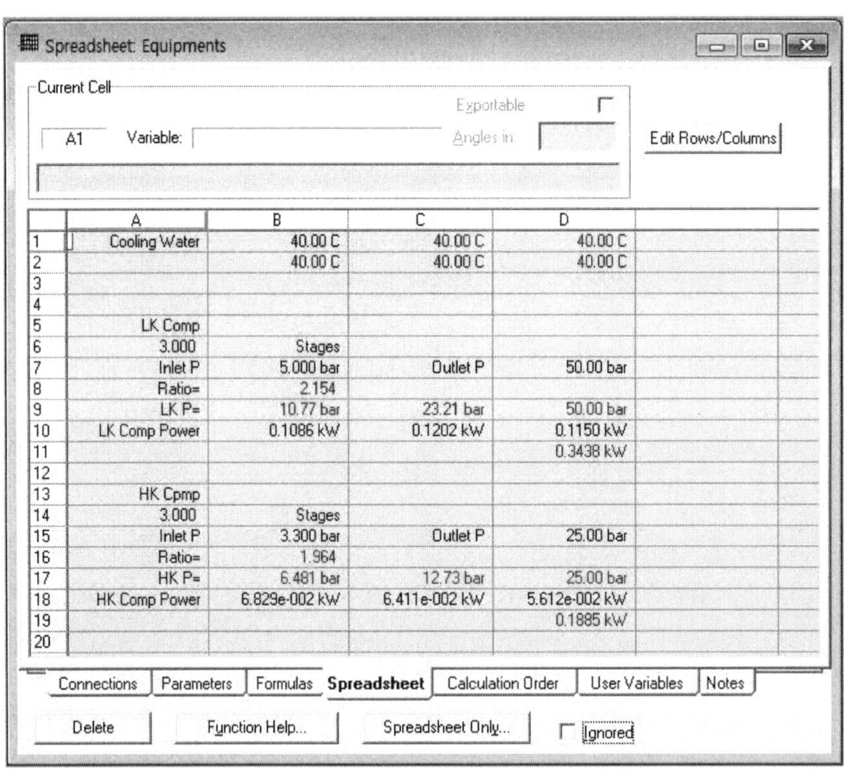

	A	B	C	D	
1	Cooling Water	40.00 C	40.00 C	40.00 C	
2		40.00 C	40.00 C	40.00 C	
3					
4					
5	LK Comp				
6	3.000	Stages			
7	Inlet P	5.000 bar	Outlet P	50.00 bar	
8	Ratio=	2.154			
9	LK P=	10.77 bar	23.21 bar	50.00 bar	
10	LK Comp Power	0.1086 kW	0.1202 kW	0.1150 kW	
11				0.3438 kW	
12					
13	HK Cpmp				
14	3.000	Stages			
15	Inlet P	3.300 bar	Outlet P	25.00 bar	
16	Ratio=	1.964			
17	HK P=	6.481 bar	12.73 bar	25.00 bar	
18	HK Comp Power	6.829e-002 kW	6.411e-002 kW	5.612e-002 kW	
19				0.1885 kW	
20					

그림 4-68. DMR 압축기 시스템의 상태를 계산하기 위한 Equipment SpreadSheet

HK 압축기 시스템의 상태 계산 방법은 LK 압축기 시스템을 나타낸 그림 4-66과 같다. 이에 따라 계산된 HK 전체 압축기의 소모동력을 D19 Cell에 나타내었다.

그림 4-69은 DMR 공정의 냉매 최적화를 위해 만든 SpreadSheet이다.

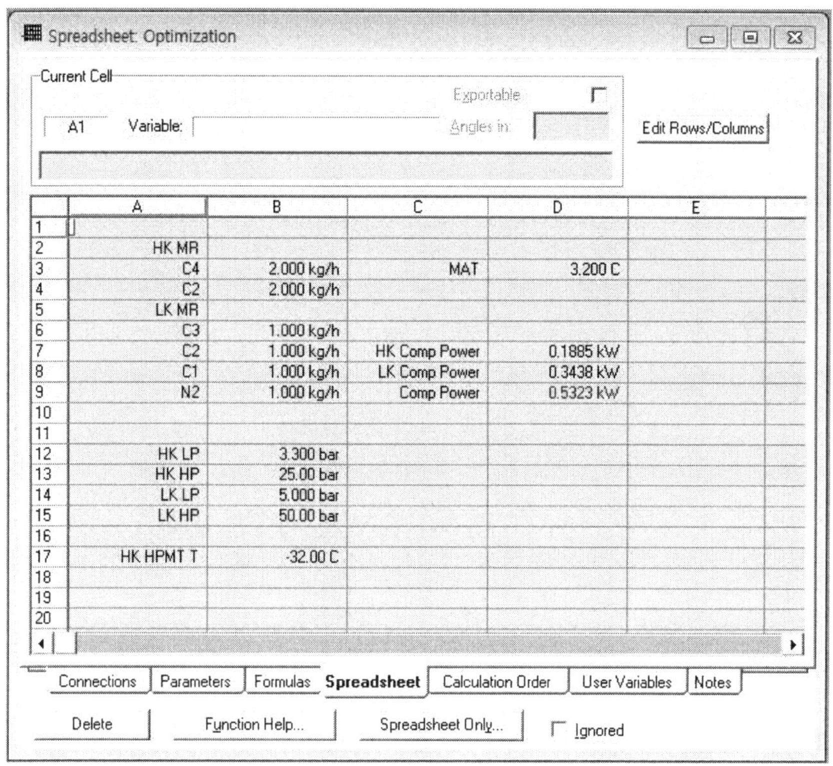

그림 4-69. DMR 공정의 냉매최적화를 위한 SpreadSheet

그림 4-69의 SpreadSheet에서처럼 HK MR과 LK MR의 유량 흐름을 나열하고 값을 연동시킨다. 계속해서 HK와 LK MR들의 압축기 입구와 출구를 연동시키고, 마지막으로 열교환기 안에서 HK MR이 분기되는 시점인 “HK HPMT” 의 온도를 연동시킨다.

냉동사이클의 최적화를 할 때 반드시 점검해야할 열교환기 최소온도차(MAT: Minimum Approach Temperature)를 D3 cell에 연동시키고, D7과 D8 cell에 두 개 압축기 시스템의 소모동력을 연결하고, 그 합을 D9에 나타내고, 이 값을 이용하여 최적화를 수행한다.

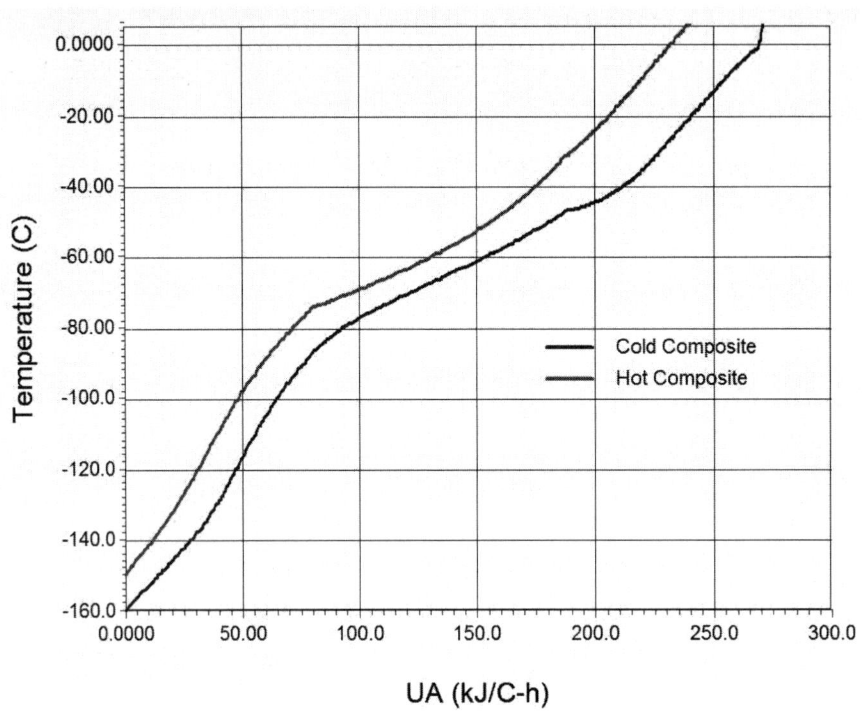

그림 4-70. DMR 공정의 주열교환기 온도 분포도 (최적화 이전)

DMR 공정의 최적화를 하기 이전의 초기 상태의 열교환기의 온도 분포도는 그림 4-70과 같다. 온도 분포도를 보면, 상온부분이 많이 넓은 것으로 알 수 있기에 우선, HK MR의 C2 부분을 반 정도인 1kg/hr로 바꿔도 열교환기의 MAT 가 3℃보다 크다는 것을 알 수 있다. 계속해서, LK MR 부분에 있어서는 N_2를 현재 흐름의 반인 0.5kg/hr로 수정하고, C3 역시 현재 흐름의 반인 0.5kg/hr로 수정할 수 있으나, MAT는 1.575℃로 바뀌었다.

열교환기 온도 분포도에서 가장 근접한 부분인 -40℃ 부근의 냉매를 보충하기 위하여 C2를 0.1kg/hr 씩 상승시키면, 1.3kg/hr에서 온도 분포도의 모양이 특별히 좁혀지는 곳이 없이 나타날 수 있으며, MAT 역시 3℃ 이상으로 나타나게 된다.

HK MR의 냉동사이클은 LK MR의 온도 분포에 영향을 받으므로, 우선 LK MR 냉동사이클을 최적화하기로 한다. 열교환기의 온도 분포도를 보면, -80℃~ -120℃ 부분에 여유가 많다고 판단되기에 해당되는 C1 냉매를 0.1kg/hr씩 줄이면 0.5kg/hr에서 Hot Composite와 Cold Composite가 거의 평행선을 그리는 것을 볼 수 있다. 계속해서 LK의 C3 부분을 0.1kg/hr씩 줄이면 0.4kg/hr까지 최적화를 시킬 수 있다.

이어서, HK를 최적화 하면, HK의 C4 부분을 0.1kg/hr씩 줄이면 1.4kg/hr까지 문제없이 줄일 수 있다는 것을 알 수 있다. 이어서, C2 부분의 경우에도 0.1kg/hr씩 줄이면 0.7kg/hr까지 문제없이 줄일 수 있게 된다. 이렇게 간단한 방법을 통해서도 Feed 가스 1kg/hr에 대해서 압축기 소모동력을 0.3082kW까지 최적화시킬 수 있다. 그림 4-71에 그 결과로 나온 열교환기 온도 분포도를 나타내었다.

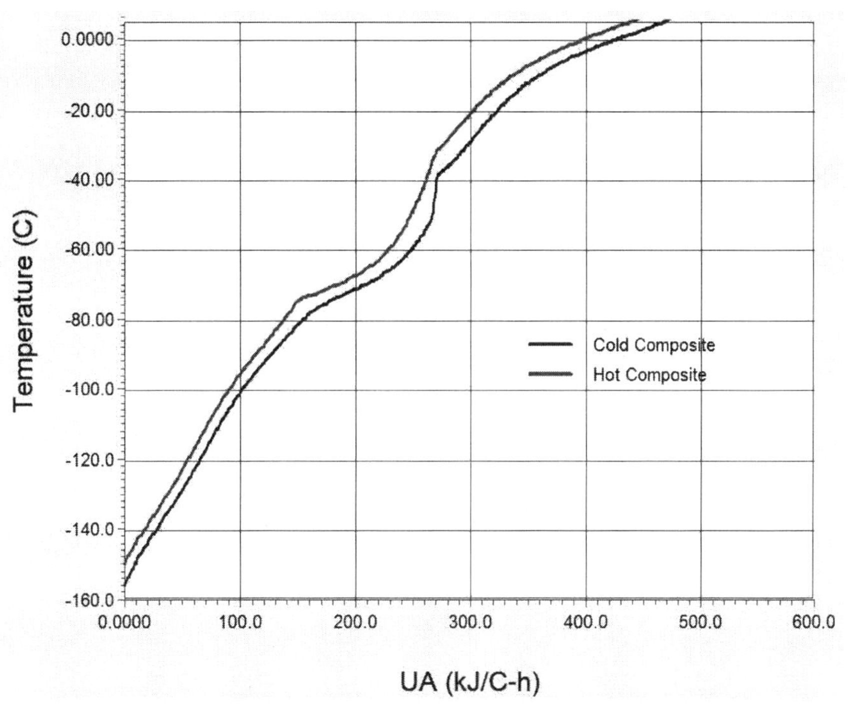

그림 4-71. DMR 공정의 주열교환기 온도 분포도 (최적화 중간 단계-1)

Heat Flow에 따른 Hot Composite와 Cold Composite를 보면서 수행하는 최적화는 그림 4-71정도가 최적화의 한계라 할 수 있다. 이후의 최적화는 열교환기 안의 온도 영역에 따른 온도차를 이용하여 최적화를 수행하는 편이 더 편리하다. 즉, 그림 4-72와 같이 x측은 온도 그리고 y측은 온도차 (Delta T)로 설정한다.

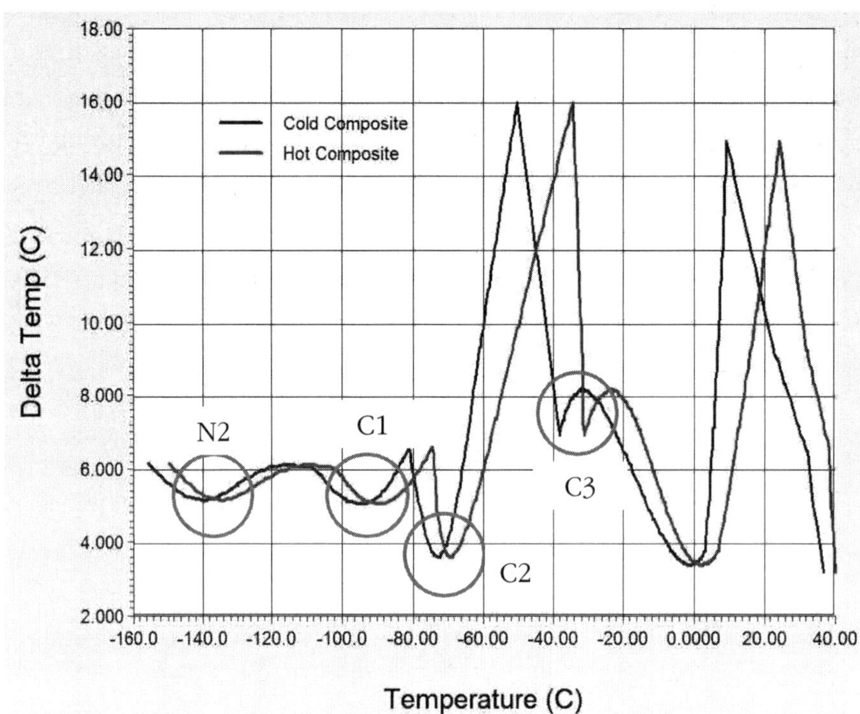

그림 4-72. DMR 공정의 주열교환기 온도차 분포도 (최적화 중간 단계-1)

그림 4-72의 주열교환기의 온도차 분포도를 이용하여 최적화를 수행할 수 있는데, SpreadSheet Optimization에서 LK 냉매 N_2의 양 (Sheet에서 B9 cell)을 많게 하면 그림의 온도차 분포도에서 N_2 영역의 꼭짓점이 올라가고, 이 값을 내리면 꼭짓점이 내려가는 현상을 알 수 있다. 또한, LK MR의 C1 양을 변경하면 이에 따라 온도차 분포도의 C1 꼭짓점이 이동하는 것을 알 수 있다. 이러한 현장은 MR 냉매를 사용하는 모든 열교환기에서 사용할 수 있는 방법이다. 계속해서 C2와 C3도 같은 현상을 보이나, C3 프로판 냉매의 경우는 C4와 C2를 이용하는 예냉 공정과 겹치는 부분으로 예냉 냉매의 상태에도 영향을 받는다.

DMR 공정의 최적화 역시 냉매 조성의 변화를 통하여 압축기 소모동력이 최소화되는 냉매의 조성을 찾는 것이다. MR을 사용하는 냉동사이클의 경우, 그림 4-72에서와 같이 온도차 분포도의 각 꼭짓점을 이용하여 최적화를 할 수가 있는데, 본 DMR 공정서는 N_2, C1, C2, 그리고 C3의 냉매 흐름양을 조절하여 모든 꼭짓점이 온도차 3℃에 접근하도록 하는 것이다. 그 다음으로는 예냉 공정을 최적화하고, LK MR 중 C3 냉매의 온도 범위가 예냉의 C2 영역과 겹치기에 LK MR의 최적화를 다시 수행한다. 그림 4-73은 HK 냉매와 LK 냉매의 조성을 최적화한 결과를 열교환기 내 온도차로 나타낸 그래프를 표시한 것이다. 단, HK MR을 이용한 예냉 온도의 최적화를 수행하지 않은 단계이다.

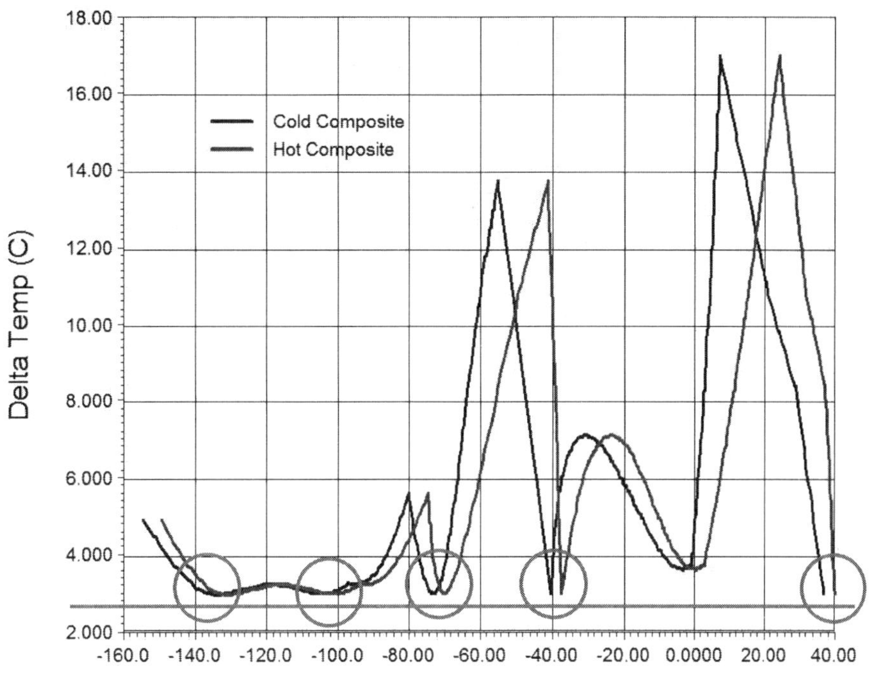

그림 4-73. DMR 공정의 주열교환기 온도차 분포도 (최적화 중간 단계-2)

그림 4-73에 표현된 것과 같이 LK의 N_2, C1, C2, 그리고 HK의 C2와 C4의 꼭짓점들이 열교환기의 최저접근온도에 3℃에 접근하여 최적화되었음을 알 수 있다. 즉, 현재 최적화된 HK에 C2 = 0.812 kg/hr 이고 C4 = 1.378kg/hr, 그리고 LK MR에 N_2 = 0.3855kg/hr, C1 = 0.4365kg/hr, C2 = 1.243kg/hr, C3 = 0.22kg/hr이며, 이 값에서 벗어나서 더 적은 값이 되면 최소접근온도인 3℃ 이상이 깨지게 된다. 사실 그림 4-73의 표현에 의하면 열교환기 내 저온부와 고온부의 흐름에 큰 온도차가 있을 것으로 보일 수 있으나, 이를 그림 4-74처럼 열흐름에 따른 온도 구배로 바꾸면, 저온부와 고온부 두 개의 흐름이 매우 근접한 모양으로 보이기에 최적화가 매우 잘 된 것으로 보이며 소모동력도 Feed 1kg/hr 흐름 대비 0.286kW로 매우 좋은 수치를 보인다.

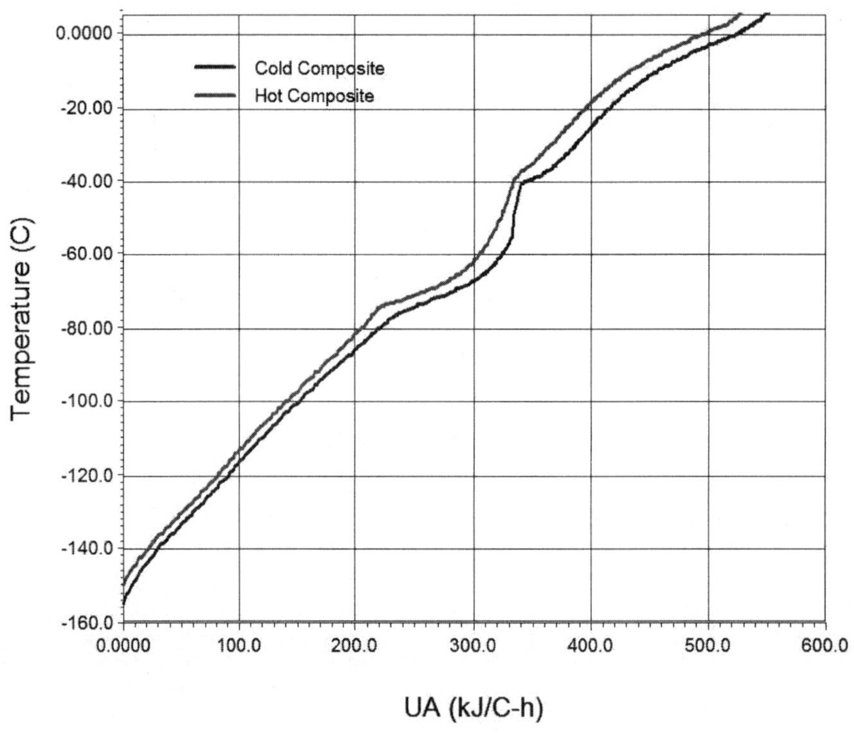

그림 4-74. DMR 공정의 주열교환기 온도 분포도 (최적화 중간 단계-2)

DMR 공정은 냉매조성과 냉매유량, 그리고 냉매의 압력과 MK MR로 예냉하는 온도로 설계 최적화를 수행할 수 있는데, 지금까지는 냉매조성과 냉매유량만으로 최적화하는 방법을 살펴보았다. 다음은 HK MR의 예냉 온도를 변경하면서 최적화를 수행해야 한다.

즉, 여기까지의 DMR 공정의 최적화는 예냉 온도를 -32℃로 고정하고 냉매 조성과 냉매 유량의 조정을 통한 최적화이었다. 이제부터는 예냉 온도를 -32℃에서 더 낮은 온도인 -34℃로 설정하고 이제까지의 최적화를 다시 수행하여 보겠다. 예냉 온도가 -34℃ 된다는 것은 예냉 열교환기가 조금 더 커지고, 액화 열교환기가 그만큼 작아진다는 의미도 된다. HK MR의 예냉 온도를 -34℃로 하고 냉매 유량들에 대한 최적화를 수행하면, HK MR에 C2 = 0.846kg/hr이고 C4 = 1.39kg/hr, 그리고 LK MR에 N_2 = 0.3825kg/hr, C1 = 0.4352kg/hr, C2 = 1.231kg/hr, C3 = 0.213kg/hr, 그리고 이에 최소의 소모동력 0.2872kW을 나타내었으나 이는 -32℃ 보다 더 많은 소비동력을 요구한 것이었다. 계속해서, 예냉 온도를 -40℃에서 -24℃ 사이로 설정하여 최적화를 수행하고 그 결과를 표 4-7에 나타내었다.

표 4-7. 예냉 온도를 기준으로 수행한 DMR 공정의 최적화 결과

		예냉 온도 [℃]								
		-40	-38	-36	-34	-32	-30	-28	-26	-24
HK MR [kg/h]	C4	1.421	1.409	1.402	1.39	1.378	1.369	1.3618	1.358	1.355
	C2	0.945	0.903	0.884	0.846	0.812	0.7844	0.767	0.7615	0.7555
LK MR [kg/h]	C3	0.195	0.204	0.205	0.213	0.22	0.227	0.236	0.24	0.245
	C2	1.2	1.21	1.22	1.231	1.243	1.2551	1.268	1.276	1.282
	C1	0.433	0.435	0.4343	0.4352	0.4365	0.437	0.4384	0.4389	0.4397
	N_2	0.3742	0.378	0.3792	0.3825	0.3855	0.3892	0.3927	0.3948	0.3965
압축기 소모동력 [kW]		0.2914	0.2896	0.2888	0.2872	0.2860	0.2853	0.2857	0.2862	0.2866

표 4-7의 결과에 나와 있듯이 압축기 소모 동력은 -30℃에서 최소값을 보임을 알 수 있다. 즉, MK 압축기시스템이 3.3bar에서 25bar로 구성되고 LK 압축기시스템이 5bar에서 50bar로 구성된 DMR공정은 두 개의 열교환기가 -30℃로 나누어지는 형태로 구성하였을 때 소모동력 0.2853kW/kg_feed_gas로 최적설계가 만들어짐을 알 수 있다. 이를 기반으로 계속해서 LK 압축기와 HK 압축기의 입구와 출구 압력에 대한 최적화를 수행하여 DMR 공정에 대한 최적화를 수행해야 되지만, 여기서는 압축기 압력에 대한 최적화를 다루지 않겠다.

4-4-2. 예냉/액화 DMR 공정 (열교환기 두 개형)

DMR 공정은 천연가스의 예냉과 액화를 위한 두 개의 냉매가 있는 공정으로 각각의 냉매에 따라 열교환기를 따로 할 수 있다. 그림 4-75에 이러한 두 개의 냉매에 대하여 따로 열교환기가 구성된 형태의 DMR 공정을 나타내었다 (p-2).

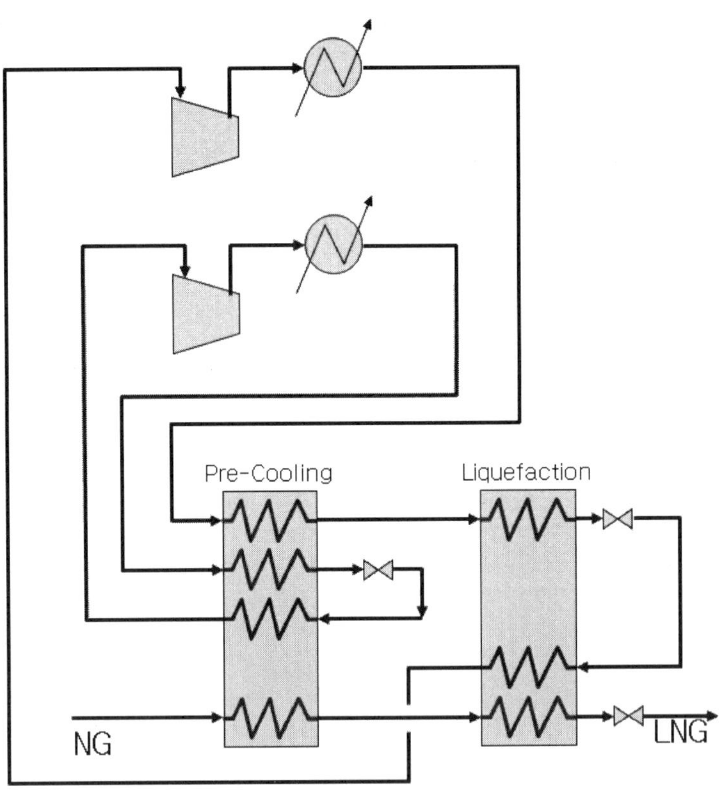

그림 4-75. 예냉 및 액화 열교환기가 따로 있는 단순 구조 DMR 공정

예냉과 액화, 두 개의 열교환기로 구성된 DMR 공정의 설계를 위한 HYSYS® Simulation 구성을 그림 4-76에 나타내었다. 그림에서 맨 위의 압축기들 (LK Comp1 ~ LK Comp3)은 Light Component의 압축기 시스템을 나타냈으며, 두 번째 압축기들 (HK Comp1 ~ HK Comp3)은 Heavy Component의 압축기 시스템을 나타내었다. 압축기 시스템에서 SET-1 ~ SET-4는 앞에서와 같이 각각 압력과 온도값을 연결해 주는 기능을 수행한다. 또한, 펌프인 P-100 역시 Heavy Component의 승압 중에 발생된 액체 냉매를 승압시키는 방법이다.

그림 4-77에 구성된 예냉과 액화 열교환기기 있는 단순 DMR 공정에 대한 압력 설계 값들을 표시하였다. 압축기의 압력값들은 앞의 열교환기 한 개인 DMR 공정의 경우와 비슷한 압력값들로 일단 결정하였다. 이에 따라 LK 압축기 부분은 5bar에서 50bar로 냉매의 압력을 높여서 사용하는 것으로 하였고, HK 압축기 부분은 3bar에서 25bar로 냉매의 압력을 높여서 사용하는 것으로 하였다.

열교환기내에서의 압력강하량은 상온에서 초저온인 -150℃까지 전체를 1bar로 설정하였고, 각각 예냉용 열교환기와 액화용 열교환기 전체의 압력강하량을 이의 반인 0.5bar로 설정하였다. 이에 따라 LK 냉매가 초저온에서 LK JT에서 압력강하하기 이전의 압력은 49bar로 결정되었고, LK JT Valve 후단이며 액화 열교환기를 들어가는 저압의 LK 냉매 압력은 5.5bar로 결정되게 된다.

액화 열교환기를 나오는 LNG의 경우, 전체 열교환기 압력강하를 1bar로 한다고 하였기에 49bar로 나오게 된다.

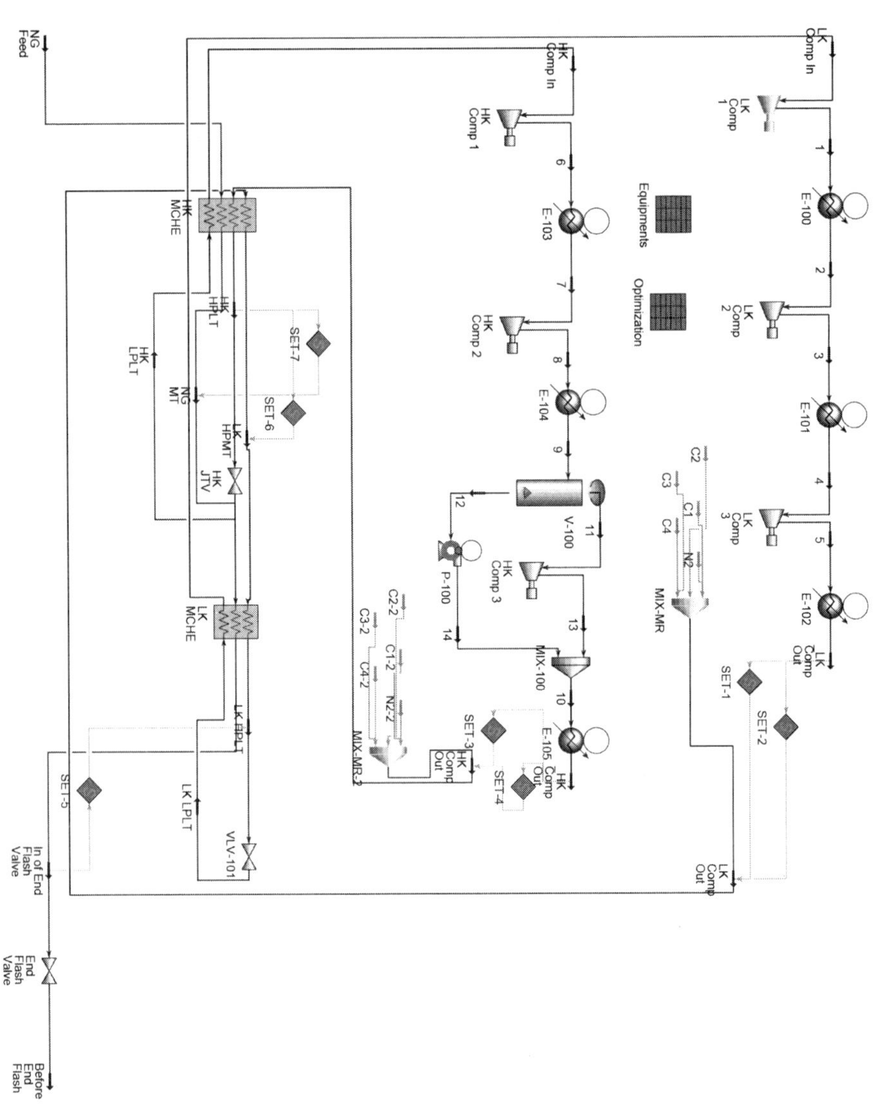

그림 4-76. 예냉과 액화 열교환기기 있는 단순 DMR 공정 구성

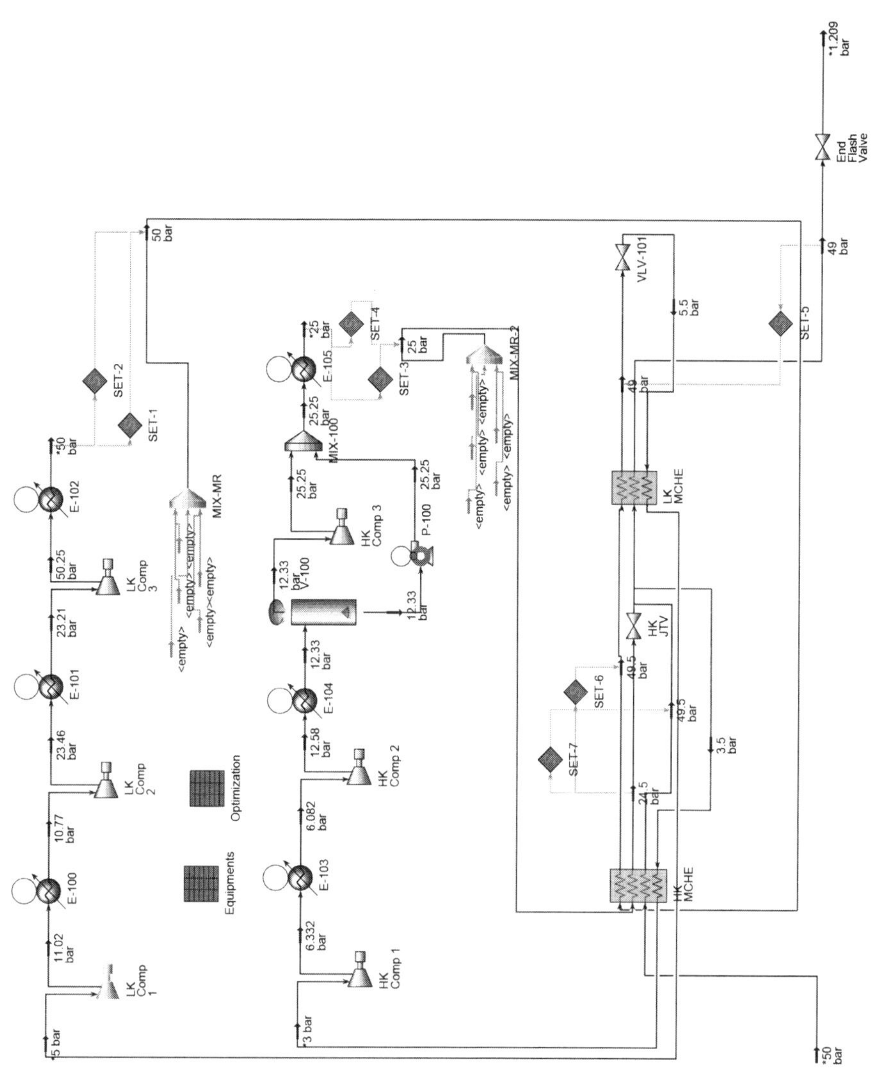

그림 4-77. 예냉과 액화 열교환기기 있는 단순 DMR 공정 구성 (압력값들)

그림 4-78에 구성된 예냉과 액화 열교환기기가 있는 단순 DMR 공정에 대한 온도 설계 값들을 표시하였다. 우선 압축기 냉각기 후단의 공정 온도를 앞에서와 같이 40℃로 설정하였고, LNG의 온도 역시 앞의 설계와 동일한 방법으로 설정하였다. 앞의 DMR 경우와 조금 다른 것은 두 열교환기 사이의 온도이며, 여기서는 예냉 열교환기에서 나오는 Hot Streams들의 온도인 LK 냉매의 온도와 NG의 온도, 그리고 HK 냉매의 온도의 초기 값을 -36℃로 하였다.

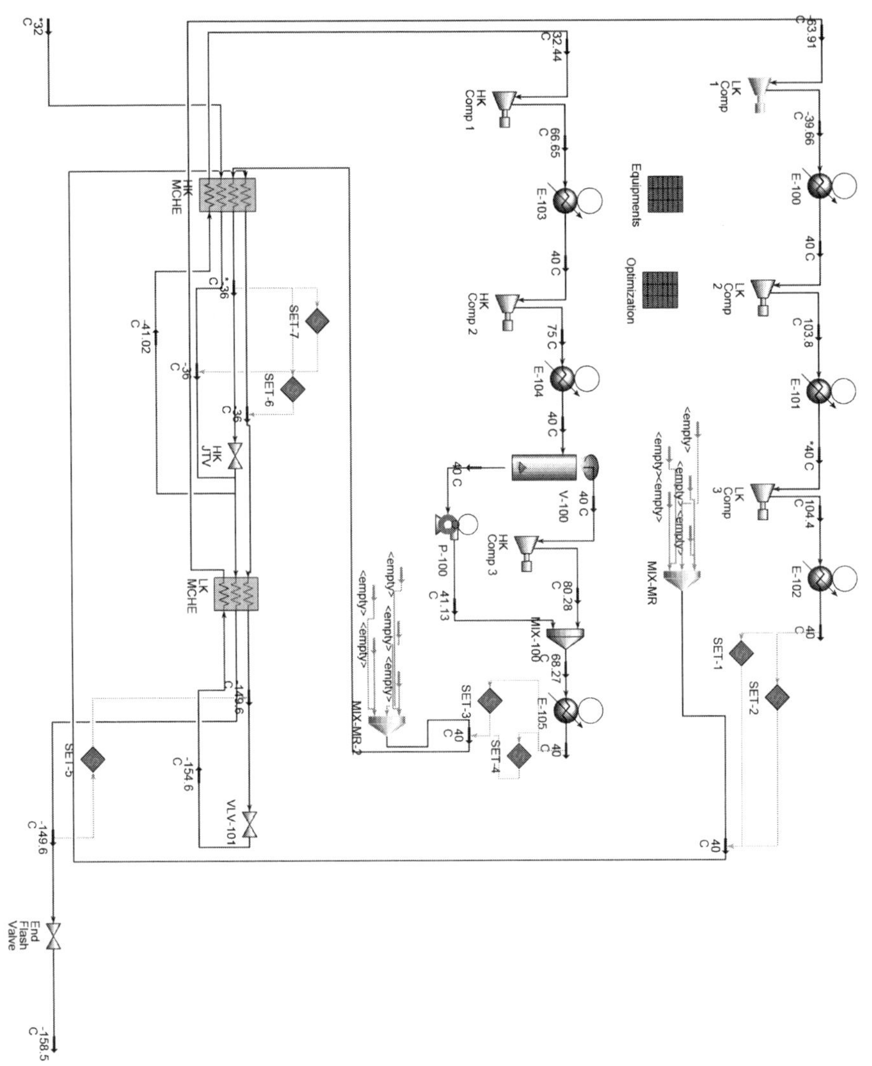

그림 4-78. 예냉과 액화 열교환기가 있는 단순 DMR 공정 구성 (온도값들)

그림 4-79에 구성된 예냉과 액화 열교환기가 있는 단순 DMR 공정에 대한 유량 설계 값들을 표시하였다. NG의 유량은 앞의 예제와 같이 1kg/hr로 설정하였다. 냉매 유량을 결정하기 위해서는 각 냉매의 성분을 살펴볼 필요가 있는데, LK MR의 성분은 N_2, C1, C2, C3 이며, 초기값으로 1kg/hr, 2kg/hr, 2kg/hr, 1kg/hr로 설정하였는데, 이는 4개의 성분 중에 중간정도의 끓는점을 갖는 성분인 C1과 C2가 주 역할을 할

것으로 예상하였기에 2배로 더 많이 설정한 것이다. 예냉 냉매인 HK MR의 성분은 C2와 C4로 구성되며, 초기값으로 4kg/hr, 2kg/hr로 설정하였는데, 이 값들은 LK MR과 천연가스에 냉열을 주며, HK 냉매 온도의 초기 값인 -36℃에 도달할 수 있는 단단위의 숫자로 풀리는 값이다.
다음은 냉매압축기의 압축기 입출력값들을 결정하는 것으로 관련 Spread Sheet를 그림 4-80에 표현하였다. 그림의 1과 2번 줄에 냉각기의 공정 온도를 표시하였으며, B1의 기준 40℃에 대하여 이 값들은 다른 5개의 값에 복사한 이후에 이들을 각각의 냉각기 설정값으로 사용하였다.
5~10줄에는 LK 압축기의 설정값을 표시하였는데, A6에는 LK 압축기가 3단임을 나타내었고, 이를 이용하여 B8에 압축비를 계산하였다. 이러한 압축비를 이용하여 9줄에 냉각기 이후의 압력값을 나타내었고, 10줄에 필요 동력을 표시하였고, D11에 이러한 LK 압축기의 동력 합산 값을 나타내었다. HK 압축기 역시 같은 방법으로 계산하였다.

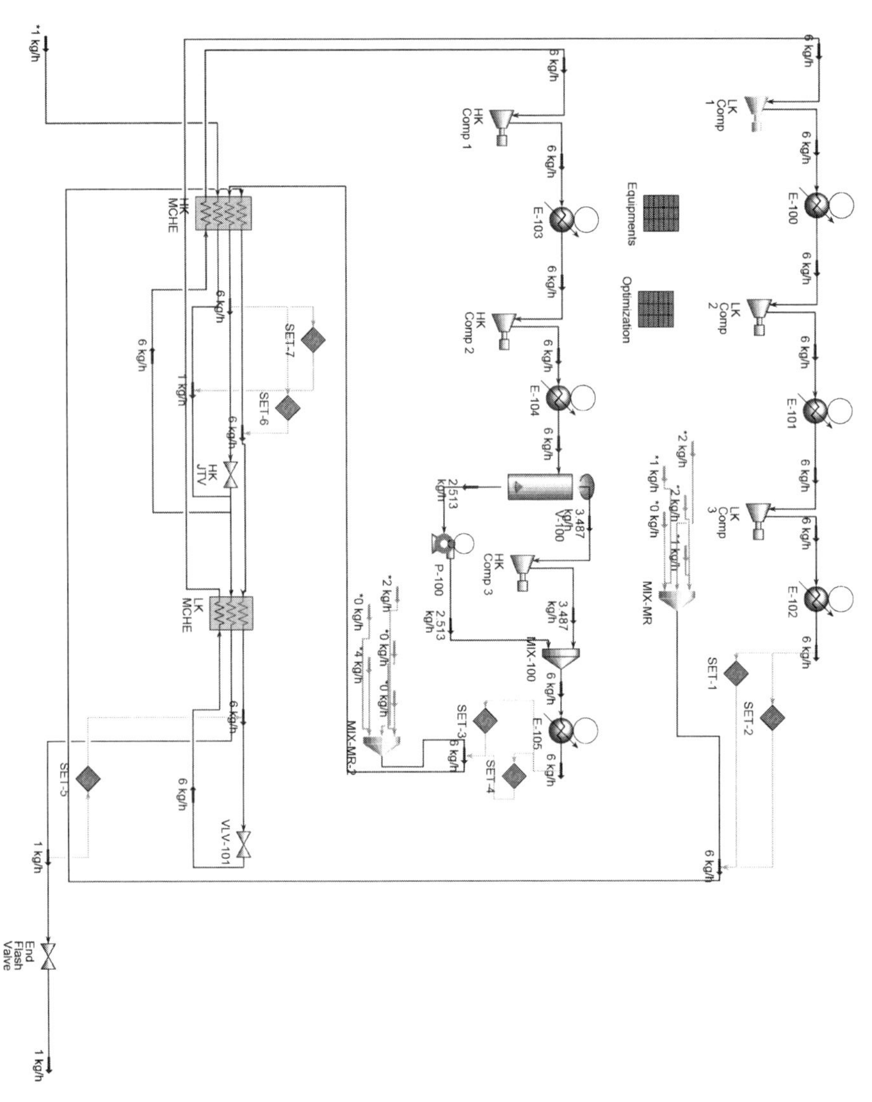

그림 4-79. 예냉과 액화 열교환기가 있는 단순 DMR 공정 구성 (유량값들)

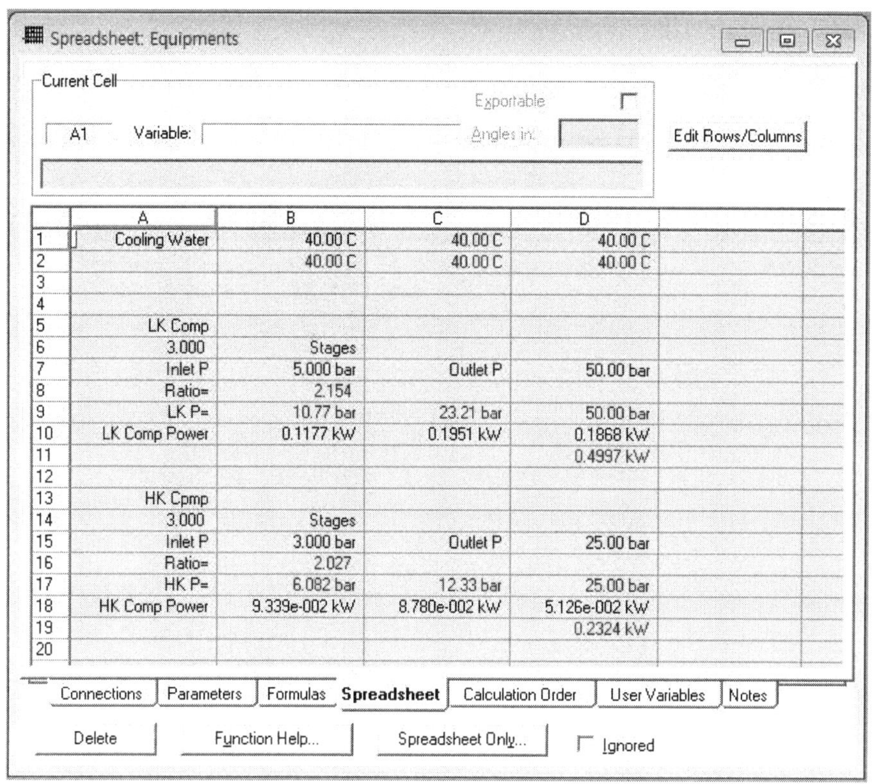

	A	B	C	D
1	Cooling Water	40.00 C	40.00 C	40.00 C
2		40.00 C	40.00 C	40.00 C
3				
4				
5	LK Comp			
6	3.000	Stages		
7	Inlet P	5.000 bar	Outlet P	50.00 bar
8	Ratio=	2.154		
9	LK P=	10.77 bar	23.21 bar	50.00 bar
10	LK Comp Power	0.1177 kW	0.1951 kW	0.1868 kW
11				0.4997 kW
12				
13	HK Cpmp			
14	3.000	Stages		
15	Inlet P	3.000 bar	Outlet P	25.00 bar
16	Ratio=	2.027		
17	HK P=	6.082 bar	12.33 bar	25.00 bar
18	HK Comp Power	9.339e-002 kW	8.780e-002 kW	5.126e-002 kW
19				0.2324 kW
20				

그림 4-80. 단순 DMR 공정의 압축기 계산 SpreadSheet

표 4-8에 각 공정 흐름의 정보에 대한 연결선 설정을 나타내었다. SET-1 ~ SET-4 까지는 Recycle에 대한 온도와 압력 정보의 연결을 하였고, SET-5는 액화열교환기에서 열교환 이후에 나오는 흐름의 온도를 같게 설정하는 방법으로 액화열교환기에서 나오는 액화된 천연가스의 온도이며 이 값으로 온도가 떨어진 LK의 온도도 설정하게 된다.

SET-6와 SET-7 역시 예냉 열교환기에서 예냉되어 나오는 흐름들의 온도를 같게 하는 역할을 수행한다.

표 4-8. 단순 DMR 공정에서 공정 흐름 정보의 연결 설정들

Set 이름	대상	내용
SET-1	온도	_LK Comp Out의 온도를 LK Comp Out에 적용
SET-2	압력	_LK Comp Out의 압력을 LK Comp Out에 적용
SET-3	온도	_HK Comp Out의 온도를 HK Comp Out에 적용
SET-4	압력	_HK Comp Out의 압력을 HK Comp Out에 적용
SET-5	온도	In of End Flash Valve의 온도를 LK HPLT에 적용
SET-6	온도	예냉 열교환기를 나오는 흐름들의 온도는 같다고 설정, 예냉된 HK의 온도로 천연가스와 LK의 예냉 온도를 같게 함
SET-7	온도	

공정 구성의 마지막으로 최적화를 위한 SpreadSheet를 그림 4-81처럼 구성한다. SpreadSheet에서 B3, B4는 HK MR의 냉매 유량을 설정하여 연결하였고, B6~B9에는 LK MR의 냉매 유량을 설정하여 연결하였다.

B12, B13에는 HK 압축기의 첫 단 Inlet 부분과 압축기 끝단의 Outlet 부분의 압력을 설정하여 연결하였고, B14, B15에는 LK 압축기의 첫 단 Inlet 부분과 압축기 끝단의 Outlet 부분의 압력을 설정하여 연결하였다.

B17은 예냉 열교환기에서 예냉되서 나오는 흐름들의 온도를 결정하는 값으로, 이 온도값으로 예냉 냉매인 HK와 액화 냉매인 LK의 역할을 구분하게 되며, 예냉 열교환기와 액화 열교환기의 크기도 결정된다.

D3과 D4에는 각각 예냉 열교환기와 액화 열교환기의 최소접근온도차(Minimum Approach Temperature)를 표시하여 최적화 수행 중에 반드시 지켜야할 열교환기 최소접근온도차 3℃ 이상을 확인할 수 있도록 하였다.

D7, D8, 그리고 D9에는 소모되는 압축기 동력을 표시하여 이 값이 최소가 되도록 최적화를 수행하는 것이다.

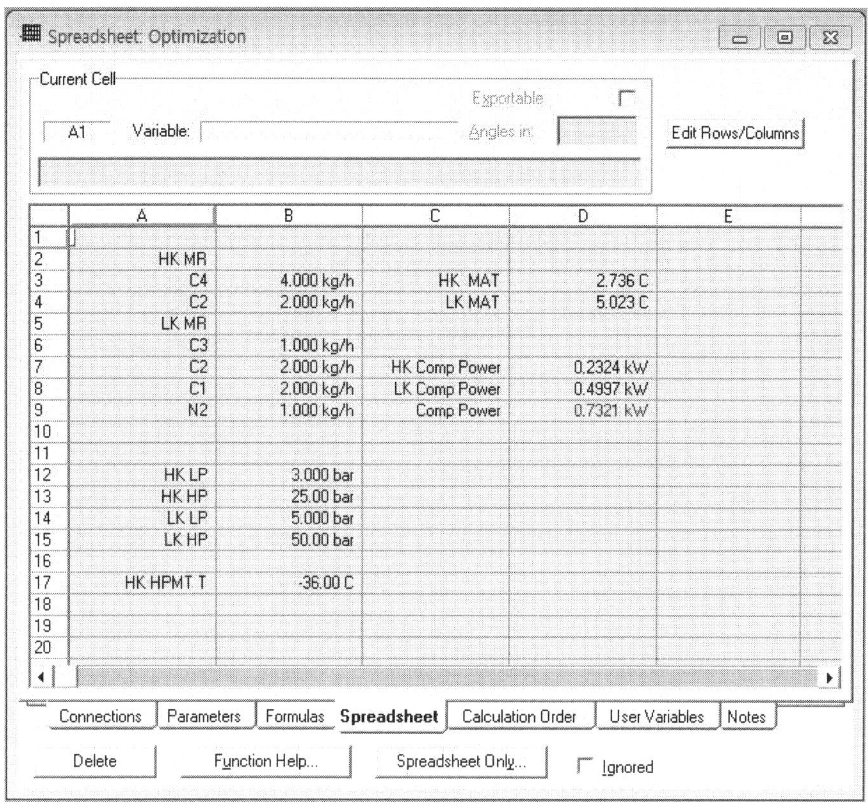

그림 4-81. 단순 DMR 공정의 최적화를 위한 SpreadSheet

냉매의 유량 흐름을 이용하여 액화 공정을 최적화하겠다. DMR에는 HK와 LK의 독립적인 두 개의 냉매사이클이 있기에 독립적인 두 개의 조성 및 유량 흐름에 대한 최적화가 필요하다. 두 개의 냉매사이클 중에서 HK의 열교환기 안에서의 온도 분포 및 냉동 성능은 HK 자신의 조성 및 흐름에 대한 영향뿐만 아니라 천연가스와 LK 냉매의 조성 및 흐름에 대한 영향을 받는데, 설계에 있어서 천연가스의 조성 및 흐름은 고정되기에, 천연가스의 조성 및 흐름에 의한 고정된 영향을 뺀다면 HK의 열교환기 안에서의 온도 분포 및 냉동 성능은 HK 및 LK 냉매 상태의 영향을 받는다고 할 수 있다. HK의 열교환기 안에서의 LK 냉매의 경우, 예냉 열교환기를 통과하는 LK 냉매와 천연가스의 온도와 압력이 설계값으로 이미 결정되었다면, 액화 열교환기 안에서의 온도 분포 및 냉동 성능은 HK 자신의 조성 및 흐름에 대해서만 영향을 받는다고 할 수 있다. 이러한 이유로 예냉 열교환기에서 HK 냉매의 조성은 LK 냉매의 영향을 받으나, 액화 열교환기에서 LK 냉매의 조성은 (단, 예냉 열교환기를 통과하는 LK 냉매와 천연가스의 온도와 압력이 설계값으로 결정된다면) HK 냉매의 영향을 받지 않는다고 할 수 있다. 이러한 이유로 LK 냉매의 설계 최적화를 먼저 수행한 이후에 HK 냉매의 설계 최적화를 수행하는 편이 훨씬 수월하다고 할 수 있다.

표 4-9에 단순 DMR 공정에 대한 LK 냉매 최적화의 첫 단계인 소수점 이하의 단단위 최적화를 표로 나타내었다. 우선, LK MR 성분 N_2, C1, C2, C3의 초기 값은 1kg/hr, 2kg/hr, 2kg/hr, 1kg/hr로 설정하였는데, 이들의 단단위로 수정하여 살펴보았더니, 표의 [1] Case처럼 성분 N_2, C1, C2, C3을 1kg/hr, 1kg/hr, 1kg/hr, 1kg/hr로 설정하여도 LK 열교환기의 최소접근온도 (MAT)가 7.7857℃로 3℃의 온도보다 많기에 온도 구배 조건을 만족한다고 할 수 있다. 계속해서 N_2의 흐름을 반으로 줄여서 [2] Case처럼 1, 1, 1, 0.5의 흐름으로 만들어도 LK MAT가 4.4489℃로 3℃ 이상을 만족한다. 계속해서 C3는 [3] Case처럼 0.5로 하였으나 3℃ 이상을 만족하지 못하기에 근처 만족 값인 0.6으로 설정하였고, [4] Case처럼 C1을 줄이고 N_2를 줄이면서 LK MAT가 3℃ 이상인지, 혹은 그보다 작더라도 최적화 수행에 무리가 없다면 계속적으로 값을 바꾸어가면서, 단단위 변화의 최적화 값으로 [6] Case의 결과를 얻을 수 있다.

표 4-9의 [6] Case까지 최적화를 수행하였다면, 이제부터는 열교환기 안의 온도 분포를 보면서 최적화를 수행하여야 한다. 그림 4-82에 액화 열교환기 안의 온도차 분포를 나타내었다. 이러한 온도차가 3℃이내로 들어오지 않도록 최적화를 수행하여야 한다. 그림 4-82 4개의 초록색 원을 표시하였는데, N_2, C1, C2, C3 성분의 양에 따라서 이 초록색 원 부분들이 상하로 움직이면서 최적화의 상태를 보여주게 된다. 즉, 압축기 동력을 줄이기 위하여 N_2, C1, C2, C3의 양을 가급적 줄이지만, 열교환기 안의 최소접근 온도가 3℃ 이상으로 유지하도록 최적화를 시행하는 것이다.

표 4-9. 단순 DMR 공정의 HK 냉매 최적화 첫 단계

Cases		[1]	[2]	[3]	[4]	[5]	[6]
HK MR [kg/hr]	C4	4	4	4	4	4	4
	C2	2	2	2	2	2	2
LK MR [kg/hr]	C3	1	1 ⇨	0.6	0.6 ⇨	0.4 ⇨	0.3
	C2	1	1	1	1 ⇨	1.1 ⇨	1.2
	C1	1	1	1 ⇨	0.6	0.6 ⇨	0.5
	N_2	1 ⇨	0.5	0.5 ⇨	0.4	0.4	0.4
HK MAT [℃]		5.0193	5.0193	5.0193	5.0193	5.0193	5.0193
LK MAT [℃]		7.7857	4.4489	4.9142	2.5841	4.3158	3.5628
HK Comp Power [kW]		0.2124	0.2128	0.2062	0.2047	0.2031	0.2026
LK Comp Power [kW]		0.3168	0.2735	0.2667	0.2017	0.2038	0.1927
Total Comp Power [kW]		0.5291	0.4863	0.4729	0.4064	0.4068	0.3953

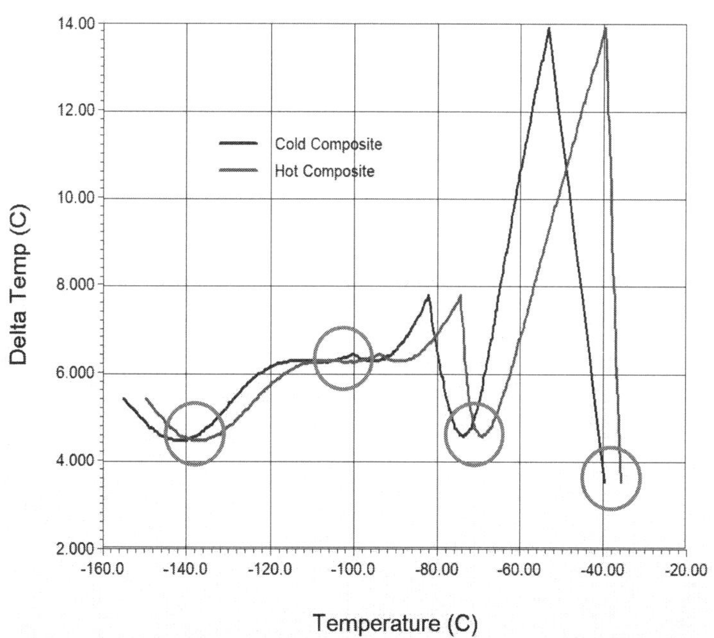

그림 4-82. 단순 DMR 공정의 액화열교환기 온도분포도 (단단위 최적화 상태)

액화 열교환기의 온도구배를 보면서 최소온도차가 3℃ 이상이 되도록 유지하면서, 성분 N_2, C1, C2, C3의 혼합냉매 유량을 최적화를 하면, 성분 N_2, C1, C2, C3가 0.2638kg/hr, 1.215kg/hr, 0.4340kg/hr, 0.3580kg/hr인 상태에서 그림 4-83과 같이 액화열교환기에 대한 최적화 상태를 얻을 수 있다. 이러한 최적화 상태는 특히 각 성분의 4개 원의 위치가 각각 3℃의 수평 상태가 되는 것이다.

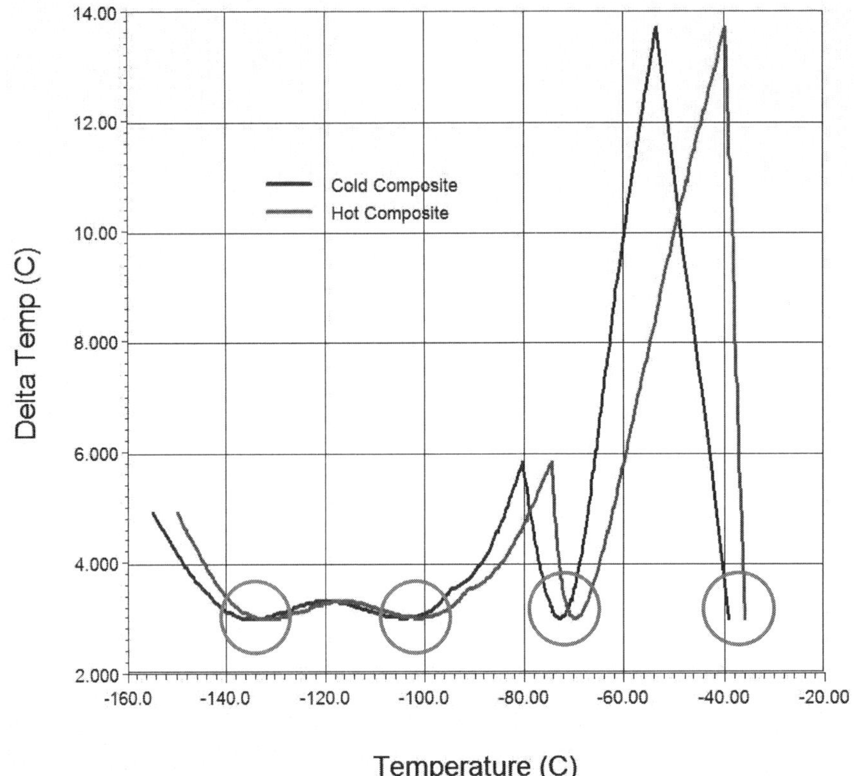

그림 4-83. 단순 DMR 공정에서 최적화된 액화 열교환기 온도분포도

그림 4-83의 열교환기 상태는 액화 냉매의 조성과 흐름이 최적화된 상태를 보여주고 있는 것이며, 이 상태에서 예냉 냉매의 조성과 흐름을 최적화해야 한다. 액화 냉매의 양과 조성이 최적화 되었기에 예냉에서 필요한 냉매의 양도 더 줄어들 수 있다. 예냉인 HK MR의 성분은 C2와 C4로 구성되며, 초기값으로 4kg/hr, 2kg/hr로 설정되어 있는데, 이를

2kg/hr, 1kg/hr로 낮춰도 예냉 열교환기의 최소 접근 온도가 3℃이상인 상태가 가능함을 알 수 있으며, 이때의 전체 압축기 소비동력은 0.2964kW로 매우 낮음을 알 수 있기에 여기까지 만으로도 최적화가 많이 되었음을 알 수 있다.

계속해서 예냉 열교환기의 온도분포도를 보면서 예냉 열교환기 역시 최소온도차 3℃를 유지하면서 소비동력이 최소화되는 값으로 냉매 흐름을 찾는 최적화를 수행한다. 최적화된 예냉 열교환기 온도분포도를 그림 4-84에 나타내었다. 이러한 결과는 HK MR의 성분인 C2와 C4가 각각 2.043kg/hr, 0.92kg/hr로 결정되며, 이때의 압축기 소비동력은 0.2908kW가 된다.

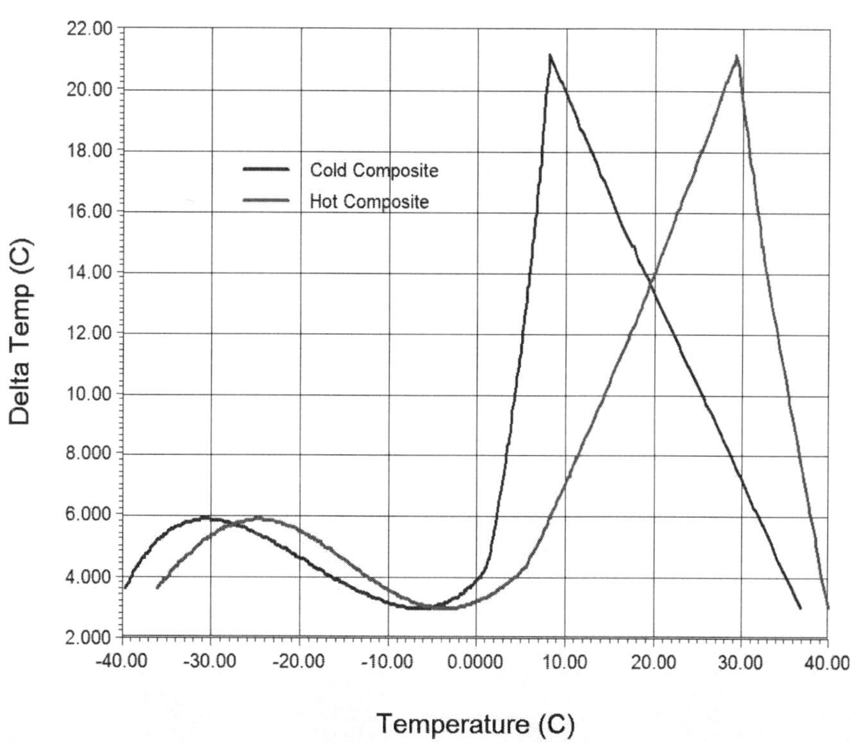

그림 4-84. 단순 DMR 공정에서 최적화된 예냉 열교환기 온도분포도

4-4-3. 기액분리기가 있는 예냉/액화 DMR 공정

기액분리기가 있는 예냉/액화 DMR 공정은 일단 예냉과 액화 두 개의 열교환기로 구성하며 액화 열교환기 앞에 LK 냉매의 기·액 분리기가 있는 형태이다. 4-4-2에서 설명한 DMR 공정의 LK 냉매는 예냉 열교환기를 지나면서 일부가 액체가 되는 경우가 많은데, 이를 4-4-2의 DMR 공정처럼 열교환기 안에서 하나의 흐름으로 한다면 열교환기의 성능이 많이 떨어지게 될 수 있다. 이렇게 기체 혹은 액체라는 하나의 물질상태가 아닌 기체와 액체가 혼합된 냉매의 경우 이를 기체와 액체로 분리하여 각각을 다른 독립적 냉매로 사용하는 것이 효율을 높이는 방법이다. 또한, 열교환기에 따라서 기체와 액체가 혼합된 흐름을 만들 수 없는 경우도 있기에 이를 기체와 액체로 분리하여 열교환기 안에 다른 흐름을 만들어야 한다.

그림 4-85는 DMR 공정에 있어서 예냉을 거친 LK 냉매의 기·액을 분리하고, LK의 기체 냉매를 과냉에 사용하고서 LK 액체 냉매에 다시 혼합하여 이를 천연가스 액화에 사용하는 공정을 나타냈다. LK 냉매의 이러한 방법은 앞의 4-3장에 있는 C3MR 공정의 MR 공정과 같은 원리라고 생각하면 된다.

앞의 4-4-2장에서 구성하였던 열교환기 두 개의 예냉/액화 DMR 공정의 Simulation 결과에서 액화 열교환기를 두 개로 분리하면 그림 4-86과 같이 구성된다. 이전 공정에서부터 단지 액화를 위한 열교환기가 2개로 분리되기 때문에, 이전의 완성된 액화공정을 기반으로 구성하는 편이 공정의 구성 및 최적화에도 편리하다.

우선, 열교환기의 압력값을 결정하는데, 이전의 Simulation에서는 천연가스 액화용 열교환기의 압력강하를 0.5bar로 결정하였기에, 일단 단순하게 두 개로 나누어진 액화 열교환기 각각을 0.25bar로 설정하면 그림 4-87의 압력 구배를 얻게 된다.

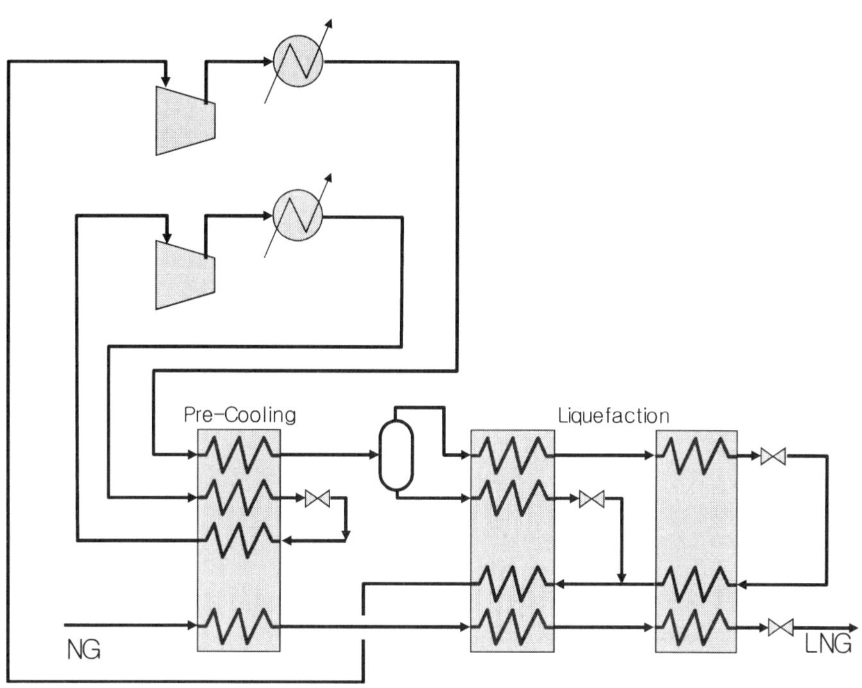

그림 4-85. 기액분리기가 있는 예냉/액화 DMR 공정

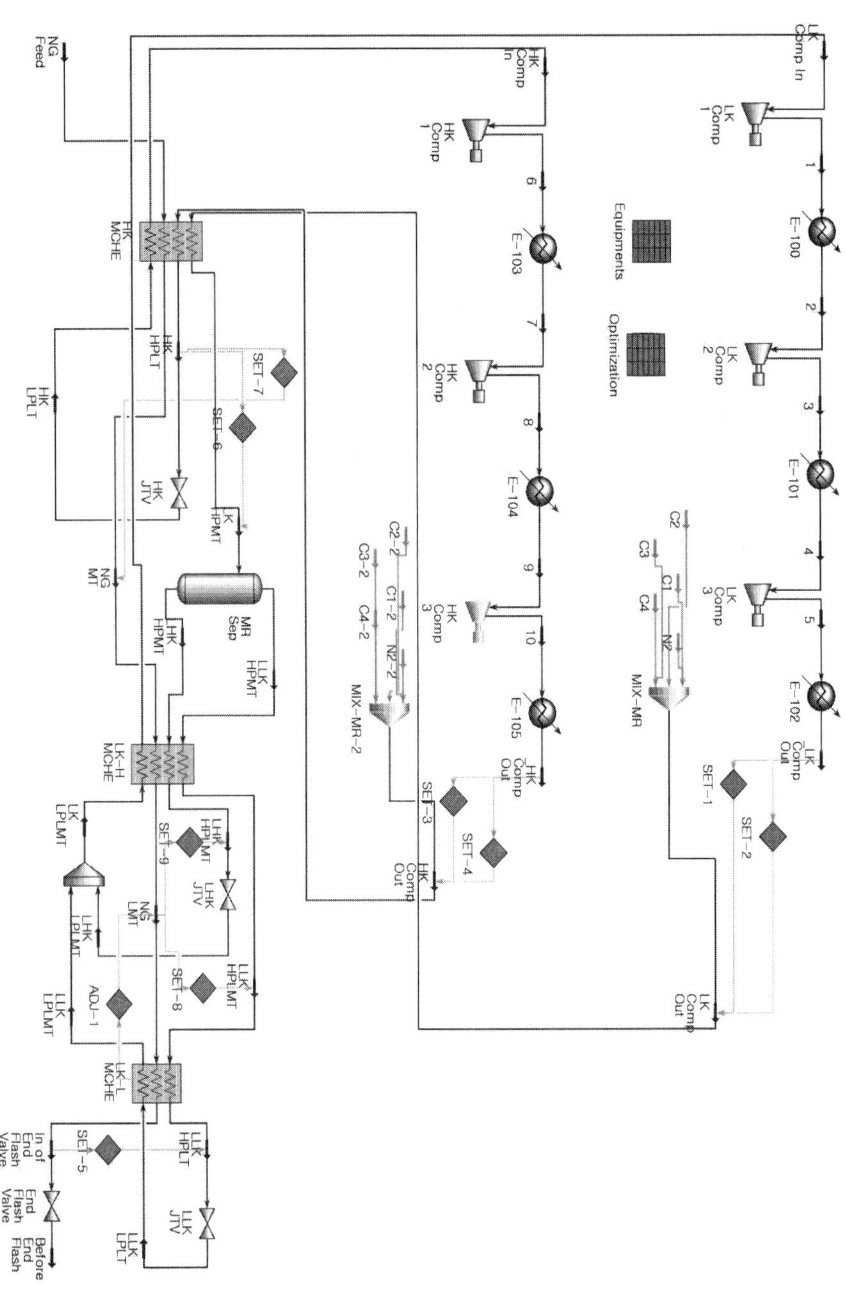

그림 4-86. 기액분리기가 있는 예냉/액화 DMR 공정의 Simulation 구성

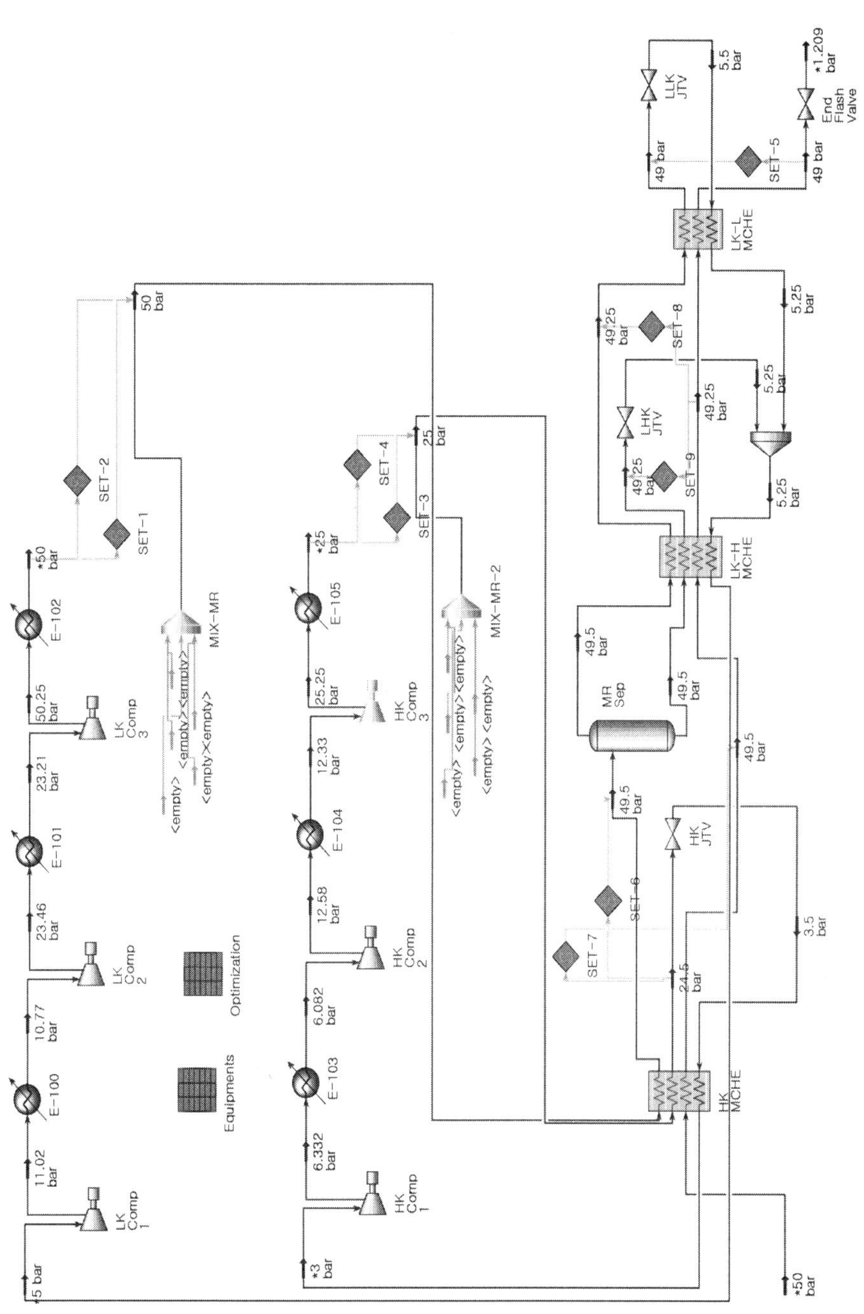

그림 4-87. 기액분리기가 있는 예냉/액화 DMR 공정의 압력 구성

계속해서 온도구배의 경우, 천연가스가 액화되는 흐름에 대하여 두 개의 천연가스 액화열교환기 사이에서 온도를 -120℃라고 초기기화 하고, 이 온도를 첫 번째 액화 열교환기의 출구 온도로 한다면, 나머지 두 개의 흐름인 LK 액체 냉매의 온도와 LK 기체 냉매의 온도를 그 온도(-120℃)로 같이 결정할 수 있다. 그림 4-88과 같이 SET-8과 SET-9를 이용하여 Simulation을 구성하게 된다.

이전의 DMR 공정에서는 천연가스 액화를 위한 열교환기가 하나이었으나, 이번에 구성된 DMR 공정에서는 이를 두 개로 구성하였고, 이에 따라 각 열교화기의 압력강하량을 0.25bar로 적용하였고, 열교환기 사이의 온도를 -120℃로 구성하였다면, 일단 Simulation은 풀린다. 이에 따른 천연가스 액화 열교환기들의 최소접근 온도 (Minimum Approach Temperature)들은 1.022℃와 5.287℃로 되며, 이때의 압축기 소모동력은 0.2887kW로 된다.

기액분리기가 있는 예냉/액화 DMR 공정의 최적화 순서는 다음과 같다. 우선, 예냉과 액화 열교환기 사이의 온도 (여기서는 현재 -37℃)를 결정을 하고, 다음으로 액화 열교환기들의 최소접근온도가 3℃가 되도록 냉매 조성을 최적화해야 한다. 액화용 냉매의 조성 최적화에 있어서, 다른 하나의 독립변수는 액화 열교환기 사이의 온도 (현재는 -120℃임)이며, 이를 제일 낮은 온도의 열교환기인 LK-L MCHE의 최소접근온도가 3℃가 되도록 조정 (HYSYS®의 adjust 기능)하게 설정하면 독립변수 하나가 줄어들 수 있다.

앞의 설명한 방법으로 열교환기 사이의 온도를 -37℃로 하여 최적화를 수행하면, 예냉 냉매의 C2와 C4의 흐름은 0.95kg/h과 2.01kg/h로 결정되며, 액화 열교환기 사이의 온도는 -120.9℃로, 또한 N_2, C1, C2, C3의 흐름은 각각 0.254kg/h, 0.492kg/h, 1.174kg/h, 0.228kg/h로 최적화될 수 있다. 이를 통하여 예냉 압축기들의 소모동력은 0.1119kW로 또한 액화 압축기들의 소모동력은 0.1747kW로 결정되어, 압축기 총 소모동력은 0.2866kW로 결정된다.

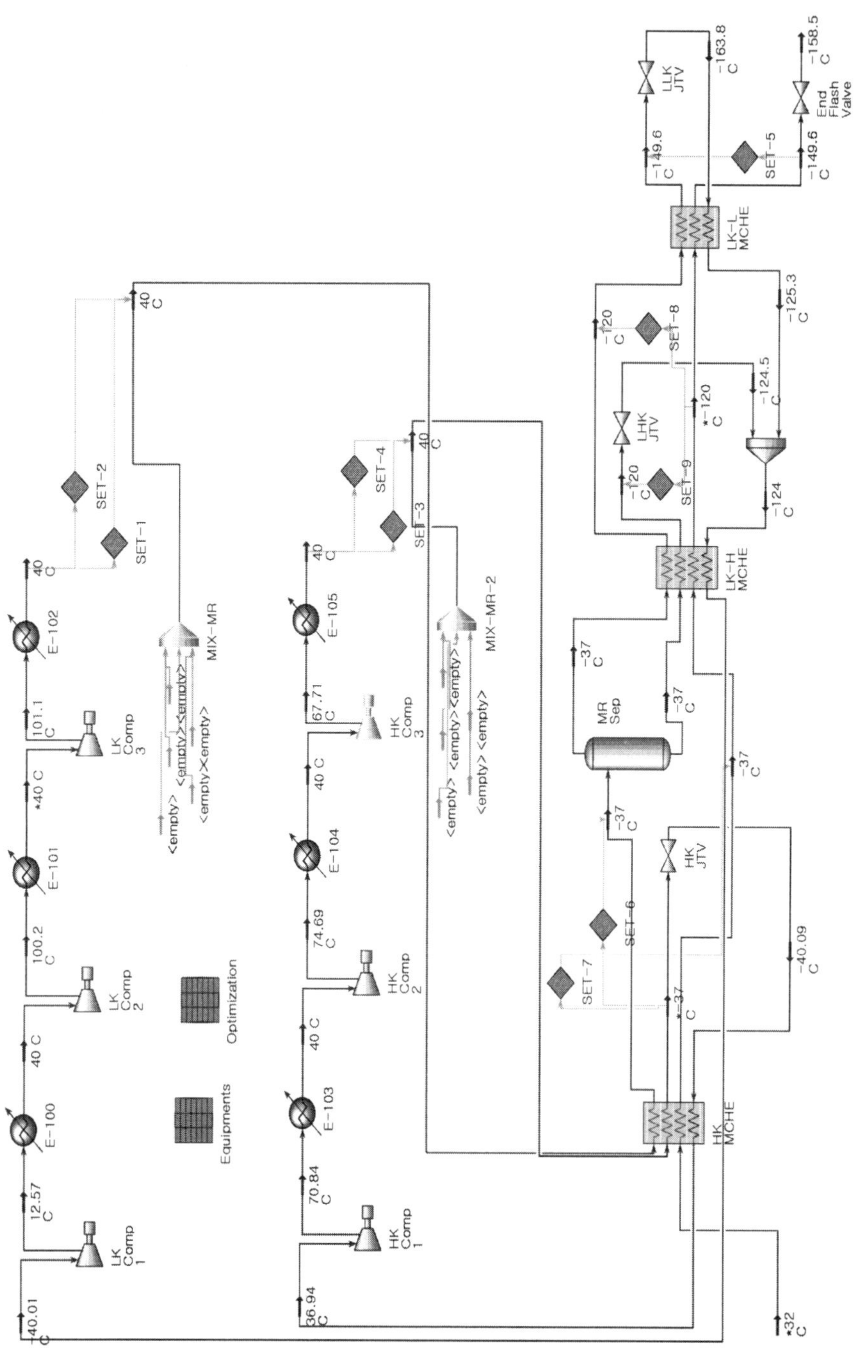

그림 4-88. 기액분리기가 있는 예냉/액화 DMR 공정의 온도 구성

이러한 방법으로 열교환기 사이의 온도를 다시 -38℃로 하여 최적화를 수행하고, 그 압축기 총 소모동력은 0.2865kW로 더 낮아 졌기에 이번에는 -40℃로 하여 수행하여 본다. 또한, 그 반대 방향인 -35℃에 대해서도 최적화를 수행하였고, 이를 표 4-10에 나타내었다. 최적화 결과 예냉 온도 -38℃의 설계 설정이 총 압축기 동력 소모량 0.2865kW로 가장 좋은 효율을 보임을 알 수 있다.

기액분리기가 있는 예냉/액화 DMR 공정의 최적화가 완성되었지만, 예냉 냉매가 예냉 압축기에서 압축되는 상황에서 일부 액화되는 현상이 있기에 맨 마지막 압력단에서는 이를 기•액으로 분리하여 승합할 필요가 있다. 그림 4-89에 냉매 Pump가 추가된 예냉/액화 DMR 공정을 나타내었다.

표 4-10. 기액분리기가 있는 예냉/액화 DMR 공정의 최적화 결과

예냉 온도 [℃]		-40℃	-38℃	-37℃	-35℃
HK MR 유량[kg/h]	C2	1.09	0.9725	0.95	0.918
	C4	1.952	1.995	2.01	2.028
LK MR 유량[kg/h]	N_2	0.2475	0.254	0.254	0.264
	C1	0.4885	0.49	0.492	0.4895
	C2	1.12	1.16	1.174	1.21
	C3	0.212	0.22	0.228	0.243
액화 열교환기 사이 온도 [℃]		-122.4	-121.3	-120.9	-119.9
예냉 압축기 소모 동력 [kW]		0.1228	0.1136	0.1119	0.1095
액화 압축기 소모 동력 [kW]		0.1688	0.1730	0.1747	0.1786
전체 압축기 소모 동력 [kW]		0.2917	0.2865	0.2866	0.2881

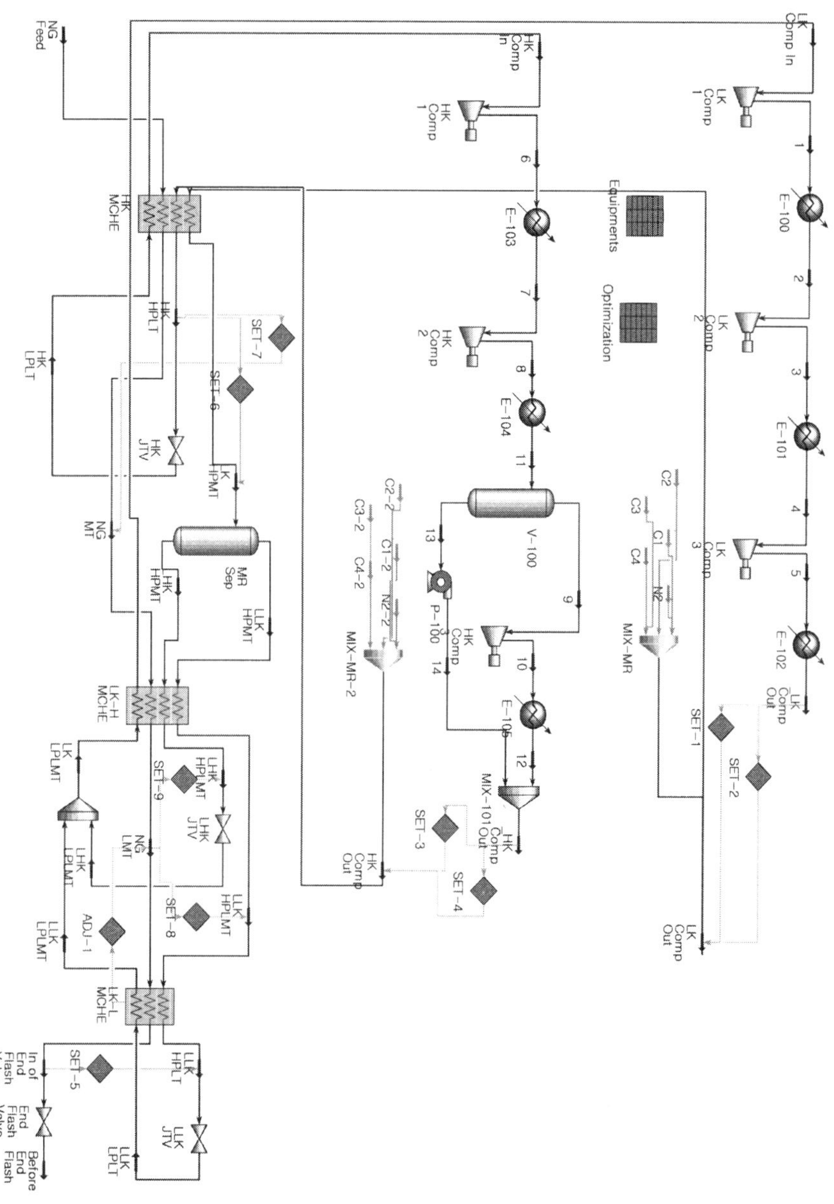

그림 4-89. 기액분리기가 있는 예냉/액화 DMR 공정의 Simulation 구성 (냉매 Pump 추가)

완성된 DMR 공정에서 예냉 압축기의 맨 마지막 냉매는 전부가 액체이기에, 그 압력을 일부 낮추어도 열교환기 성능에는 차이가 없고, 단지 압축일 만을 줄일 수 가 있는데, 최종압력을 25bar에서 24bar로 낮추어도 그 성능에 변화가 없음을 알 수 있다. 즉, 예냉 압축기의 압력을 24bar로 낮추어서 DMR 공정의 최적화를 끝낸다.

제대로 된 최적화를 하려면, 냉매 압축기들의 최저압과 최고압들도 독립변수로 해서 최적화를 수행해야 한다. 하지만, 각 냉매 조성 및 유량을 최적화하여 결정할 때 각각의 조성이 냉매의 압력에 따라 결정된 최적값이라 할 수 있기에 최적화된 결과에는 냉매 압축기들의 최저압과 최고압들이 고려된 결과라 할 수 있다. 즉, 냉매 압축기들의 최저압과 최고압들이 아주 엉뚱한 값이 아니라면 최적화 결과는 크게 달라지지 않는다는 것이다. 또한 압력값들은 배관이나 압축기케이싱의 두께 등 공정의 안전 및 형태를 결정하는 중요한 변수로 단순 최적화로 그 값을 결정하기 보다는 다양한 영향을 고려하여 결정하는 편이 제대로 된 설계 방법이라 할 수 있다. 이러한 이유로 이들 냉매 압축기들의 최저압과 최고압들을 최적화의 변수로 사용하기 보다는 압축기나 액화공정의 특성에 따라 결정한다고 할 수 있다. 즉, 이러한 사항을 고려한 허용 압력 범위 안에서의 최적화를 수행하는 방법이 정확한 방법이라 할 수 있다. 또한, 제한된 범위 이더라도 냉매 압축기들의 최저압과 최고압들을 최적화 변수로 사용한다면, 매우 많은 변수를 사용하기에 컴퓨터를 이용한 최적화 방법의 사용을 권장한다.

References

[도서]

b-1) Cryogenic Mixed Refrigerant Processes; Gadhiraju Venkatarathnam; Springer; 2010.

[특허]

p-1) Refrigerant apparatus and process using multicomponent refrigerant; Don Henry Coers, Jackie Wayne Sudduth; US 3932154, 1972.

p-2) Improvements in or relating to process and apparatus for liquefying natural gas: Shell Int Research; GB895094(A), 1962.

p-3) Combined cascade and multicomponent refrigeration system and method; L Gaumer, C Newton; Air Prod & Chem; US 3763658A, 1973.

p-4) Method and apparatus for liquefying gases; James Bernard Maher, Jackie Wayne Sudduth; Chicago Bridge & Iron Co; US 3914949 A, 1975.

p-5) Process for liquefying a hydrocarbon-rich stream; Rudolf Stockmann, Manfred Bölt, Manfred Steinbauer, Christian Pfeiffer, Pentti Paurola, Wolfgang Förg, Arne Olav Fredheim, Oystein Sorensen; Linde Aktiengesellschaft; US 6334334 B1, 2000.

[논문 및 발표]

a-1) Development of a New High-Efficiency Natural Gas Liquefaction Process KSMR™ ; Sanggyu Lee, Yongsoo Kwon, Jinho Park, Ihn-Soo Yoon, Young-myung Yang; GasTech; 2014.

a-2) Knowledge inspired investigation of selected parameters on energy consumption in nitrogen single and dual expander processes of natural gas liquefaction; Mohd Shariq Khan, Sanggyu Lee, Mesfin Getu, Moonyong Lee, Journal of Natural Gas Science and Engineering 23, 324-337; 2015.

[인터넷]

I-1) http://www.linde-engineering.com/internet.global.lindeengineering.global/en/images/LNG_1_1_e_13_150dpi19_4577.pdf

역자소개

이 상규

저자는 현재 LNG플랜트사업단 단장이며, 한국가스공사 가스연구원의 수석연구원이다. LNG 초저온 공정분야를 20여년간 연구하였는데, 관심 분야는 천연가스 액화, LNG 설비, LNG 저장탱크, 공정제어 PID 튜닝, 공정진단이다. 최근에는 천연가스 액화사이클 및 LNG-FPSO 공정개발에 주력하고 있으며, 한국형 천연가스 신 액화공정인 KSMR (Korea Single Mixed Refrigerant)을 개발하였다.

학사: 한양대학교 화학공학과 (1985~1989)
석사: 한국과학기술원 화학공학과 (KAIST)(1989~1991)
박사: 한국과학기술원 화학공학과 (KAIST)(1991~1997)

HYSYS®를 활용한 천연가스 액화공정 설계

인　　쇄 : 2017년 3월 15일
발　　행 : 2017년 3월 20일
저　　자 : 이 상규
발 행 처 : 도서출판 아진
437-120
경기도 의왕시 이미로 40 (포일동 653번지)
인덕원IT밸리 A동 1019호
TEL:02-737-0663 FAX:02-737-0664
Homepage:ajin.to
E-mail:kgb@ajin.to
발 행 인 : 김 근 배
등록번호 : 제330-1995-56호
I S B N : 978-89-5761-501-0　　93570

가격 30,000원

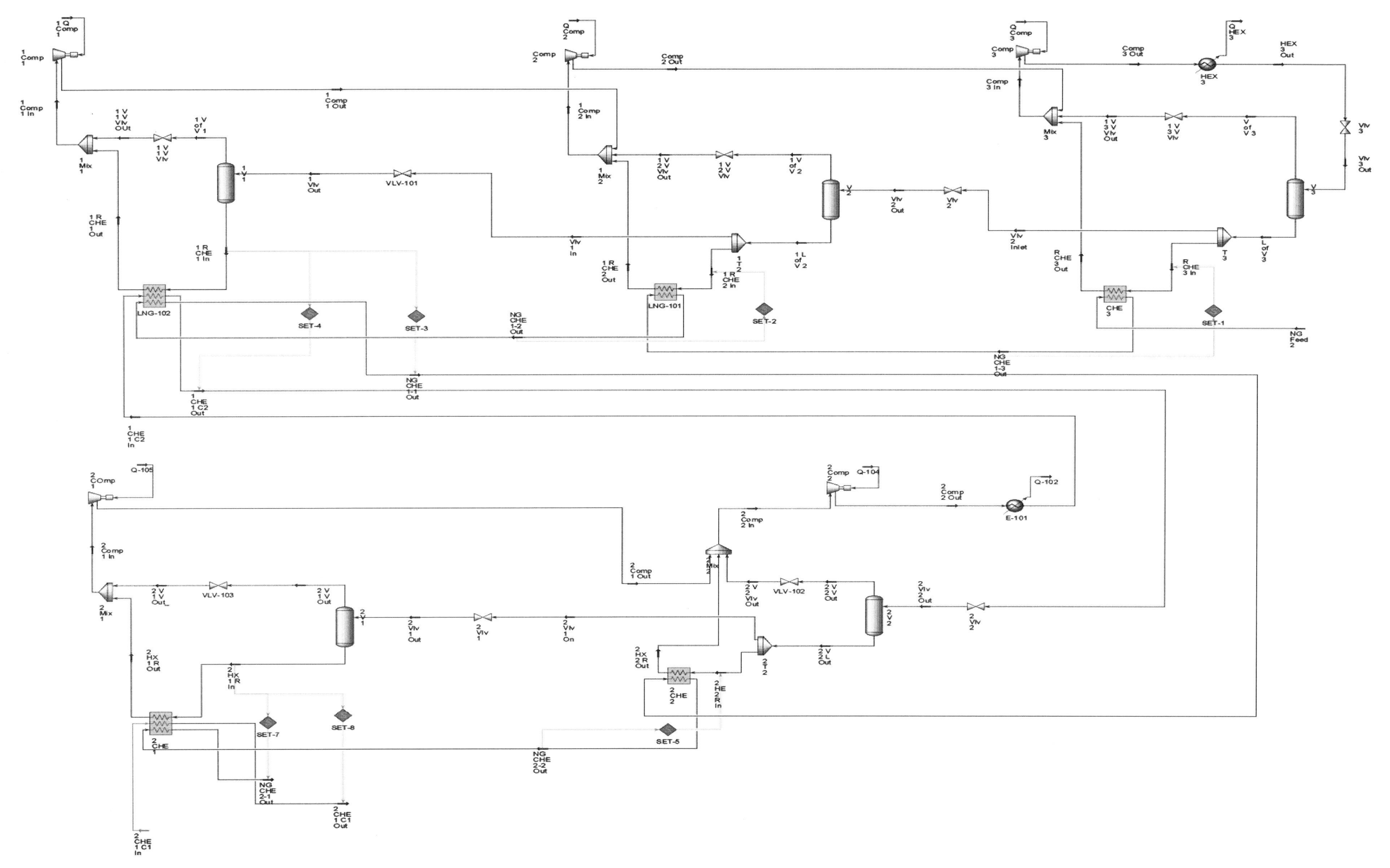

그림 4-9. Optimized Cascade 공정의 프로판 냉매 및 이와 연결된 에틸렌 냉매 압축 시스템

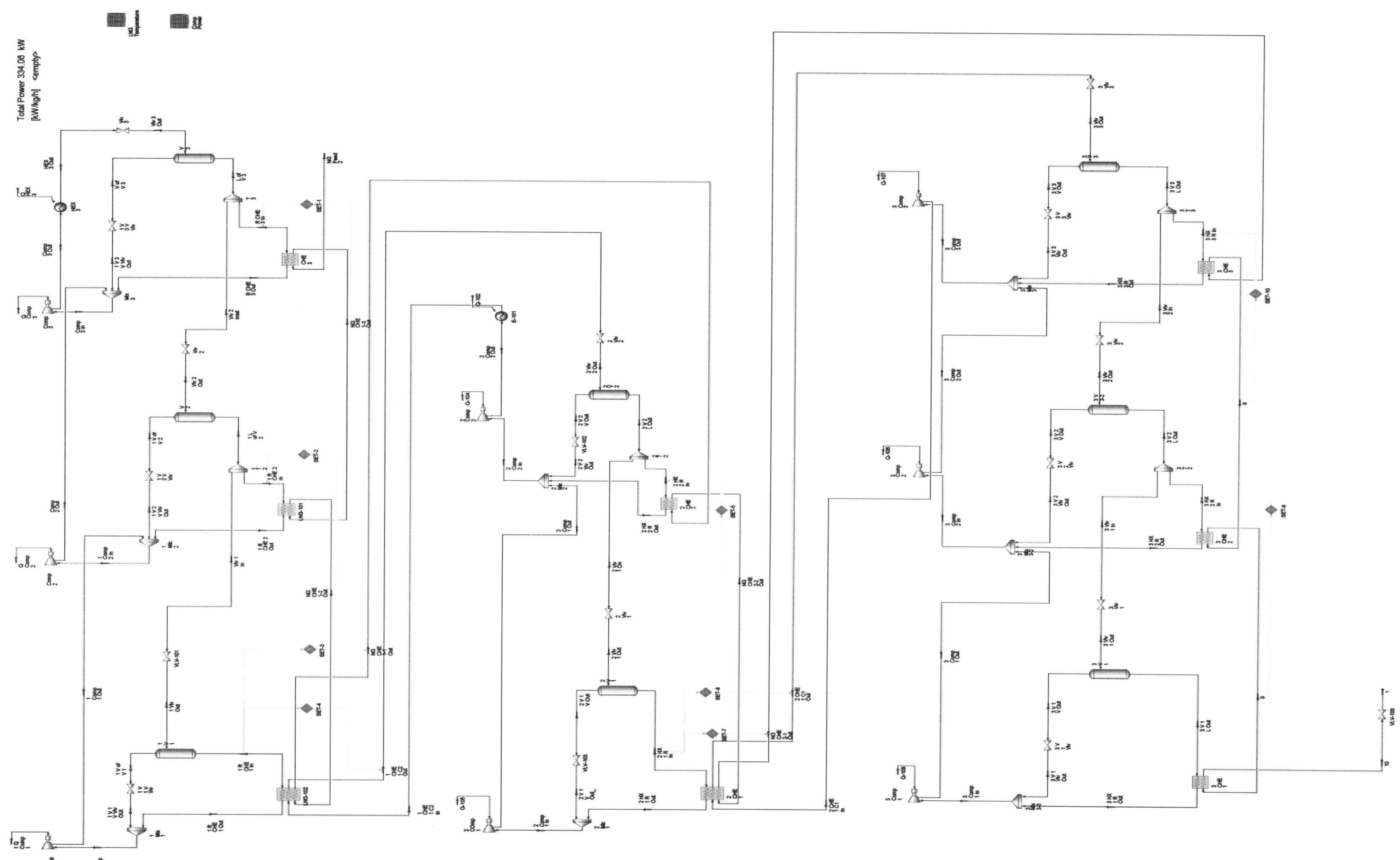

그림 4-10. Optimized Cascade 공정의 프로판, 에틸렌, 메탄 냉매 압축 시스템

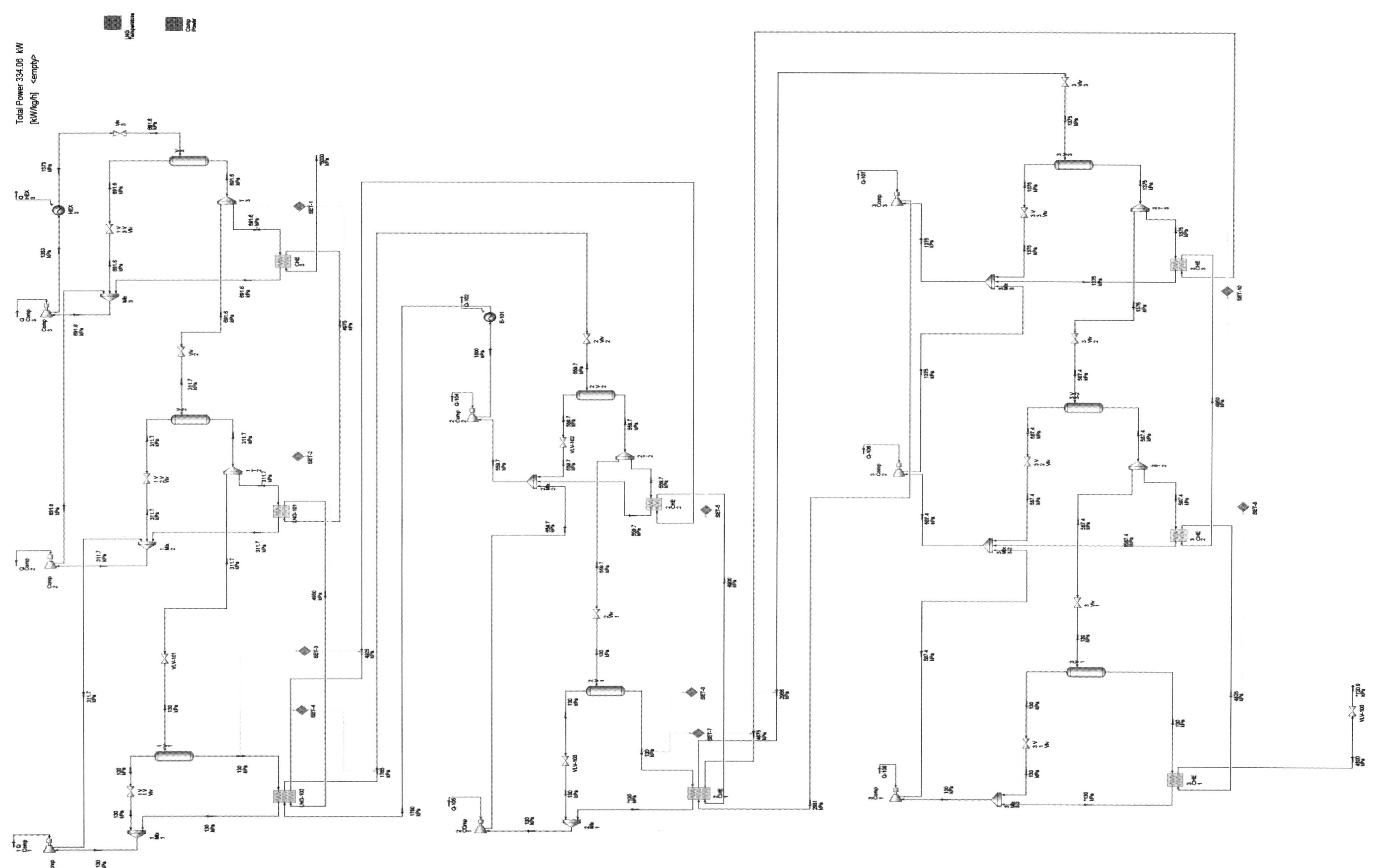

그림 4-11. Optimized Cascade 공정의 프로판, 에틸렌, 메탄 냉매 압축 시스템에 대한 압력 값

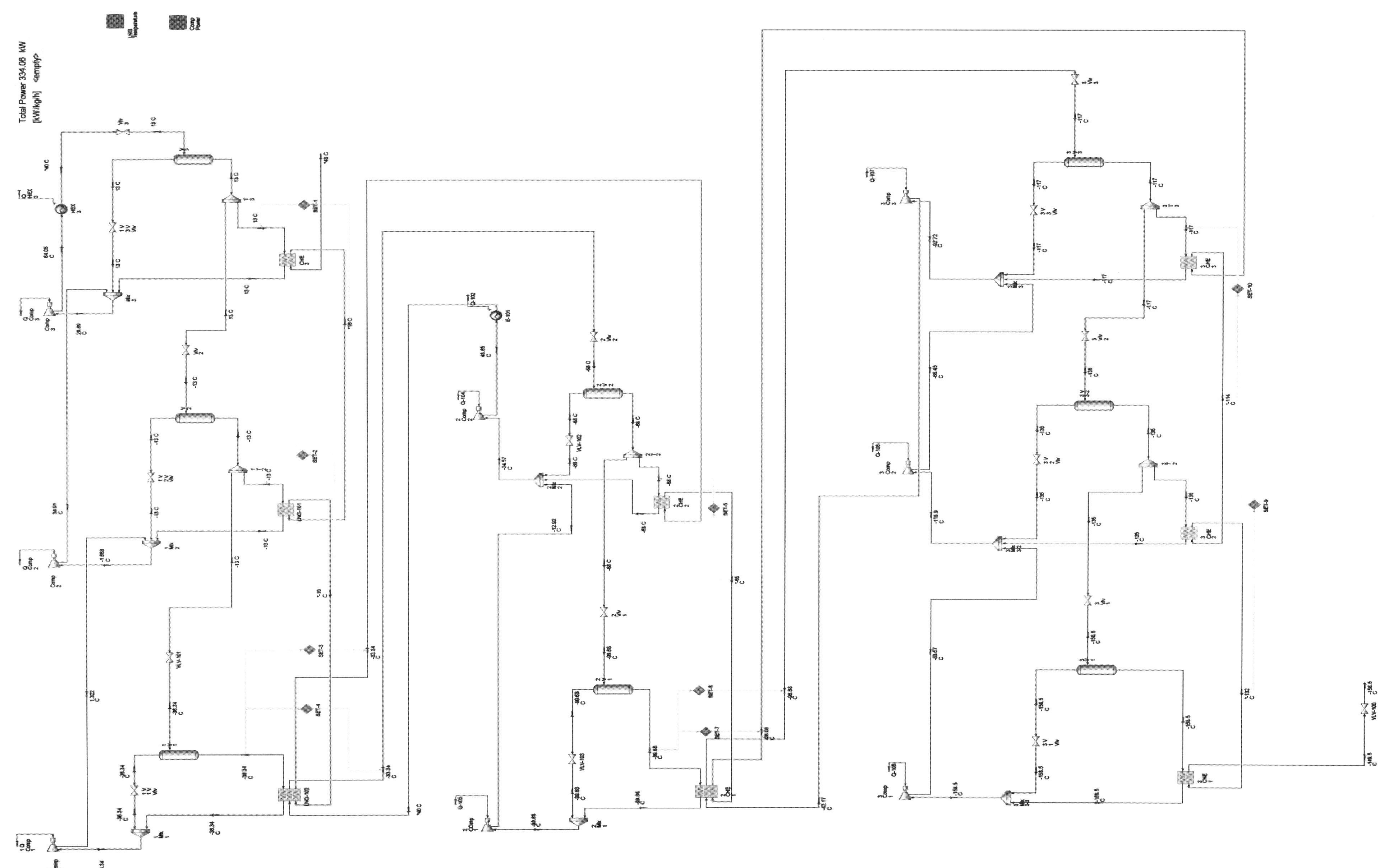

그림 4-12. Optimized Cascade 공정의 프로판, 에틸렌, 메탄 냉매 압축 시스템에 대한 온도 값

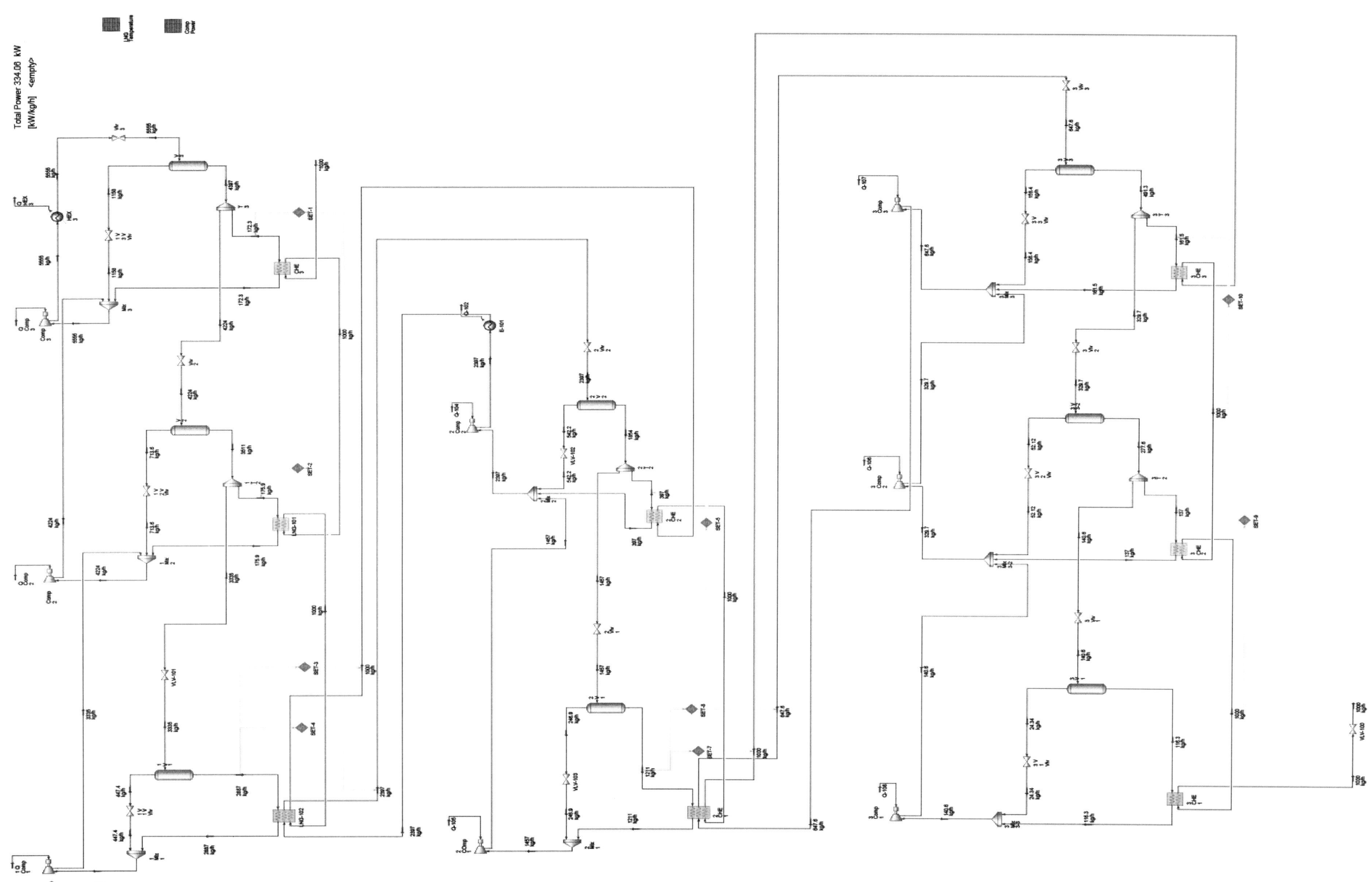

그림 4-13. Optimized Cascade 공정의 프로판, 에틸렌, 메탄 냉매 압축 시스템에 대한 유량 값

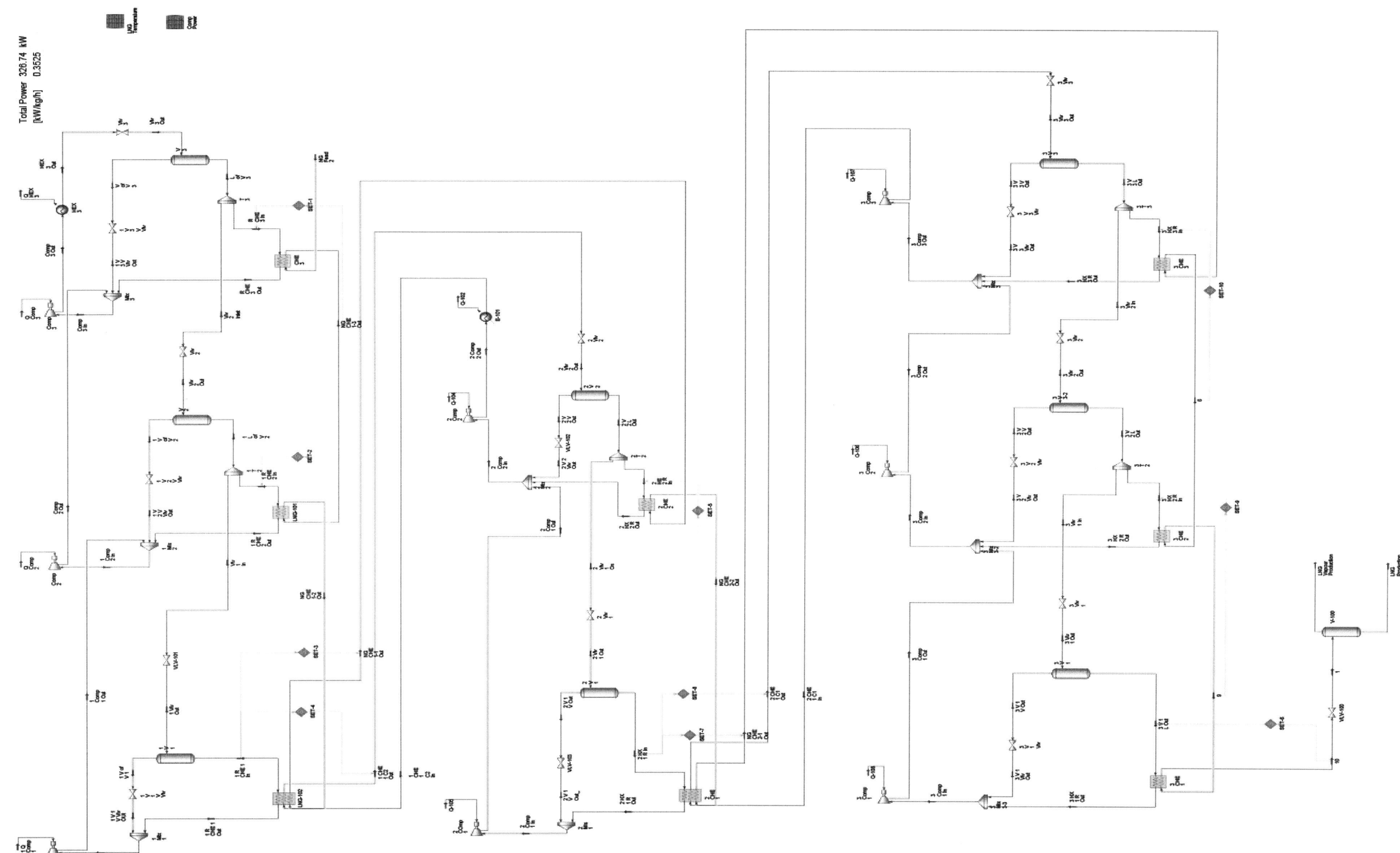

그림 4-14. 완성된 Optimized Cascade 공정

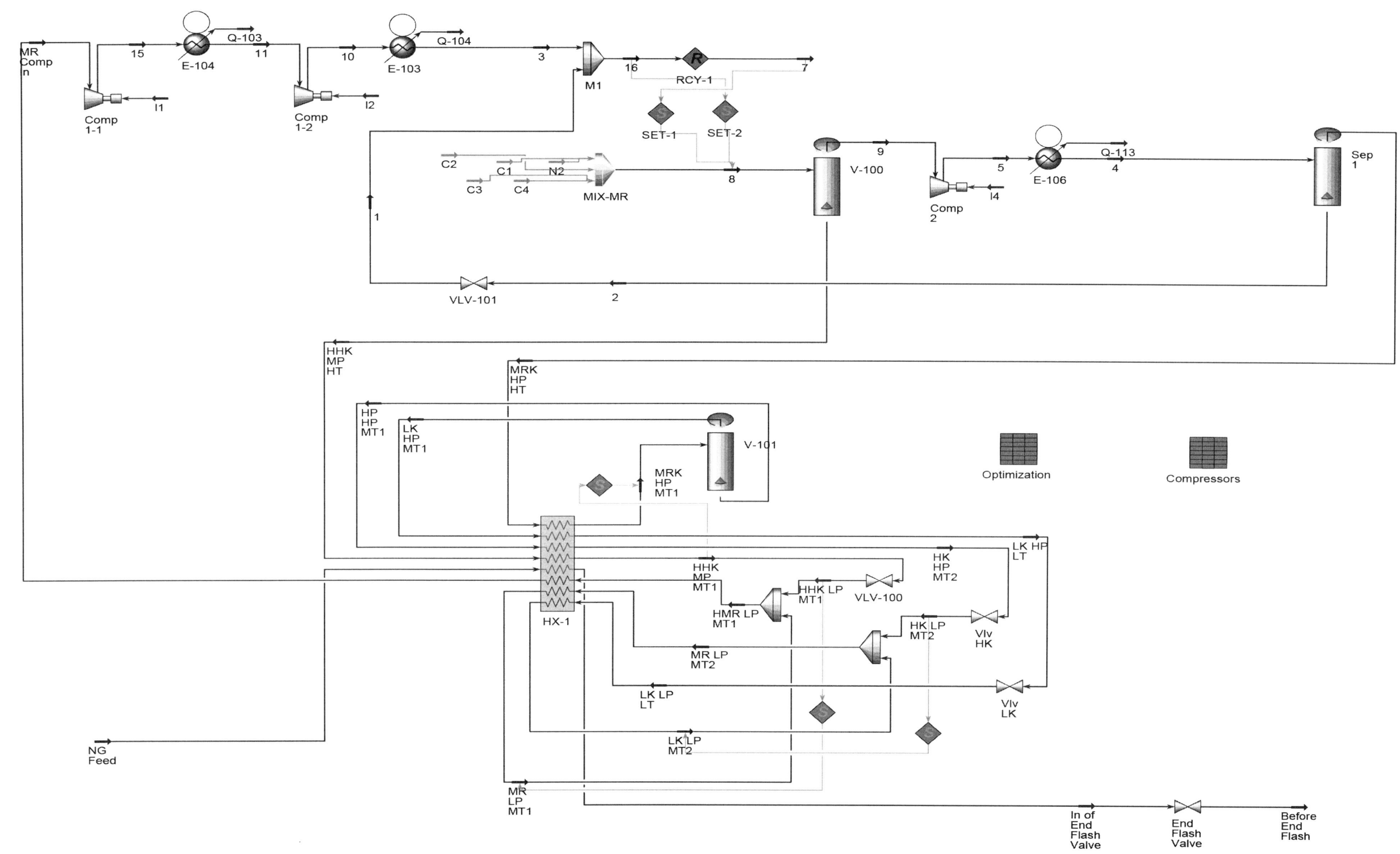

그림 4-40. 완성된 LIMUM® 공정 (최적화 이전)

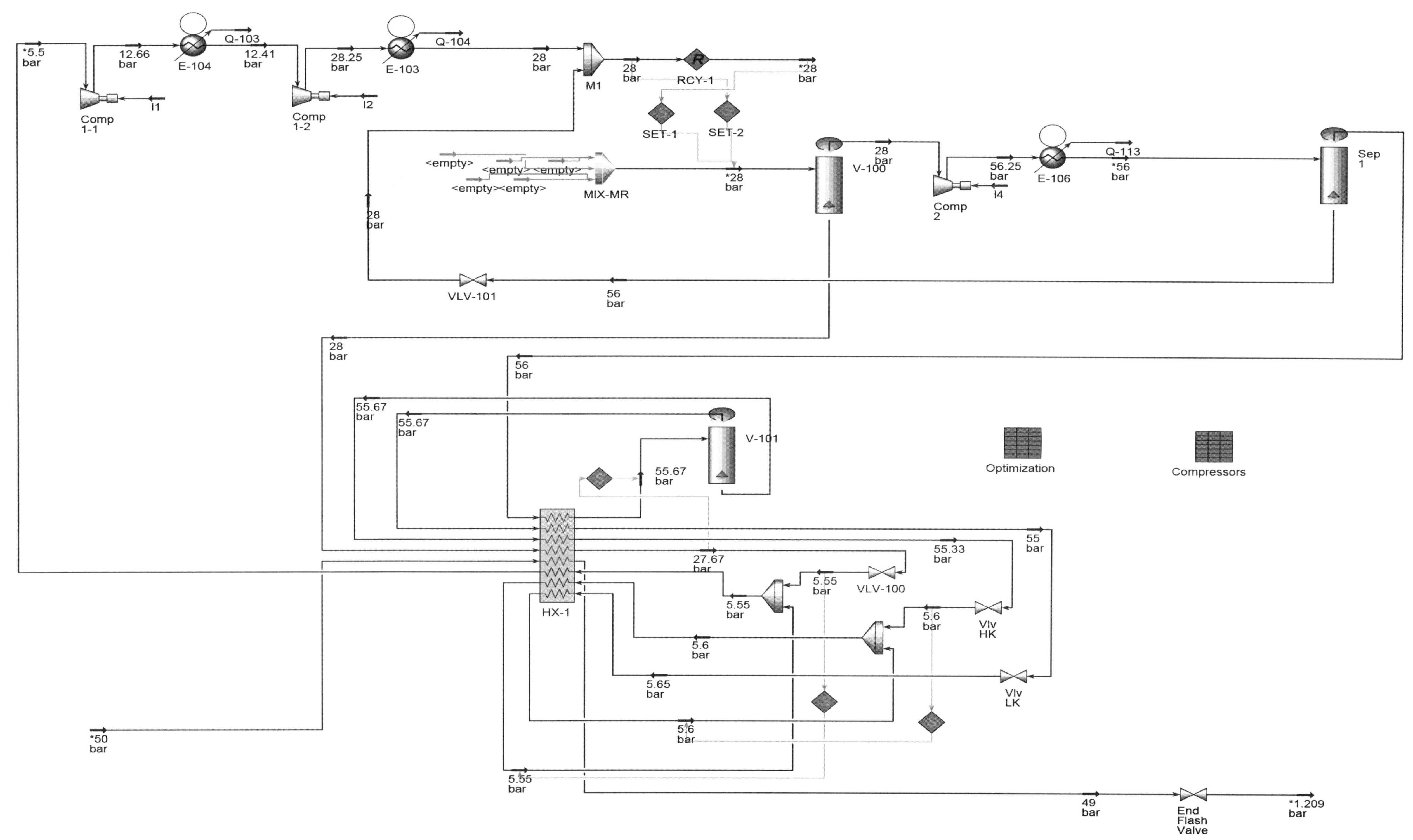

그림 4-41. 완성된 LIMUM® 공정의 압력값들 (최적화 이전)

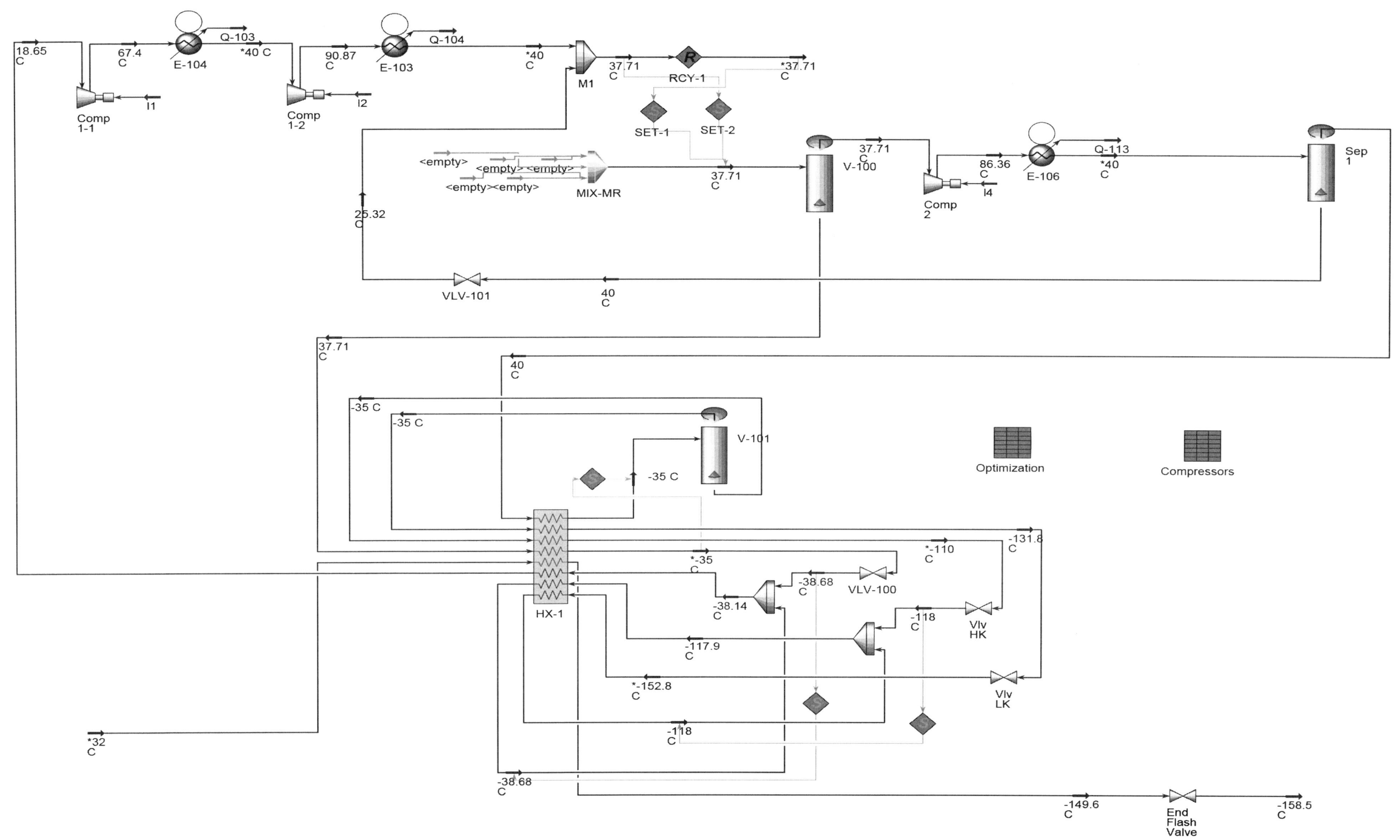

그림 4-42. 완성된 LIMUM® 공정의 온도값들 (최적화 이전)

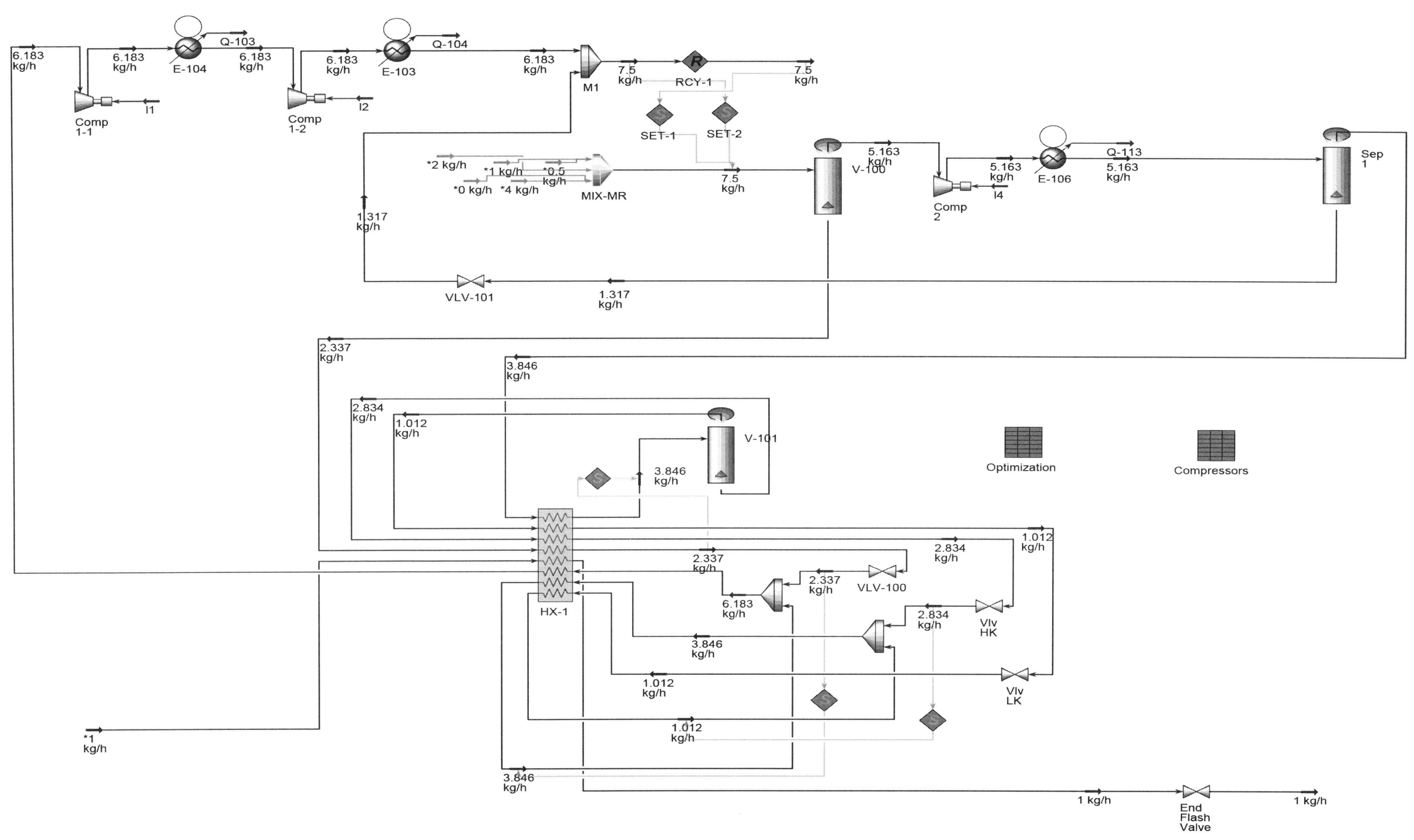

그림 4-43. 완성된 LIMUM® 공정의 유량값들 (최적화 이전)

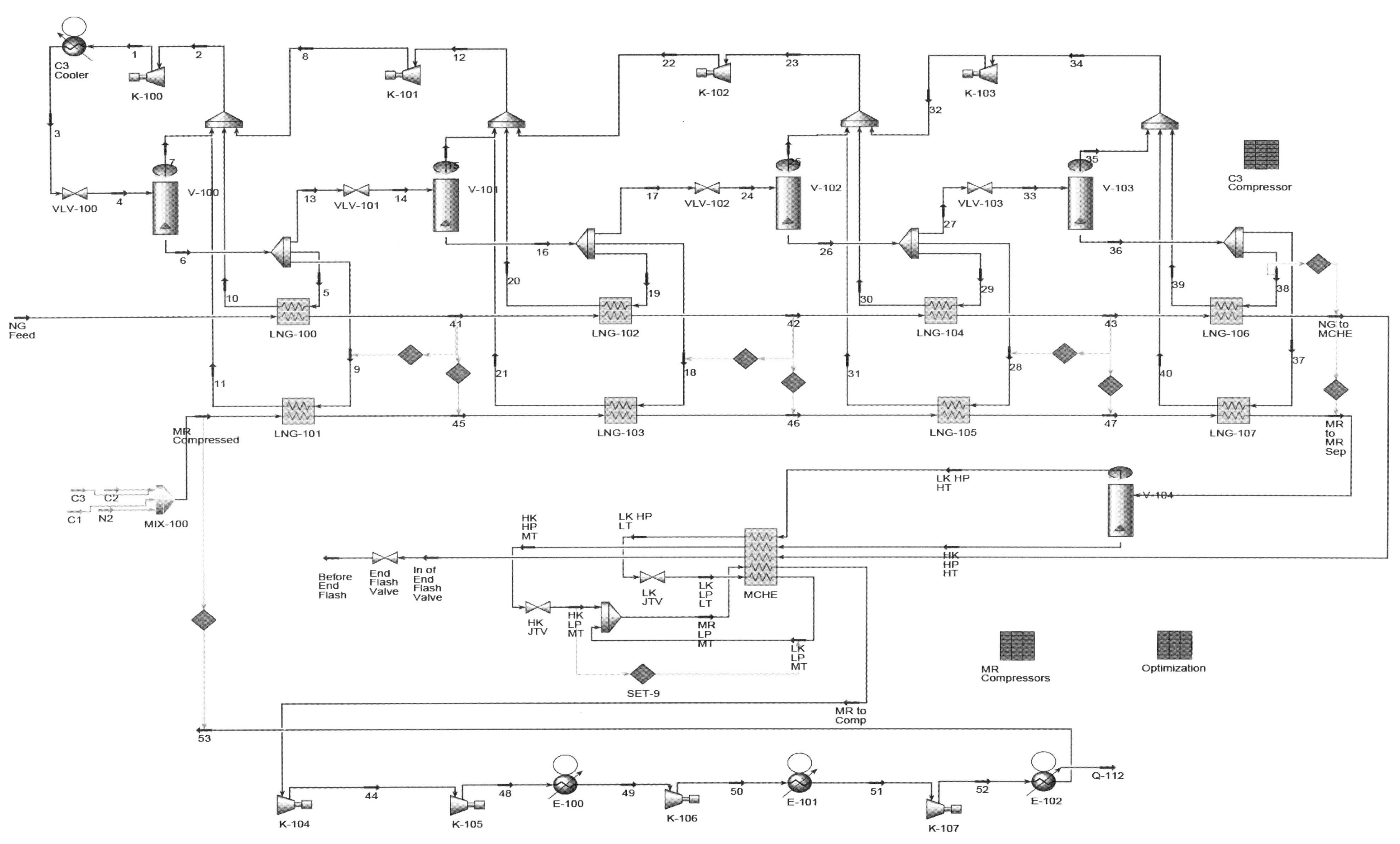

그림 4-56. 완성된 C3MR 공정 (최적화 이전)

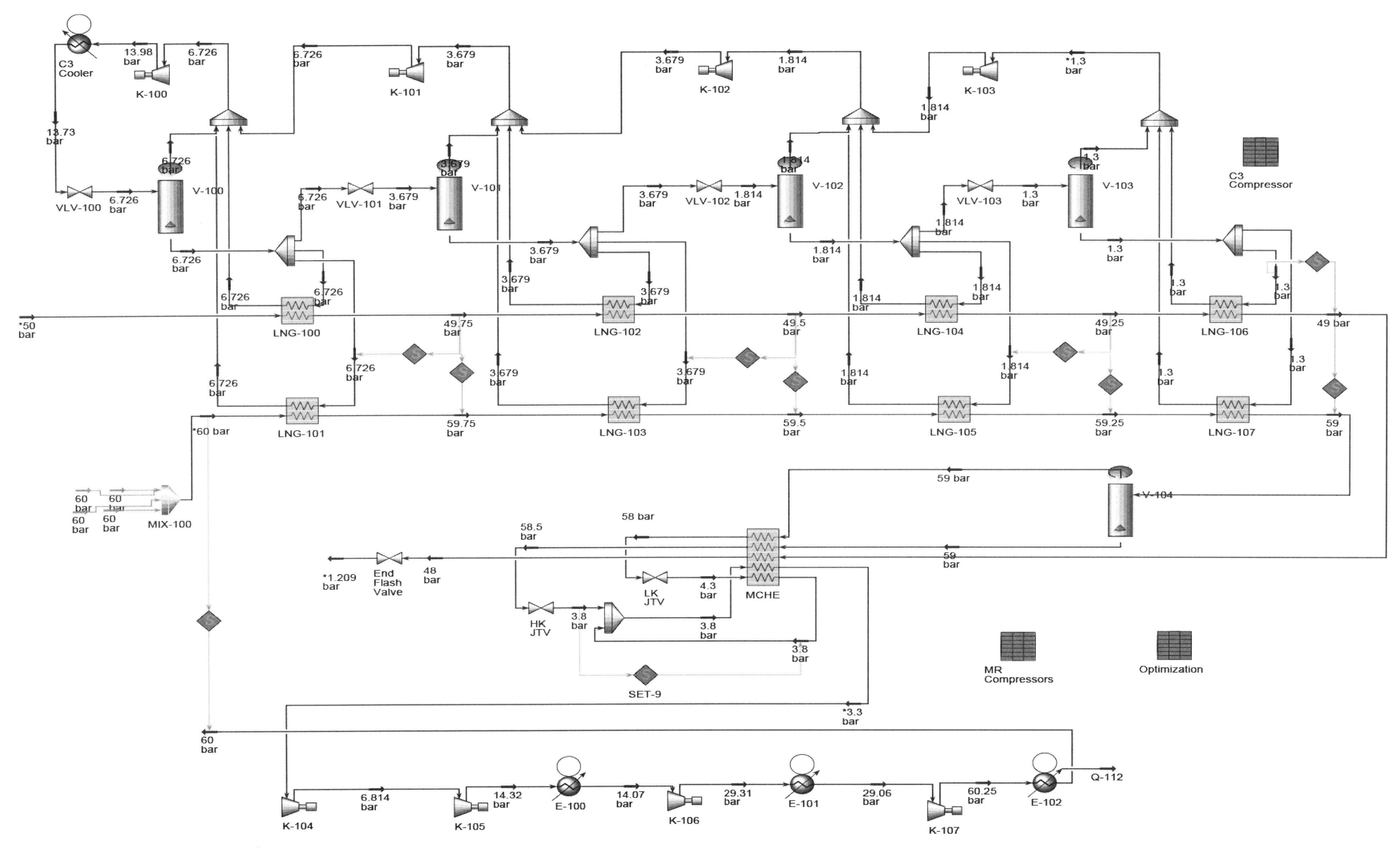

그림 4-58. 완성된 C3MR 공정에 대한 압력 값 (최적화 이전 단계)

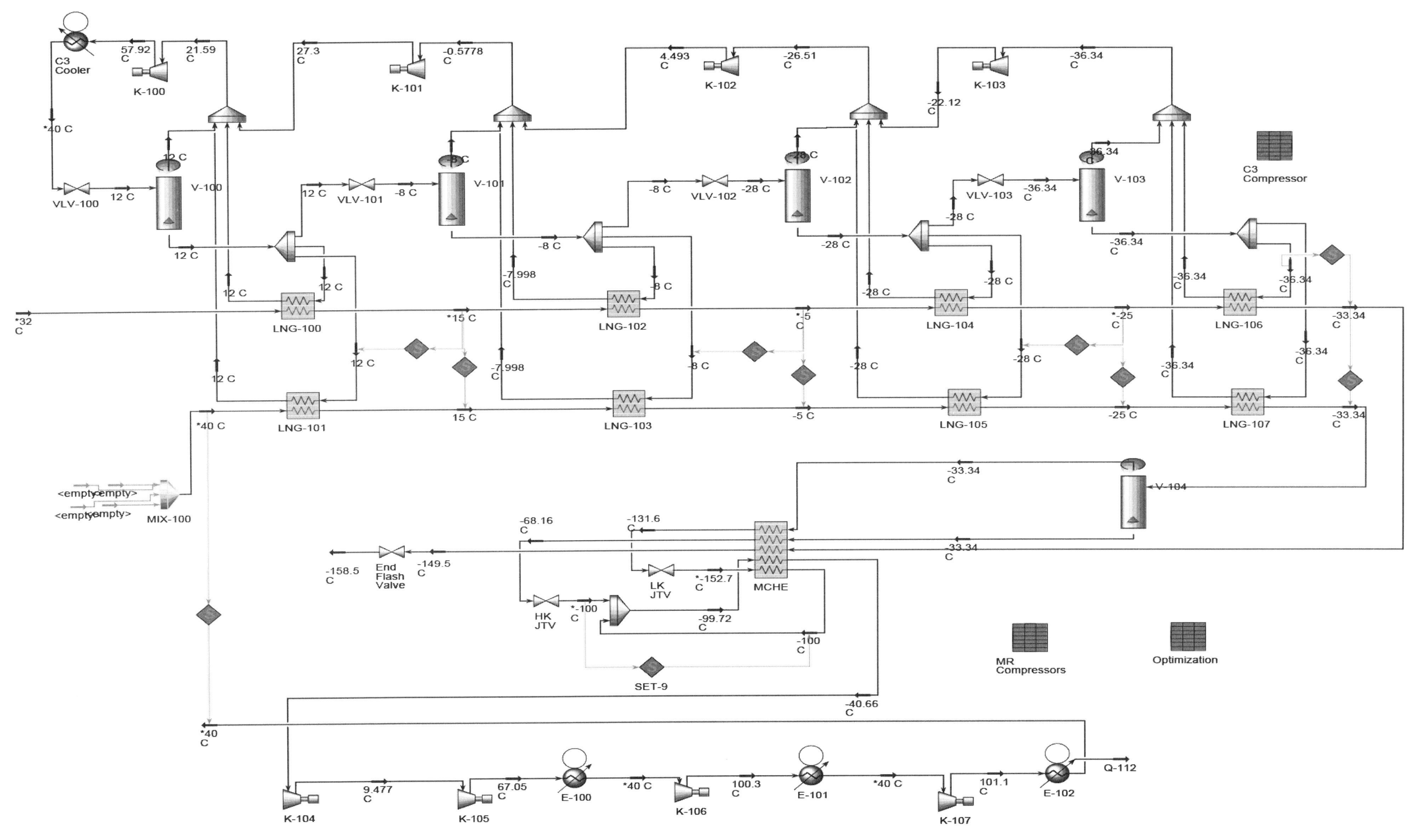

그림 4-59. 완성된 C3MR 공정에 대한 온도 값 (최적화 이전 단계)

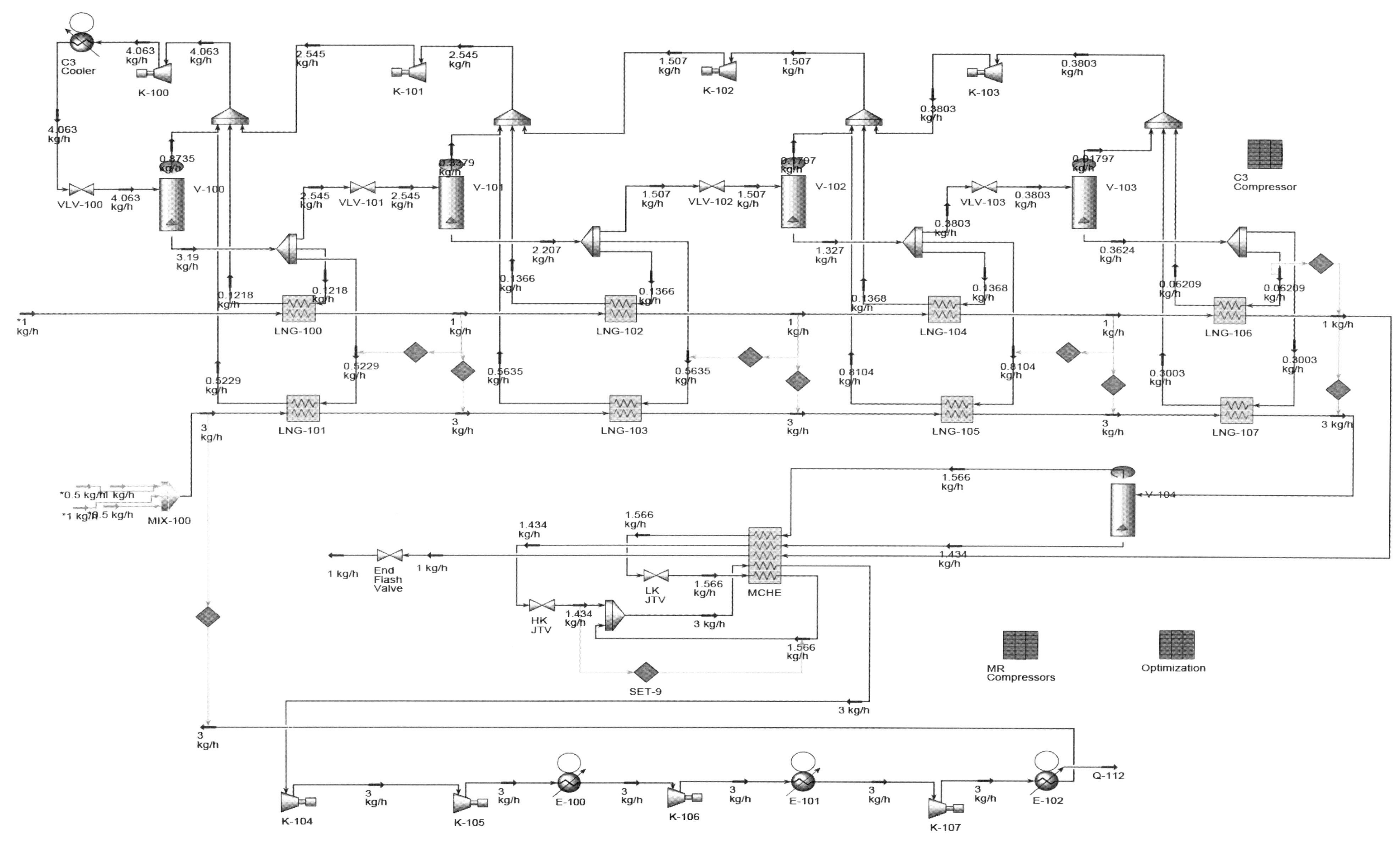

그림 4-60. 완성된 C3MR 공정에 대한 유량 값 (최적화 이전 단계)